"十四五"时期国家重点出版物出版专项规划项目

中国石油二氧化碳捕集、利用与封存(CCUS)技术丛书

主编　张道伟

超临界二氧化碳混相驱油机理

吕伟峰　张　可　高　明　◎等编著

石油工业出版社

内容提要

本书以超临界二氧化碳基本性质为基础，介绍了超临界二氧化碳基本概念、相态特征及其超临界性质的测量方法，阐述了超临界二氧化碳混相性质的研究方法，分析了混相传质机制及微观与宏观层面上二氧化碳驱油的机理，论述了混相驱油过程中固相沉积特征及二氧化碳与储层岩石、地层水的相互作用机理，提出超临界二氧化碳混相驱面临的挑战与技术发展方向。

本书可供从事二氧化碳捕集、利用与封存工作的管理人员及工程技术人员使用，也可作为石油企业培训用书、石油院校相关专业师生参考用书。

图书在版编目（CIP）数据

超临界二氧化碳混相驱油机理 / 吕伟峰等编著 .—
北京：石油工业出版社，2023.8
（中国石油二氧化碳捕集、利用与封存（CCUS）技术丛书）
ISBN 978-7-5183-5991-2

Ⅰ. ①超… Ⅱ. ①吕… Ⅲ. ①超临界－二氧化碳－混相驱油 Ⅳ. ① TE357.45

中国国家版本馆 CIP 数据核字（2023）第 076636 号

出版发行：石油工业出版社
（北京安定门外安华里 2 区 1 号　100011）
网　址：www.petropub.com
编辑部：（010）64523760
图书营销中心：（010）64523633
经　销：全国新华书店
印　刷：北京中石油彩色印刷有限责任公司

2023 年 8 月第 1 版　2023 年 8 月第 1 次印刷
787 × 1092 毫米　开本：1/16　印张：14.75
字数：210 千字

定价：120.00 元
（如出现印装质量问题，我社图书营销中心负责调换）

《中国石油二氧化碳捕集、利用与封存（CCUS）技术丛书》

编委会

专家组

编撰办公室

《超临界二氧化碳混相驱油机理》
编写组

组　长：吕伟峰

副组长：张　可　高　明

成　员：（按姓氏笔画排序）

孙灵辉　李　实　李　傲　李博文　张　宇

陈　序　陈兴隆　俞宏伟　高嘉豪　程耀泽

序 一

自 1992 年 143 个国家签署《联合国气候变化框架公约》以来，为了减少大气中二氧化碳等温室气体的含量，各国科学家和研究人员就开始积极寻求埋存二氧化碳的途径和技术。近年来，国内外应对气候变化的形势和政策都发生了较大改变，二氧化碳捕集、利用与封存（Carbon Capture，Utilization and Storage，简称 CCUS）技术呈现出新技术不断涌现、种类持续增多、能耗成本逐步降低、技术含量更高、应用更为广泛的发展趋势和特点，CCUS 技术内涵和外延得到进一步丰富和拓展。

2006 年，中国石油天然气集团公司（简称中国石油）与中国科学院、国务院教育部专家一道，发起研讨 CCUS 产业技术的香山科学会议。沈平平教授在会议上做了关于“温室气体地下封存及其在提高石油采收率中的资源化利用”的报告，结合我国国情，提出了发展 CCUS 产业技术的建议，自此中国大规模集中力量的攻关研究拉开序幕。2020 年 9 月，我国提出力争 2030 年前二氧化碳排放达到峰值，努力争取 2060 年前实现碳中和，并将“双碳”目标列为国家战略积极推进。中国石油积极响应，将 CCUS 作为“兜底”技术加快研究实施。根据利用方式的不同，CCUS 中的利用（U）可以分为油气藏利用（CCUS-EOR/EGR）、化工利用、生物利用等方式。其中，二氧化碳捕集、驱油与埋存

（CCUS-EOR）具有大幅度提高石油采收率和埋碳减排的双重效益，是目前最为现实可行、应用规模最大的CCUS技术，其大规模深度碳减排能力已得到实践证明，应用前景广阔。同时通过形成二氧化碳捕集、运输、驱油与埋存产业链和产业集群，将为"增油埋碳"作出更大贡献。

实干兴邦，中国CCUS在行动。近20年，中国石油在CCUS-EOR领域先后牵头组织承担国家重点基础研究发展计划（简称"973计划"）（两期）、国家高技术研究发展计划（简称"863计划"）和国家科技重大专项项目（三期）攻关，在基础理论研究、关键技术攻关、全国主要油气盆地的驱油与碳埋存潜力评价等方面取得了系统的研究成果，发展形成了适合中国地质特点的二氧化碳捕集、埋存及高效利用技术体系，研究给出了驱油与碳埋存的巨大潜力。特别是吉林油田实现了CCUS-EOR全流程一体化技术体系和方法，密闭安全稳定运行十余年，实现了技术引领，取得了显著的经济效益和社会效益，积累了丰富的CCUS-EOR技术矿场应用宝贵经验。2022年，中国石油CCUS项目年注入二氧化碳突破百万吨，年产油量31万吨，累计注入二氧化碳约560万吨，相当于种植5000万棵树的净化效果，或者相当于350万辆经济型小汽车停开一年的减排量。经过长期持续规模化实践，探索催生了一大批CCUS原创技术。根据吉林油田、大庆油田等示范工程结果显示，CCUS-EOR技术可提高油田采收率10%~25%，每注入2~3吨二氧化碳可增产1吨原油，增油与埋存优势显著。中国石油强力推动CCUS-EOR工作进展，预计

2025—2030 年实现年注入二氧化碳规模 500 万~2000 万吨、年产油 150 万~600 万吨；预期 2050—2060 年实现年埋存二氧化碳达到亿吨级规模，将为我国“双碳”目标的实现作出重要贡献。

厚积成典，品味书香正当时。为了更好地系统总结 CCUS 科研和试验成果，推动 CCUS 理论创新和技术发展，中国石油组织实践经验丰富的行业专家撰写了《中国石油二氧化碳捕集、利用与封存（CCUS）技术丛书》。该套丛书包括《石油工业 CCUS 发展概论》《石油行业碳捕集技术》《超临界二氧化碳混相驱油机理》《CCUS-EOR 油藏工程设计技术》《CCUS-EOR 注采工程技术》《CCUS-EOR 地面工程技术》《CCUS-EOR 全过程风险识别与管控》7 个分册。该丛书是中国第一套全技术系列、全方位阐述 CCUS 技术在石油工业应用的技术丛书，是一套建立在扎实实践基础上的富有系统性、可操作性和创新性的丛书，值得从事 CCUS 的技术人员、管理人员和学者学习参考。

我相信，该丛书的出版将有力推动我国 CCUS 技术发展和有效规模应用，为保障国家能源安全和“双碳”目标实现作出应有的贡献。

中国工程院院士 袁士义

序二

宇宙浩瀚无垠，地球生机盎然。地球形成于约46亿年前，而人类诞生于约600万年前。人类文明发展史同时也是一部人类能源利用史。能源作为推动文明发展的基石，在人类文明发展历程中经历薪柴时代、煤炭时代、油气时代、新能源时代，不断发展、不断进步。当前，世界能源格局呈现出“两带三中心”的生产和消费空间分布格局。美国页岩革命和能源独立战略推动全球油气生产趋向西移，并最终形成中东—独联体和美洲两个油气生产带。随着中国、印度等新兴经济体的快速崛起，亚太地区的需求引领世界石油需求增长，全球形成北美、亚太、欧洲三大油气消费中心。

人类活动，改变地球。伴随工业化发展、化石燃料消耗，大气圈中二氧化碳浓度急剧增加。2022年能源相关二氧化碳排放量约占全球二氧化碳排放总量的87%，化石能源燃烧是全球二氧化碳排放的主要来源。以二氧化碳为代表的温室气体过度排放，导致全球平均气温不断升高，引发了诸如冰川消融、海平面上升、海水酸化、生态系统破坏等一系列极端气候事件，对自然生态环境产生重大影响，也对人类经济社会发展构成重大威胁。2020年全球平均气温约15℃，较工业化前期气温（1850—1900年平均值）高出1.2℃。2021年联合国气候变化大会将“到本世纪末控制全球温度升高 1.5℃”作为确保人类能够在地球上永续生存的目标之一，并全方位努力推动能源体系向化石能源低碳化、无碳化发展。减少大气圈内二氧化碳含量成为碳达峰与碳中和的关键。

气候变化，全球行动。2020 年 9 月 22 日，中国在联合国大会一般性辩论上向全世界宣布，中国将提高国家自主贡献力度，采取更加有力的政策和措施，力争于 2030 年前将二氧化碳排放量达到峰值，努力争取于 2060 年前实现碳中和。中国是全球应对气候变化工作的参与者、贡献者和引领者，推动了《联合国气候变化框架公约》《京都议定书》《巴黎协定》等一系列条约的达成和生效。

守护家园，大国担当。20 世纪 60 年代，中国就在大庆油田探索二氧化碳驱油技术，先后开展了国家“973 计划”“863 计划”及国家科技重大专项等科技攻关，建成了吉林油田、长庆油田的二氧化碳驱油与封存示范区。截至 2022 年底，中国累计注入二氧化碳超过 760 万吨，中国石油累计注入超过 560 万吨，占全国 70% 左右。CCUS 试验包括吉林油田、大庆油田、长庆油田和新疆油田等试验区的项目，其中吉林油田现场 CCUS 已连续监测 14 年以上，验证了油藏封存安全性。从衰竭型油藏封存量看，在松辽盆地、渤海湾盆地、鄂尔多斯盆地和准噶尔盆地，通过二氧化碳提高石油采收率技术（CO_2-EOR）可以封存约 51 亿吨二氧化碳；从衰竭型气藏封存量看，在鄂尔多斯盆地、四川盆地、渤海湾盆地和塔里木盆地，利用枯竭气藏可以封存约 153 亿吨二氧化碳，通过二氧化碳提高天然气采收率技术（CO_2-EGR）可以封存约 90 亿吨二氧化碳。

久久为功，众志成典。石油领域多位权威专家分享他们多年从事二氧化碳捕集、利用与封存工作的智慧与经验，通过梳理、总结、凝练，编写出版《中国石油二氧化碳捕集、利用与封存（CCUS）技术丛书》。丛书共有7个分册，包含石油领域二氧化碳捕集、储存、驱油、封存等相关理论与技术、风险识别与管控、政策和发展战略等。该丛书是目前中国第一套全面系统论述CCUS技术的丛书。从字里行间不仅能体会到石油科技创新的重要作用，也反映出石油行业的作为与担当，值得能源行业学习与借鉴。该丛书的出版将对中国实现“双碳”目标起到积极的示范和推动作用。

面向未来，敢为人先。石油行业必将在保障国家能源供给安全、实现碳中和目标、建设“绿色地球”、推动人类社会与自然环境的和谐发展中发挥中流砥柱的作用，持续贡献石油智慧和力量。

中国科学院院士 [signature]

丛书前言

中国于2020年9月22日向世界承诺实现碳达峰碳中和，以助力达成全球气候变化控制目标。控制碳排放、实现碳中和的主要途径包括节约能源、清洁能源开发利用、经济结构转型和碳封存等。作为碳中和技术体系的重要构成，CCUS技术实现了二氧化碳封存与资源化利用相结合，是符合中国国情的控制温室气体排放的技术途径，被视为碳捕集与封存（Carbon Capture and Storage，简称CCS）技术的新发展。

驱油类CCUS是将二氧化碳捕集后运输到油田，再注入油藏驱油提高采收率，并实现永久碳埋存，常用CCUS-EOR表示。由此可见，CCUS-EOR技术与传统的二氧化碳驱油技术的内涵有所不同，后者可以只包括注入、驱替、采出和处理这几个环节，而前者还包括捕集、运输与封存相关内容。CCUS-EOR的大规模深度碳减排能力已被实践证明，是目前最为重要的CCUS技术方向。中国石油CCUS-EOR资源潜力逾67亿吨，具备上产千万吨的物质基础，对于1亿吨原油长期稳产和大幅度提高采收率有重要意义。多年来，在国家有关部委支持下，中国石油组织实施了一批CCUS产业技术研发重大项目，取得了一批重要技术成果，在吉林油田建成了国内首套CCUS-EOR全流程一体化密闭系统，安全稳定运行十余年，以“CCUS+新能源”实现了油气的绿色负碳开发，积累了丰富的 CCUS-EOR 技术矿场应用宝贵经验。

理论来源于实践，实践推动理论发展。经验新知理论化系统化，关键技术有形化资产化是科技创新和生产经营进步的表现方式和有效路径。中国石油汇聚 CCUS 全产业链理论与技术，出版了《中国石油二氧化碳捕集、利用与封存（CCUS）技术丛书》，丛书包括《石油工业 CCUS 发展概论》《石油行业碳捕集技术》《超临界二氧化碳混相驱油机理》《CCUS-EOR 油藏工程设计技术》《CCUS-EOR 注采工程技术》《CCUS-EOR 地面工程技术》《CCUS-EOR 全过程风险识别与管控》7 个分册，首次对 CCUS-EOR 全流程包括碳捕集、碳输送、碳驱油、碳埋存等各个环节的关键技术、创新技术、实用方法和实践认识等进行了全面总结、详细阐述。

《中国石油二氧化碳捕集、利用与封存（CCUS）技术丛书》于 2021 年底在世纪疫情中启动编撰，丛书编撰办公室组织中国石油油气和新能源分公司、中国石油吉林油田分公司、中国石油勘探开发研究院、中国昆仑工程有限公司、中国寰球工程有限公司和西南石油大学的专家学者，通过线上会议设计图书框架、安排分册作者、部署编写进度；在成稿过程中，多次组织“线上 + 线下”会议研讨各分册主体内容，并以函询形式进行专家审稿；2023 年 7 月丛书出版在望时，组织了全体参编单位的线下审稿定稿会。历时两年集结成册，千锤百炼定稿，颇为不易！

本套丛书荣耀入选“十四五”国家重点出版物出版规划，各参编单位和石油工业出版社共同做了大量工作，促成本套丛书出版成为国家级重大出版工程。在此，我谨代表丛书编委会对所有参与丛书编写的作者、审稿专家和对本套丛书出版作出贡献的同志们表示衷心感谢！在丛书编写过程中，还得到袁士义院士、胡文瑞院士、邹才能院士、刘合院士、沈平平教授和赵金洲教授等学者的大力支持，在此表示诚挚的谢意！

CCUS方兴未艾，产业技术呈现新项目快速增加、新技术持续迭代以及跨行业、跨地区、跨部门联合运行等特点。衷心希望本套丛书能为从事CCUS事业的相关人员提供借鉴与帮助，助力鄂尔多斯、准噶尔和松辽三个千万吨级驱油与埋存“超级盆地”建设，推动我国CCUS全产业链技术进步，为实现国家“双碳”目标和能源行业战略转型贡献中国石油力量！

张道伟

2023年8月

前言

随着地球变暖和越来越多的自然灾害发生，人们开始重视温室效应。各行各业都致力于研究有效的节能减排技术和工艺。由于CCUS技术既能够减少温室气体排放，也可以用于提高原油采收率，所以CCUS技术在石油界获得的关注日益增多。CCUS的技术基石在于超临界二氧化碳流体易于与原油混相的特点。

本书共分5章对超临界二氧化碳混相驱油机理进行详细阐述，第一章介绍了超临界流体的定义及其物理特性。阐述了超临界二氧化碳同时兼具气体和液体的双重物理特性的特点；明确了超临界二氧化碳性质在处于临界点附近时的突变性和可调性。

第二章讨论了超临界二氧化碳混相驱油过程中，一方面二氧化碳溶解于原油中，另一方面原油中的轻质烃类分子被二氧化碳萃取到气相中，从而形成富含烃类的气相和溶解二氧化碳的液相（原油）的两种状态。明确二氧化碳与原油的混相是一个多次接触的蒸发—凝析混相过程。阐明了二氧化碳不断凝析溶解于油相，而油相组分不断蒸发溶解于气相，当气液两相组成足够接近后，二者之间界面消失，然后形成混相的热力学范畴的气液相动态平衡过程。

第三章分析了超临界二氧化碳混相驱油提高原油采收率的机理。指出相对分子量较大的重油与二氧化碳形成混相所需要的压力可能远高于油藏压力。阐述了二氧化碳溶入原油后，导致原油黏度降低及原油膨胀，从而提高驱油效率和波及体积的过程。

第四章阐述了二氧化碳注气驱混相驱和非混相驱过程中有机固相沉积的过程及影响，阐明了外部注入二氧化碳改变油藏中原有的温度压力条件，打破原有的热力学平衡，导致油气体系中发生固、液、气多相间的相态转化以及多相共存的过程。明确诸如石蜡、沥青质等的有机固相物质的析出和沉积，会堵塞储层孔隙，降低渗透率，以及沉积后附着在孔隙表面的亲油固相能够改变岩石的润湿性，增大原油流动阻力，最终严重影响原油采收率。

第五章归纳和总结了超临界二氧化碳混相驱油的整体研究，对该领域的未来发展趋势表达了一些观点。

本书由吕伟峰任编写组组长，张可、高明任编写组副组长。第一章由张可、张宇编写；第二章由孙灵辉、张可编写；第三章由陈兴隆、俞宏伟编写；第四章由高明、孙灵辉编写；第五章由吕伟峰、程耀泽编写；参与本书编写的人员还有李实、李博文、陈序、李傲、高嘉豪等。

本书出版受中国石油天然气集团有限公司资助。本书在编写过程中得到了廖广志、沈平平、刘先贵、胡占群等专家的指导和帮助。谨在本书出版之际，向以上专家表示衷心感谢！

受本书主要作者专业知识范围有限，以及从事相关研究的实践经验不足，书中难免存在错误和疏漏，敬请读者批评和指正，以期再版时更正。

目录

第一章　超临界二氧化碳基本性质

二氧化碳（CO_2）作为温室气体对环境的影响日益显著，其减排问题已经是当今世界的热点问题。超临界状态（临界点温度 31.1℃，压力 7.38MPa）下的 CO_2 具有类似气体的黏度以及类似液体的溶解能力。CO_2 作为一种特殊驱油介质，在溶解性、萃取、混相等方面有独特优势，具有大幅度提高原油采收率的潜力。将其注入油气藏中既能实现减排效果又能有效提高原油采收率，是一项经济效益和社会效益共赢的工程。

本章主要介绍超临界二氧化碳流体的基本概念与相态特征。

第一节　超临界流体的基本概念

纯物质的压力—温度（p—T）相图如图 1-1 所示。可以清楚地看出，除固相区、液相区和气相区外，还存在超临界流体区，即图中的阴影部分。A 和 B 分

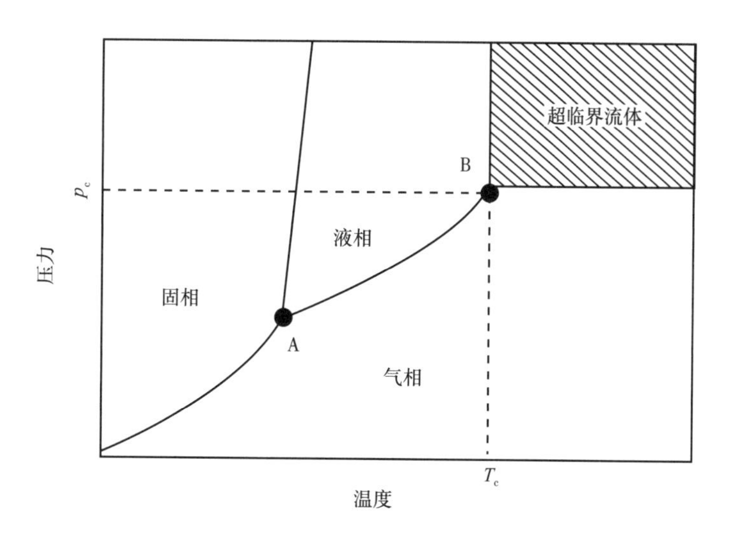

图 1-1　纯物质的压力—温度相图

别代表物质的固—液—气三相平衡点（简称三相点）和临界点。当一种物质的温度和压力同时高于其临界温度（T_c）和临界压力（p_c）时，则称其为超临界流体。对比温度（$T_r=T/T_c$）和对比压力（$p_r=p/p_c$）分别定义为实际温度和实际压力与临界温度和临界压力的比值。因此，超临界流体也可以看作是对比温度和对比压力同时大于 1 的流体。

超临界流体既不同于气体，也不同于液体，具有许多独特的物理化学性质。超临界流体和气体及液体的密度、黏度和扩散系数见表 1-1。可以看出，超临界流体具有接近于液体的密度，这赋予它很强的溶剂化能力。同时，其黏度与气体接近，扩散系数比液体大，具有良好的传质性能。另外，超临界流体的表面张力为 0，因此它们可以进入到任何大于超临界流体分子的空间。在临界温度以下，气体的不断压缩会有液相出现。然而，压缩超临界流体仅仅导致其密度的增加，不会形成液相。超临界流体的密度和压力与温度密切相关。如图 1-1 所示，在温度恒定条件下，从气态到超临界态的连续变化可通过改变压力实现。在临界点附近（$1.00 < T_r < 1.10$，$1.00 < p_r < 2.00$），流体的性质有突变性和可调性，即压力和温度的微小变化会显著地影响流体的性质，如密度、黏度、扩散系数、介电常数、溶剂化能力等。因此，可以通过调节体系的温度和压力控制其热力学性质、传热系数、传质系数和化学反应性质（反应速率、选择性和转化率）等。

表 1-1　超临界流体和气体及液体性质的比较

物理性质	气体（常温、常压）	超临界流体	液体（常温、常压）
密度 /（g/cm^3）	0.0006~0.002	0.2~0.9	0.6~1.6
黏度 /（mPa·s）	1×10^{-2}	0.03~0.1	0.2~3.0
扩散系数 /（cm^2/s）	1×10^{-1}	1×10^{-4}	1×10^{-5}

第二节　超临界二氧化碳基本特征

一、分子结构

在室温（20~25℃）条件下，二氧化碳（CO_2）是一种无色、无味的气体，呈弱酸性，不可燃烧。在一个标准大气压和温度为0℃的条件下，CO_2的密度为$1.9768g/cm^3$，相当于空气密度（$1.2928g/cm^3$）的1.529倍。在天然气组成的众多组分中，CO_2的密度（$1.9768g/cm^3$）较大，明显大于甲烷（CH_4）、乙烷、氮气、硫化氢、氢气、氧气、水蒸气、氦气和氩气的密度。CO_2以分子的形式存在，线性结构的CO_2分子由一个碳原子和两个氧原子通过双化学键的形式结合，分子直径为$4.7 \times 10^{-10}m$，大于CH_4的分子直径（$3.8 \times 10^{-10}m$）。

CO_2分子形状是直线形的，其结构曾被认为是：O═C═O。但CO_2分子中碳氧键键长为116pm[1]，介于碳氧双键（键长为124pm）和碳氧三键（键长为113pm）之间，故CO_2中的碳氧键具有一定程度的三键特征。现代科学家一般认为CO_2分子的中心原子碳原子采取sp杂化，2条sp杂化轨道分别与2个氧原子的2p轨道（含有一个电子）重叠形成2条σ键，碳原子上互相垂直的p轨道再分别与2个氧原子中平行的p轨道形成2条大π键。

二、密度

如图1-2所示，超临界二氧化碳的密度与温度和压力的关系为典型的非线性关系。可以看出，其密度随压力的升高而增大，随温度的升高而减小。当流体处于临界点附近时，密度随压力和温度的变化十分敏感，微小的压力或温度变化导致密度的急剧变化。可以说，密度是超临界流体最重要的性质之一。具体结论如下：（1）CO_2密度受温度的影响较大，其总体变化趋势为当压力一定时，随着温度的增加密度减小；当温度一定时，随着压力的增加密度增加；压力较高的情况下密度的变化幅度相对减小；（2）临界点（压力7.38MPa，温度31.1℃）附近，由于CO_2状态发生变化，密度对温度和压力的变化尤其敏感，微小的温度或压力

[1] $1pm=10^{-12}m$

变化就会引起密度发生突变；（3）在超临界区域内，CO_2 的密度从 0.15g/cm³ 变化到 1.1g/cm³，有较大的变化范围，并且密度随温度升高连续减小，不会发生突变。

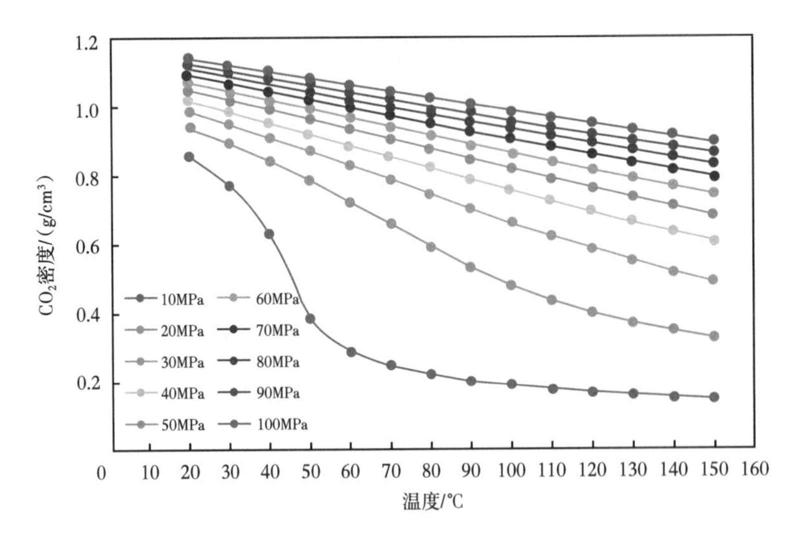

图 1-2 CO_2 的密度随温度和压力的变化曲线

密度同温度、压力一样，是反映物质状态和性质的一个重要的物理量。密度的大小反映了物质的疏密程度，体现了物质分子间距离和分子间作用力的大小，因此必将直接影响物质的性质。目前在超临界反应和超临界萃取中应用的 CO_2 的密度范围很广，广泛的分散在 0.35~0.8g/cm³ 的密度范围之间，这些密度范围内的 CO_2，升温升压到一定程度，都能达到均相透明的近临界或超临界状态。这种高压均相状态的 CO_2 随着温度的降低会发生相转变的现象，进而出现相界面。密度不同，发生分相转变时的现象也不同，分别称为露点、临界点和泡点，可将发生相转变时的压力温度点统称为分相点。因此，研究这些不同密度的近临界或超临界二氧化碳密度和临界性质的关系以及相应分相点的变化规律显得尤为重要，必将对超临界二氧化碳的应用产生重大的指导意义。

密度对超临界二氧化碳的溶解性、传质效率、导热性能、扩散性能、萃取效率、黏度等物理性质都有重大的影响，因此，有必要根据临界性质对超临界二氧化碳的密度范围进行分类。

三、扩散系数和黏度

扩散系数（D）和黏度是衡量超临界流体传质能力的重要物理参数。超临界二氧化碳的扩散系数远高于液体的扩散系数（通常液体的自扩散系数小于 $1\times10^{-5}cm^2/s$）。当温度为 0℃和 75℃时，CO_2 的自扩散系数随压力的变化规律如图 1-3（a）所示。可以看出，当压力低于临界压力时，CO_2 的自扩散系数随压力的升高降低很快；而当压力较高时，压力对 CO_2 自扩散系数的影响相对较小。而且，温度越高，CO_2 的自扩散系数越大。CO_2 的黏度随温度和压力的变化曲线如图 1-3（b）所示。

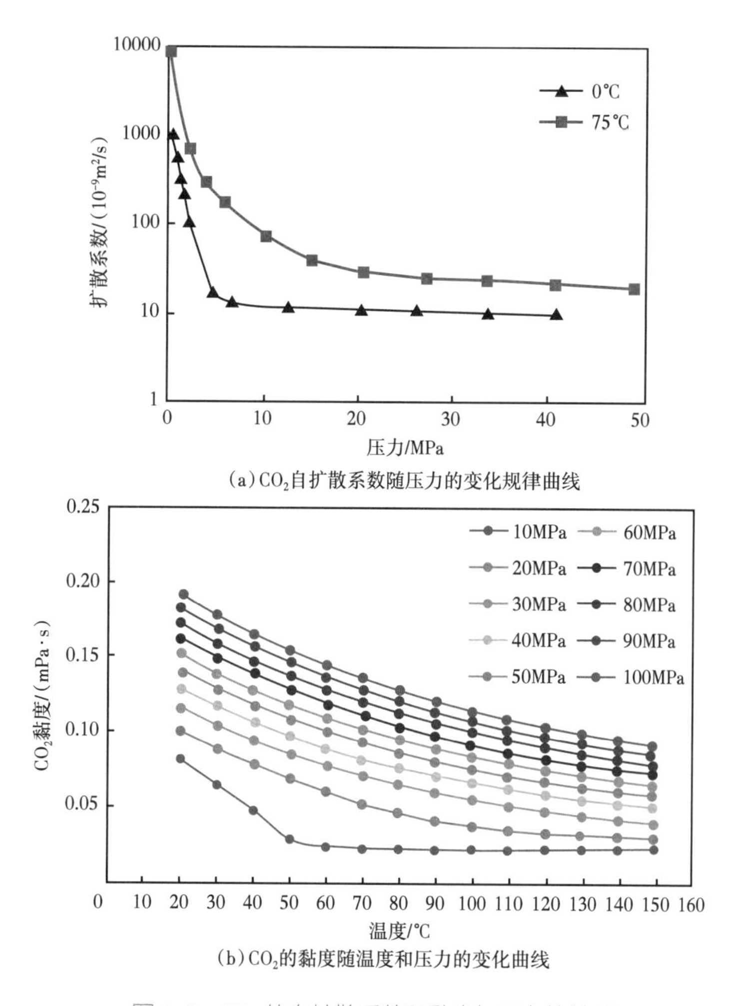

（a）CO_2自扩散系数随压力的变化规律曲线

（b）CO_2的黏度随温度和压力的变化曲线

图 1-3　CO_2 的自扩散系数和黏度与压力的关系

PVT 方法通过在 PVT 室测定特定参数（一般为压力）的变化进而求取扩散系数，因此 PVT 方法也称为压降法。1996 年 Riazi 首次提出用 PVT 法测量气体在原油中扩散系数的方法后，PVT 法逐渐成了气体在原油中扩散研究的主流方法。PVT 法的原理是当气体与原油接触时，气体在浓度差的作用下向原油中扩散，引起气相的压力降低，通过记录压降曲线，并采用扩散模型拟合压降曲线，可求得扩散系数值。二氧化碳驱油技术［以下简称二氧化碳（CO_2）驱］在提高采收率（EOR）项目中占有重要的地位。CO_2 在原油中扩散条件与 CH_4 在原油中扩散条件不同，CH_4 与原油可以实现初次接触混相，而 CO_2 与原油实现混相需要一定的条件。Zhang 在 2000 年提出对 Riazi 模型进行简化时，利用 PVT 法进行了 CO_2 在稠油中扩散的研究，其采用界面处瞬时平衡的边界条件计算得到室温下 CO_2 在稠油中扩散系数为 $0.47\times10^{-8}m^2/s$，通过与相同方法和相同条件下得到的 CH_4 在稠油中的扩散系数比较，CO_2 在稠油中的扩散系数仅为 CH_4 的 1/2。同样地，Civan 在对 Zhang 的数学模型进行边界条件修正时，将边界瞬时平衡改为存在界面传质阻力，并对 Zhang 的实验数据进行再次计算，计算结果表明，CO_2 在稠油中扩散系数为 $1.13\times10^{-8}m^2/s$，其值大于第一种边界条件计算出的扩散系数值，且二者相差较大。

上述的研究方法均假定气体在原油中扩散系数为常数，即扩散系数不随原油中气体浓度的变化而变化。这一假设在稀溶液中是成立的，但对稠油来说，此假设不符合实际情况，原因在于随着扩散的进行，稠油的性质发生较大的变化，特别是稠油黏度，该变化必然会对扩散过程产生影响。一般来说，稠油中气体浓度上升，稠油的黏度下降，进而导致气体的扩散系数增大。

四、界面张力

CO_2 有利于改善油井增产措施后的返排。入井液之所以滞留于地层，与地层的毛细管作用有关，而这种作用在低孔隙度和低渗透率油藏又是至关重要的。目前，已经研制出一种具有低界面张力的处理液，用以抵消地层孔隙空间的毛细管力。同时，为了帮助入井液的返排，添加使用了像 CO_2 和氮气

（N_2）这样的增能气体。界面张力是存在于两相物质（如固体、液体或气体）之间界面处的一种表面能量，而表面张力是一个专门术语，指的是液体与空气之间的界面张力。界面张力是描述流体通过毛细管流动时所涉及的若干因素之一。影响毛细管流动性的另一些因素包括流体与毛细管或岩壁的接触角、毛细管的直径以及地层孔隙的化学吸附，这些因素都能够有效地改变毛细管参数。一般来说，较低的界面张力可以减小流体在毛细管中流动所需要的压力。

界面张力测量实验装置如图 1-4 所示。主要测量步骤：（1）高温高压系统密封性测试，采用 18MPa 条件下的 N_2 测试实验装置的气密性；（2）每次测试前，用丙酮及酒精对高温高压容器、注射器进行清洗并用蒸馏水冲洗；（3）安装注射器，调节可视窗位置，并用低压 CO_2 排空高温高压容器中的空气；（4）对高温高压容器加压并加温，待温度压力稳定；（5）使用驱动马达，使得液体在注射器针尖上形成一个悬滴；（6）输入 CO_2 密度和液滴密度，采用测量软件对液滴的体积和界面张力进行测量；（7）测量每个条件下的液滴的界面张力 3~5 次，以保证实验有较好的重复性。

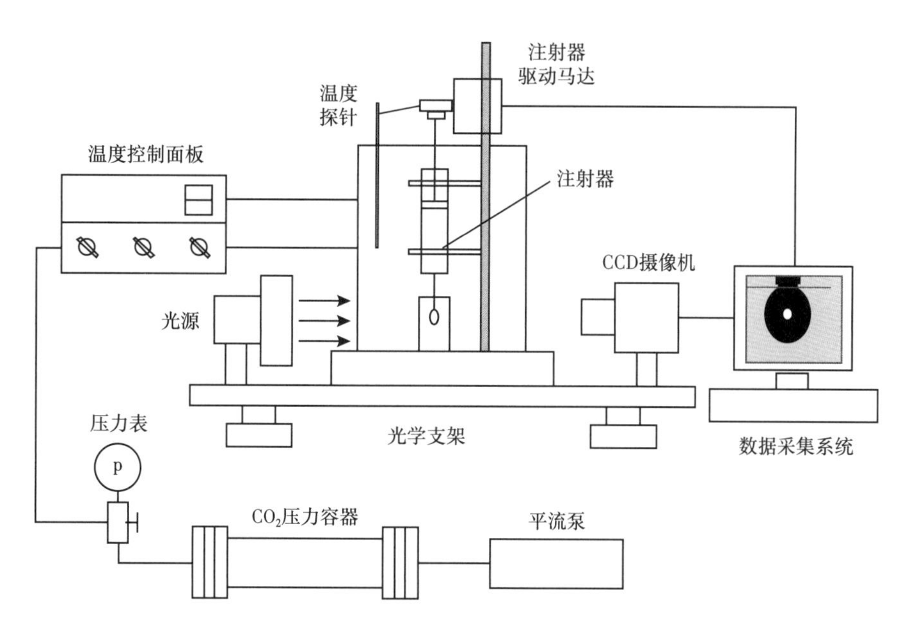

图 1-4　界面张力测量实验装置实物图及流程图

CO_2在不同温度下的界面张力如图1-5所示，可以看出，随着温度的升高，界面张力逐渐下降，当温度接近临界温度时，界面张力降至0。

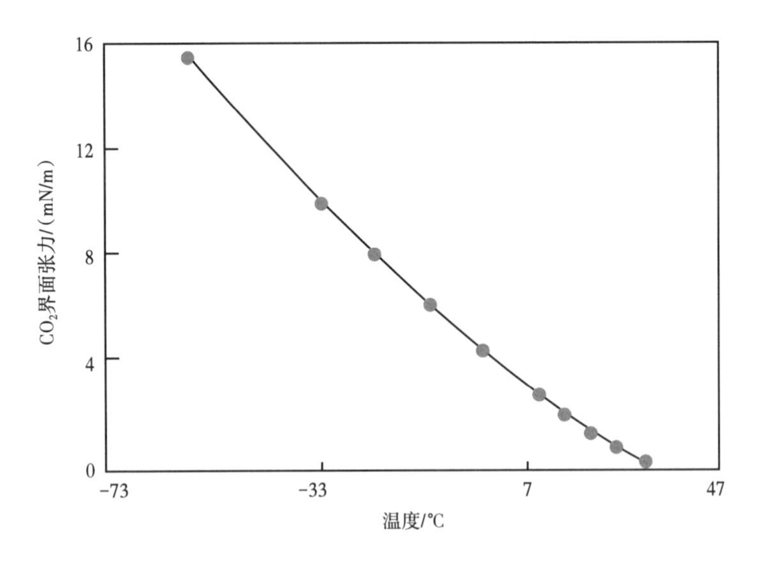

图1-5 CO_2的界面张力随温度的变化曲线

五、分子间作用力

大量的研究证实，超临界流体中存在局域密度的不均匀性，而且超临界流体的许多独特性质都源于密度对压力的高度敏感性。可以说，密度这一物理量是超临界流体最重要的性质之一。由于超临界流体密度的大小波动非常大（特别是在临界点附近），使得其微观密度和宏观密度不一致，即具有密度不均匀性。另外，对较稀的临界流体溶液，许多实验及理论研究都表明，在流体的高度可压缩区，由于分子间的吸引作用，超临界流体在溶质周围的密度可能远远大于溶剂本体的密度，导致局部密度的增强或局域组分的增加。这种现象通常被称为分子间发生了“聚集”现象或在分子间形成了“聚集体”。以溶剂分子在溶质分子周围的“聚集”为例，该类型的“聚集”可设想为当溶质加入超临界溶剂中时，许多溶剂分子被“冷凝”到溶质分子周围，即溶剂围绕着溶质形成“聚集体”，每个“聚集体”中可包含几十到几百个溶剂分子。在溶质周围溶剂分子的密度比溶剂本体相中要大。必须强调的是，各种“聚集”实际上是一个动态过程，是一个统计平均的概念。流体中除了可能存在“溶剂—溶剂”“溶剂—溶质”间的“聚集”外，还可能存在“溶质—溶质”间的“聚集”。而在高压区，由于流体的压缩性很小，“聚集”现象不明显。

六、压缩因子

压缩因子是描述超临界二氧化碳性质的重要物理参数，可以通过压缩因子描述临界性质以及表达状态方程。本章计算了均相 CO_2 的压缩因子，并对压缩因子的变化规律和作用进行了讨论。并且，通过压缩因子得出 CO_2 产生超临界现象的最低表观密度为 0.35g/cm^3，而在密度大于 0.57g/cm^3 后，超临界二氧化碳压缩因子的变化规律又发生了变化。

压缩因子 Z 是由对比状态的参数的表达式引入，其表达式为

$$Z = \frac{pV_m}{RT} = \frac{p_c V_c}{RT_c}\frac{p_r V_r}{T_r} \tag{1-1}$$

其中 p_r、V_r 和 t_r 定义如下：

$$p_r = \frac{p}{p_c} \tag{1-2}$$

$$V_r = \frac{V_m}{V_c} \tag{1-3}$$

$$T_r = \frac{T}{T_c} \tag{1-4}$$

式中 Z——压缩因子（偏差系数），其物理意义是给定压力和温度下，一定量真实气体所占的体积与相同温度、压力下等量理想气体所占有的体积之比；

V，V_c——气体所占体积和气体的临界体积，m^3；

V_r——对比体积；

V_m——比容，m^3/kmol；

p，p_c——气体的绝对压力和临界压力，MPa；

p_r——对比压力；

T，T_c——气体的热力学温度和临界温度，K；

T_r——对比温度；

R——通用气体常数，kJ/（kmol·K）。

对于近临界点的超临界二氧化碳来说，可以用公式求解法和方程求解法两种方法计算压缩因子。

公式法求解近临近点的超临界二氧化碳压缩因子的表达式如下：

$$Z=\left(K+\frac{B}{T}\right)\frac{M}{\rho R} \tag{1-5}$$

式中　K，B——p—T 线的斜率和截距；

R——通用气体常数，kJ/（kmol·K）；

T——气体的温度，K；

M——摩尔质量，g/mol；

ρ——气体密度，kg/m³。

方程法求解临近点的超临界二氧化碳压缩因子的表达式如下：

$$z^3-z^2+z\left(A-B-B^2\right)-AB=0 \tag{1-6}$$

$$A=\frac{ap}{R^2T^2}$$

$$B=\frac{bp}{RT}$$

$$a=0.42747\frac{R^2T_c^2}{p_c}$$

$$b=0.08664\frac{RT_c}{p_c}$$

式中　p，p_c——气体的绝对压力、临界压力，MPa；

T，T_c——气体的热力学温度、临界温度，K；

R——通用气体常数，kJ/（kmol·K）。

A——无量纲数；

B——无量纲数；

z——压缩因子；

a——特性参数，反映分子间吸引力的大小；

b——特性参数，表示分子大小。

不同密度下 CO_2 的压缩因子与对比温度的关系如图 1-6 所示。可以看出，在各种密度下超临界二氧化碳的压缩因子与其对比温度间存在着很好的线性关系，压缩因子随着对比温度的增加而增加，但密度不同其变化率不同，高密度（0.57~0.8 g/cm^3）比中密度（0.35~0.57 g/cm^3）的变化率略大。在相同的对比温度下，低密度（0.20~0.35 g/cm^3）CO_2 的压缩因子大于高密度 CO_2 的压缩因子，反映出密度小的 CO_2 更容易压缩的性质。密度不相同，压缩因子不相同，这反映了密度在决定超临界状态各种物性参数时的重要作用。

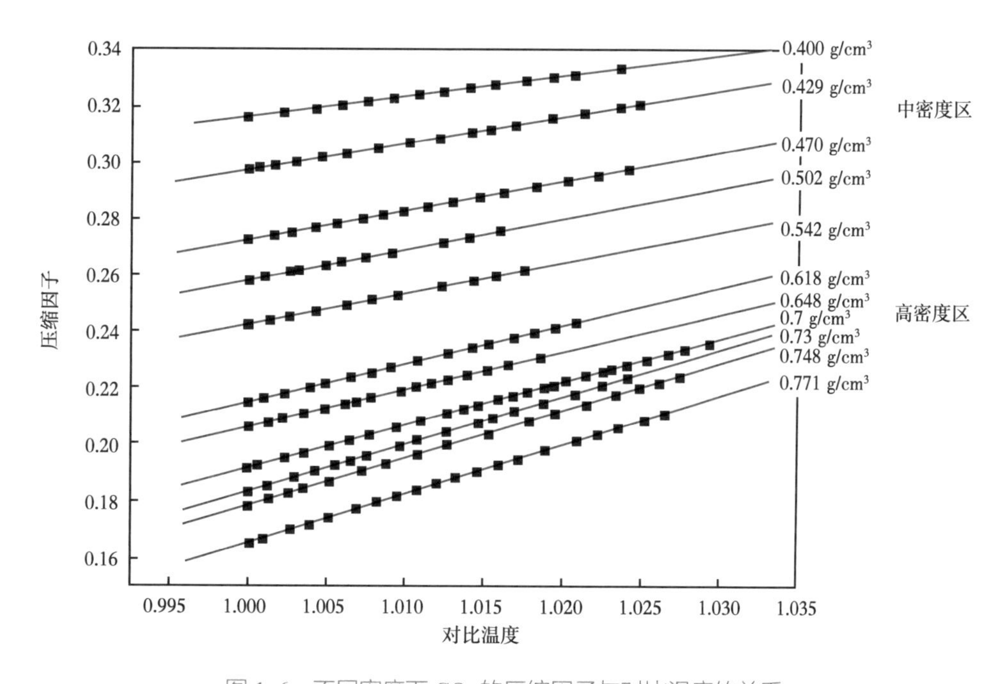

图 1-6　不同密度下 CO_2 的压缩因子与对比温度的关系

应该指出的是，压缩因子是反映物质均相状态物理性质的一个重要参数，物质的均相状态不同，不同密度下压缩因子的变化规律也不同。对于均相 CO_2 来说，超临界状态和非超临界状态的压缩因子的变化规律就不同，利用这个性质可以确定超临界二氧化碳表观密度界限。CO_2 处于超临界状态时温度分别为 35℃、39℃和 43℃下 CO_2 的压缩因子随密度的变化曲线如图 1-7 所示。

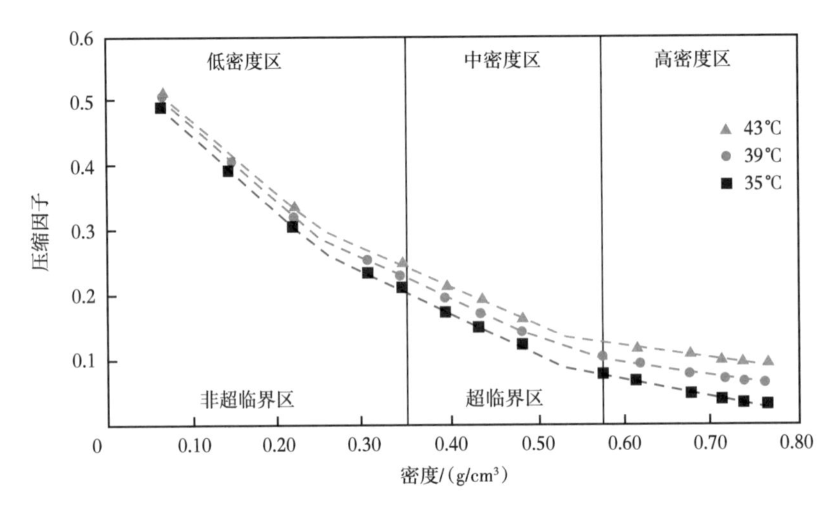

图 1-7　均相 CO_2 不同温度下的压缩因子

超临界 CO_2 的密度不同，发生相转变时的现象也不相同，按照分相现象的不同，发生相转变时的压力温度点分别称为露点、临界点和泡点，可以统称为分相点。图 1-8 反映了不同密度分相点处临界压缩因子变化情况，可以看出，虽然 CO_2 的密度不同，分相点类型不同，但是分相点仍然符合一定的规律，即分相点的压缩因子随着密度的增加线性降低。这个规律可用来预测某些物质在不同密度时发生相转变的温度和压力，也可以用来判断不同密度的超临界流体保持均相状态的最低温度和最低压力，具有重大的实践。

通过上述调用参数可发现，CO_2 物性参数随温度和压力的变化明显，尤其在临界点附近，微小的温度压力变化就使密度、黏度、导热系数、焦汤系数、比焓和压缩因子等参数发生了几倍到上百倍的突变，因此计算温度压力分布时将 CO_2 的物性参数考虑为常数是极不合理的。

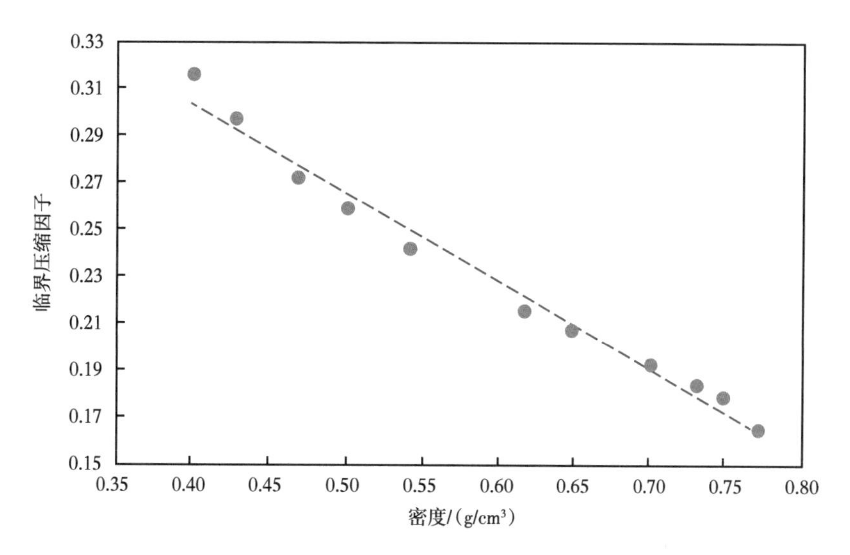

图 1-8　不同密度的超临界二氧化碳分相点的压缩因子变化规律

第三节　超临界二氧化碳相行为

一、超临界流体相行为

相变和临界现象是普遍存在自然界的物理现象，同时又是物理学中充满难题和意外发现的领域之一。在一定条件下，物质从一相转变为另一相，这就是相变。早在 1869 年，英国的安德鲁斯发现了 31℃ 附近的 CO_2 气体和液体的差别消失了，气液间的分界面也不见了。他把蒸发曲线上对应这一温度的点称为临界点。临界点以后的各点都是气液不分的状态，即此时再问物质是处于气态还是液态都是没有意义的。

虽然临界点只是相图上的一个孤立点，但在它附近发生的现象却非常丰富，统称为临界现象。样品的许多物理特性，例如比热容、压缩率等都有一些奇特的发散现象。又如临界点上的热膨胀系数变得很大，密度分布对温度的不均匀性非常敏感，其中最引人注目的就是临界乳光现象，这一现象曾引起许多实验物理学家极大的兴趣。如果在透明的容器中装入接近临界密度气体，温度降到临界点附近时散射光的强度和颜色会发生奇特的变化。由于临界点附近，气体密度波动很大，使散射增强，原来清澈透明的气体或液体变得混浊起来，呈现出乳白色，这就是“乳光”一词的由来。

相变是有序和无序两种倾向矛盾斗争的表现。相互作用是有序的起因，热运动是无序的来源。在缓慢降温的过程中，每当一种相互作用的特征能量足以和热运动能量相比时，物质的宏观状态就可能发生突变。换句话说，每当温度降低到一定程度，以致热运动不再能破坏某种特定相互作用造成的秩序时，就可能出现新相。多种多样的相互作用，导致不同的相变现象。越是走向低温，更为精细的相互作用就越得以表现出来。然而，新相总是伴随着许多物理性质的急剧变化突然出现的。

对于临界乳光现象，物理学家们对此现象提出了不同的解释。一部分人认为，光的折射率与气体的密度有关，在临界点附近，密度波动大，使散射增强。由于不均匀性对光的散射（瑞利散射）与波长呈负相关，散射光中短波部分比重大，显出蓝色。也有一些人提出了不同的看法，他们认为，密度在临界点附近波动很大，并且空间不同位置上的波动不是彼此独立而是相互有关联的。组成物质的粒子之间的相互作用逐渐变强，本来互不相关的粒子开始相互关联起来，而且这种关联是长程的。关联的程度用关联长度来表征，当临界点附近的关联长度趋向于无穷时，正是这种强烈的长程关联造成了磁化率、比热容的发散，导致临界乳光等现象的产生。因此，相变是一种大量微观粒子同时被卷入的集体合作现象。这个重要的概念后来被越来越多的实验所证实。气液临界点和二元液体混合相界点上都观察到可见的临界乳光。不透明介质的临界点（如合金的有序—无序相变、铁磁转换等）上发现 X 射线及中子散射的反常增大，其规律与临界乳光一样，因此导致临界乳光的主要原因还是关联长度的发散。

二、超临界流体性质的测量方法

1. 可视观察法

可视观察法分为界面消失法和临界乳光观察法。

（1）界面消失法：对于气液平衡体系，当达到临界温度时，气液界面将消失，界面消失的位置由表观密度和临界密度的相对大小决定。当表观密度大于临界密度时界面消失于实验管底部，反之界面消失于顶部，只有当表观密度和临界密度大小相当时，界面在中部消失。界面消失法又分为两类：闭管法和开管法。闭管法是指将一定样品封入一实验块中，升温观察其界面消失情况，该法的缺点是工作量大且不能测得临界压力。开管法是将管的一端封闭不动，另一端可用移动的高密度液体（如水银等）封闭。开管法优点是可使流体密度任意变化，在升温使界面消失测得临界温度的同时得到临界压力。但是由于重力的影响，测定时界面消失和界面重新出现的温度不吻合，故在此点处需多次的重复实验取平均值获得数。开管法的缺点是在温度高于 300℃ 时，水银挥发，所测临界压力误差大。

（2）临界乳光观察法是通过直接观察临界乳光现象来确定临界点。当均匀流体处于临界点时，密度在此时有明显的波动现象，引起散射作用大大增强，产生明显的丁达尔效应，称为临界乳光现象[1]。临界乳光观察法的实验装置一般是带有视窗的高压反应釜。Zhang 等[2]用这种反应釜研究了超临界二氧化碳中环己烷氧化反应中相关混合物的超临界性质，通过对体系相行为的研究确保了反应在超临界条件下进行，并且研究了反应选择性。Otake 等[3]研究了多氟代酮和多氟代胺类部分化合物的临界性质和蒸气压，并指出用这种方法不适合测定热不稳定化合物的临界温度和临界压力。Ke 等[4]研究了超临界二氧化碳中的丙烯加氢反应，测定了随反应进行组成发生变化时的临界温度和临界压力变化，并应用 Peng-Robinson 方程计算了临界点，加强了对超临界流体中反应相行为的理解。

1）饱和蒸气压线二氧化碳相行为

二氧化碳气相—液相相变过程的结果如图 1-9 所示。恒温条件下，压力越高，高压反应釜体积越小，液相体积比越高，即高压反应釜中液相二氧化碳含量越高。对于超临界二氧化碳来说，在相同的温度下二氧化碳的压力随着密度的增加而增加。这是因为密度越大，单位体积内分子数目越多的缘故。

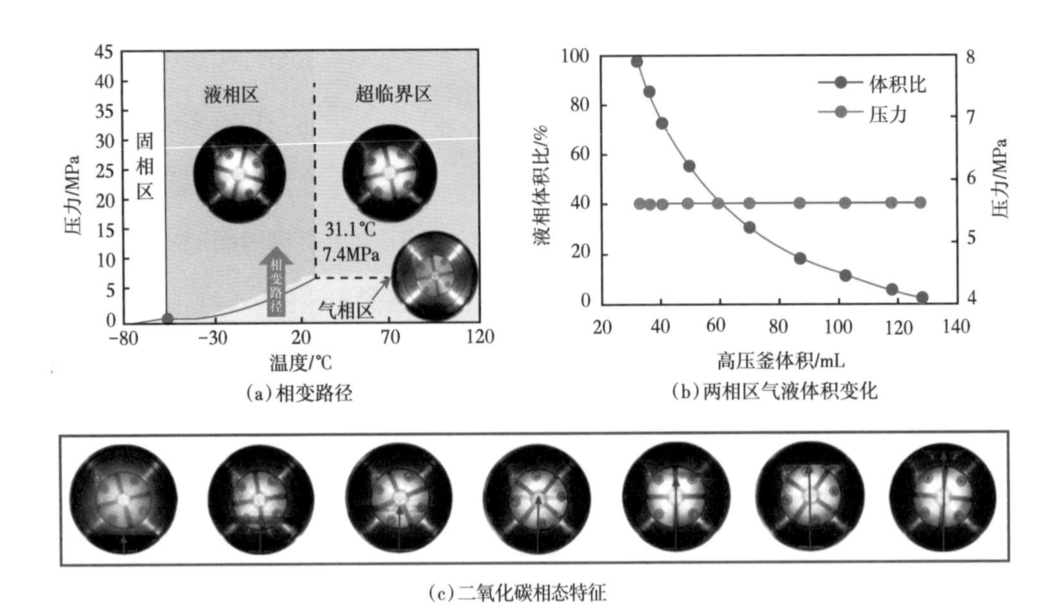

(a)相变路径

(b)两相区气液体积变化

(c)二氧化碳相态特征

图 1-9　CO_2 气相—液相相变过程

2)气相区至超临界区二氧化碳相行为

对于二氧化碳的气相—超临界相相变过程而言，无论是气相密度，还是超临界相密度，它们对加热温度的变化都十分敏感。尤其是当温度处于临界温度（31.1℃）附近时，一个较小的温度变化（$\Delta T < 0.1$℃）往往就可以使气相密度和超临界相密度产生一个十分明显的变化。这反映了在气液相变的过程中气相的密度变化要远大于超临界相的密度变化，这种物理现象说明，在相变过程中气相分子的运动要比液相分子的运动剧烈。随着加热温度的升高，气相—超临界相的密度变化也越来越大，密度变化的最大值并不呈现在临界点，而是呈现在临界点之前的某一时刻。

恒温增压至超临界区，通过常规相机观察，高压反应釜内无明显相变。温度高于临界温度（31.1℃）后，随着压力的增加，二氧化碳相态从气相区至超临界区过渡。如图 1-10 所示，随着压力增加，二氧化碳密度逐渐增加，其中气相区二氧化碳与超临界区二氧化碳的相态变化较小。

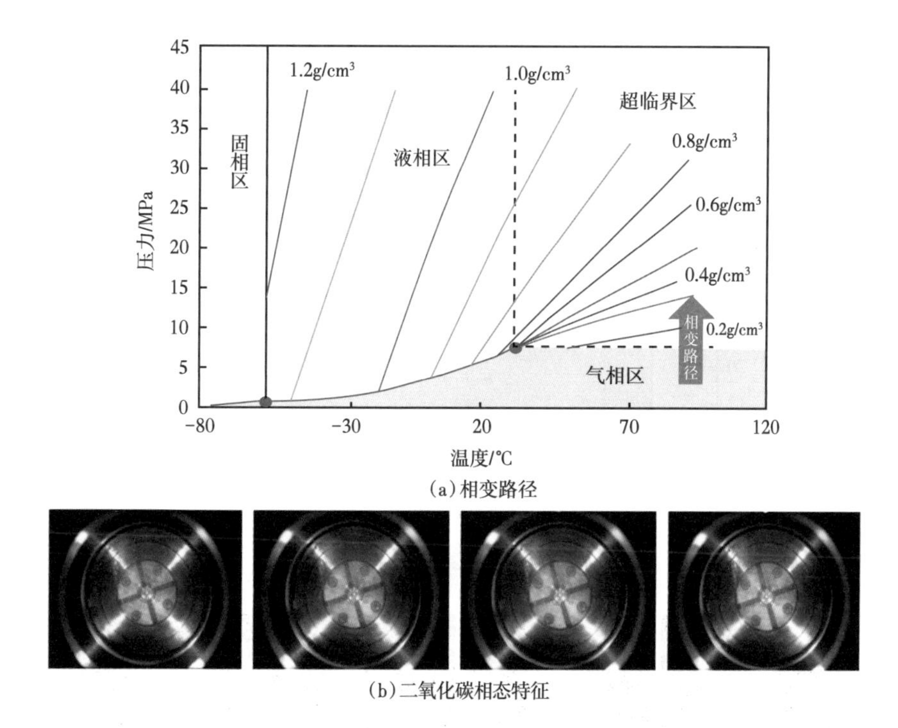

(a)相变路径

(b)二氧化碳相态特征

图 1-10 气相区至超临界区二氧化碳相行为

3)液相区至超临界区二氧化碳相行为

当压力高于临界压力(7.38MPa)时，恒压升温至超临界区，通过常规相机观察，高压反应釜内无明显相变。如图 1-11 所示，随着温度的增高，密度逐渐降低。

在液相—超临界相相变过程中，液相—超临界相发生着复杂的变化。除密度的变化以外，液相—超临界相界面的行为也有其独特的物理现象。在实验中发现液相—超临界相变界面随着温度的升高，相变界面将出现移动、消失的过程。

实验中发现，CO_2 在相变过程中，相变界面的空间位置会随着温度的升高而逐渐升高，当温度低于临界温度(31.1℃)时，这个界面位置升高的过程非常缓慢，但当温度接近临界温度的时候，相变界面位置升高的速度变快。

4)超临界区内二氧化碳相行为

当温度高于临界温度(31.1℃)，压力高于临界压力(7.38MPa)时，二氧化碳处于超临界状态，随着温度压力的变化，如图 1-12(a)所示，超临界二氧化碳密度变化相对剧烈，但通过常规相机观察，超临界二氧化碳无明显相变，如图 1-12（b）所示。

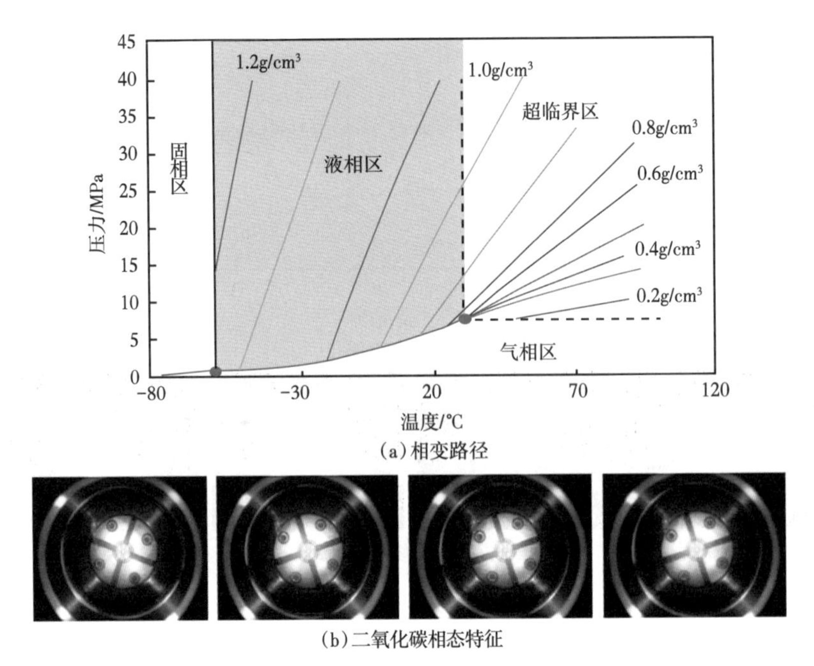

(a) 相变路径

(b) 二氧化碳相态特征

图 1-11　液相区至超临界区二氧化碳相行为

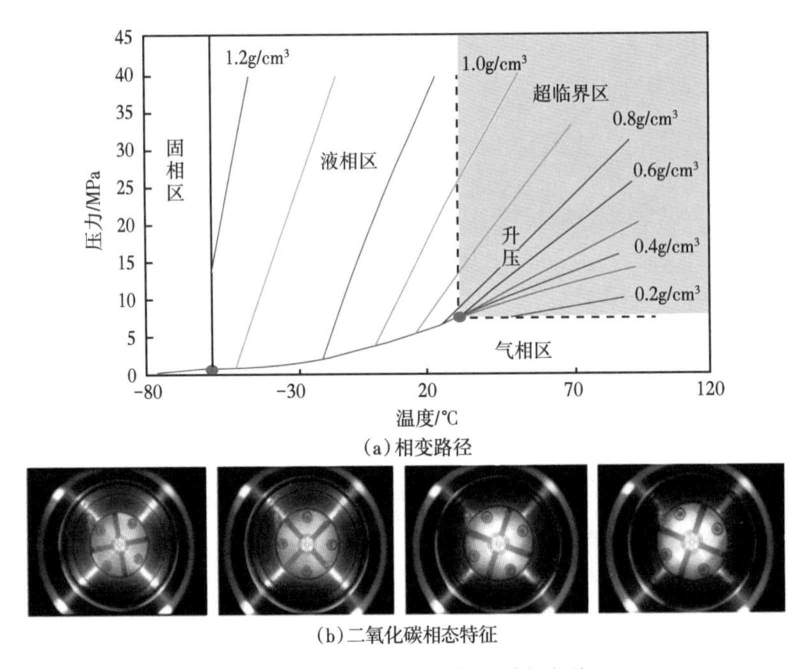

(a) 相变路径

(b) 二氧化碳相态特征

图 1-12　超临界区内二氧化碳相行为

2. 光纤法

Avdeev 等使用了一种新方法——光纤探测法来研究超临界体系相行为。这种方法的原理是基于光在光纤和介质中的折射率不同，从而进入光纤的反射光的光强不同，再通过发光二极管测定光强的变化来确定反应体系内部变化。介质的折射率与介质密度相关，在临界点处，介质密度变化很剧烈，折射率的变化也很明显，可以通过此时的光强变化来确定临界点。Avdeev 应用此方法测定了 CO_2、三氟甲烷（CHF_3）、CO_2+ 环己烷（C_6H_{12}）和 CO_2+ 甲醇（CH_4O）的临界温度和临界压力，并与文献所记载数值进行了比较，发现数据相当接近。光纤测定法可以通过很细（直径为 100μm）的光纤探测得到反应器内部，对于研究高温复杂体系的相行为有一定的优势。

3. 光谱法

超临界流体密度与相行为密切相关，是相行为研究的一个重要方面。超临界流体密度不均匀性可用各种光谱手段的溶剂化显色位移来表征。溶剂化显色位移是指探针分子随溶剂环境的改变，其特征光谱发生位移。大多数探针分子含有极性官能团或不饱和官能团所构成的生色团，其特征光谱将直接反映出它与周围溶剂分子的相互作用。常用的光谱法有紫外吸收光谱法、荧光光谱法和小角 X 射线散射法三种。

1）紫外吸收光谱法

Dimitrievic 等[5] 利用紫外吸收光谱研究了甲醇—超临界乙烷体系密度和溶剂化显色移动的关系，随流体密度的增大，探针分子吸收光谱发生了明显的移动。Rice 等[6] 利用 9- 氰基蒽研究了三种超临界流体二氧化碳、三氟甲烷（CHF_3）和乙烷（CH_3CH_3）的临界密度与溶剂化显色移动的关系，发现超临界二氧化碳和超临界 CHF_3 局部密度的增加大于超临界 CH_3CH_3。某些探针分子红外光谱振动频率对周围溶剂环境的依赖关系也能提供超临界流体中局域密度的信息，因而可作为紫外吸收光谱的补充手段，研究超临界流体密度波动。

2）荧光光谱法

当一个分子由电子给体和电子受体部分组成时，受到光激发，电子将从给体移动到受体，这种反应称为分子内电荷转移反应，其分子对溶剂的极性非常敏感。利用某些探针分子荧光特征峰的位移可以方便地估计溶剂的极性特征，进行超临界流体密度波动的研究。Zhang 等 [7] 研究了荧光在超临界二氧化碳中的荧光发射光谱。发现随着密度的增加，光谱峰发生明显的移动，并且认为荧光在超临界流体中的扩散速度要比液体中快。

3）小角 X 射线散射法

小角 X 射线散射法是研究超临界流体密度不均匀性或波动的有力手段之一，能够得到超临界流体长程结构的有关信息。Nishikawa 等 [8] 采用小角 X 射线散射技术研究了超临界二氧化碳、超临界 CHF_3 和超临界水的密度波动，并计算了不同热力学态的密度波动和相关长度，说明了“聚集体”的形成。

4. 声波测量法

声波法原理是将定量流体注入密封不可视的高压容器中，调节体系的温度，同时将声波信号通过高压容器，对信号进行检测，由于气体和液体的声波信号不同，根据声波信号的改变就可以判断临界点。流体达到临界点时，声波的速度也达到最小值。声波测量法的优点是可以在不可视的条件下测定临界点，设备要求较低，可以测定临界压力和临界温度都很高的物质或混合物临界参数。但该方法也有一定的缺点。在最新的研究中，Reis 等 [9] 分析了他人所做的声波法的数据参数，认为由于超声波的时间迟滞性很可能会导致测量不准确甚至失败。

超声波按照波形可分三种，分别是横波、纵波、表面波。超声波的传播实质上是纵波的传播，在传播过程中需要弹性介质，超声波通过介质不间断地传播，在振动源的振动下，周围的弹性物质也会随之振动。超声波能够不断传播依靠的是物质间的作用力与反作用力。作用力与反作用力的大小不仅与介质本身的固有特性有关，而且与周围环境也存在着相互关联。

声波在气体中传播的速度与气体密度、环境温度和气体本身有关。同一环境下，同种气体在浓度不同时，声波传播的速度也会有所差别。声波在介质传播的过程中，由于振动质点的力学作用会产生一定的阻力效果，并且随着传播的距离增加，声波的振幅会减弱，这个现象被称作声波的衰减。声波的衰减与介质本身和浓度有关。声波在浓度不同的气体中发生的衰减也有差异。通常情况下，当气体浓度较高时，声波衰减的速度较快；当气体浓度较低时，声波衰减的速度较慢。因此可以利用声波衰减效应与声速特性进行气体浓度的检测。其中利用声速特性进行气体浓度的检测又可分为时差法和相位差法。

（1）基于声波衰减法的 CO_2 浓度检测的方法。

声波衰减法是利用超声波在介质传播过程中能量被吸收，接收到的信号会随着介质的不同而产生不同程度的衰减。声波发生衰减是由于热传导，声波与距离衰减规律的表达式为

$$p = p_0 e^{-\alpha x} \tag{1-7}$$

式中　p——声波在距离声波发射端 x 处的声压强度，Pa；

p_0——声波发射端处的声压强度，Pa；

α——介质的声衰减系数。

在声波频率恒定时，声波衰减系数 α 与气体介质自身性质有直接关系。声衰减系数的研究，根据的是经典的声学理论进行分析计算。

声衰减法通过检测超声波传感器发射端和接收端的电压幅值，利用两者的比值来表征和计算出 CO_2 浓度。声衰减法检测原理示意图如图 1-13 所示。

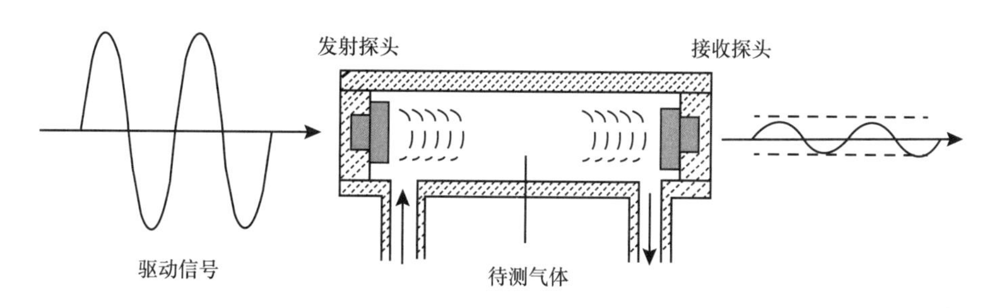

图 1-13　超声波声衰减法检测原理示意图

（2）基于时差法 CO_2 浓度检测的方法。

时差法测量气体浓度是采用一对固定的超声波传感器，间隔一段时间将一组固定脉冲串发给超声波传感器发射端使其发射的超声波信号沿声道向超声波传感器接收端方向传播，同时启动数字计时器。当超声波传感器接收端接收到超声波信号，数字计时器要马上停止计时，通过直接测量超声波传播时间的方式进行浓度测量，根据超声波在浓度不同的 CO_2 中传播速度存在差异的特性，可得到 CO_2 的浓度。时差法检测原理示意图如图 1-14 所示。

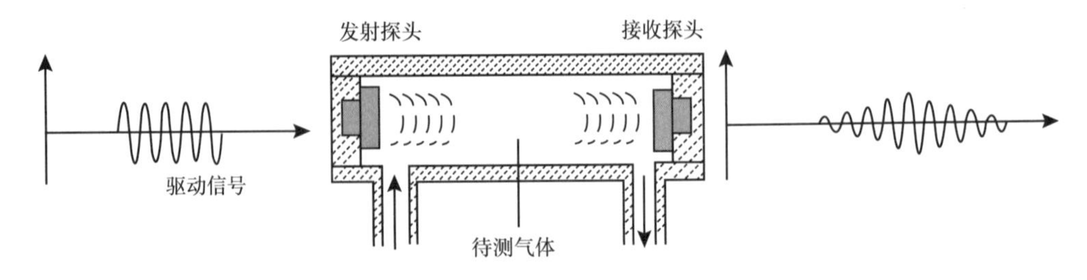

图 1-14　超声波时差法检测原理示意图

（3）基于相位差法 CO_2 浓度检测的方法：超声波相位差检测法与时间差法原理相同，都是利用超声波在浓度不同介质中传播速度存在差异这个特性，只不过相位差法通过测量相位差的方式代替时差测量，使得整体测量更加精准。由于不需要外接时间检测芯片使得电路更加简洁，可靠性大大地提高。根据超声波传播速度与待测气体浓度函数关系，可以换算出相位差与待测气体浓度函数关系，从而根据函数关系确定待测气体浓度。超声波相位差法检测原理示意图如图 1-15 所示。

5. 其他方法

Zieler 等[10]使用超临界流体色谱峰形状法测定了 CO_2+ 丙酮（C_3H_6O）等 13 组混合物的临界温度和临界压力，并与可视高压反应釜的结果进行了对比，发现数据差距不超过 3%。此法是将二元混合物注入色谱，通过色谱峰形的变化来测量超临界二元体系的临界点。此法的设备要求要低于用可视高压反应釜的方法，但在温度较高时，此法会出现不可辨的峰形影响测定。

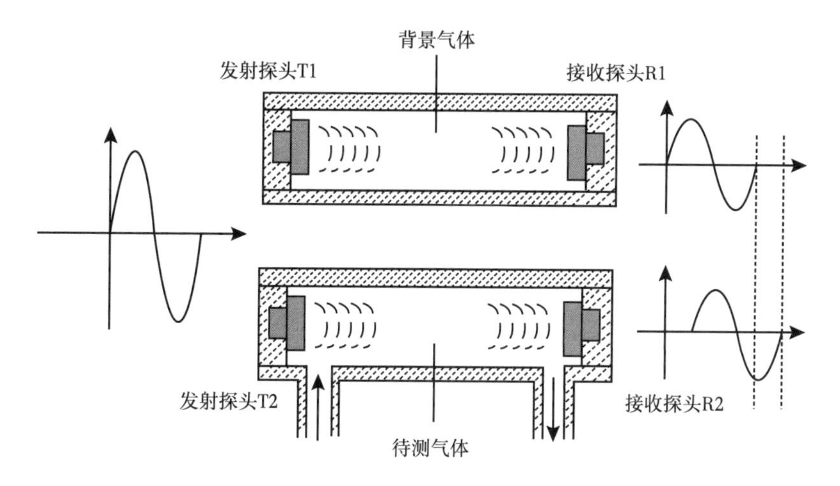

图 1-15　超声波相位差法检测原理示意图

脉冲加热法在测定稳定物质时，常用相界面消失和临界乳光作为临界点的判据，为了准确的观察气液相界面消失和重现的位置，都要求流体在相当一段时间内处于临界条件下。但是升温过程中部分热敏物质在到达临界点前会分解，应用传统方法很难得到准确的临界数据。测定热敏物质临界参数的关键在于缩短流体加热时间，快速达到平衡，将其热分解减小到最低程度。脉冲加热法的原理是对管状试样通以亚毫秒级的脉冲大电流，在短时间内，试样迅速达到高温，然后再通过高速高温计来测得所需参数，流体在高温下的停留时间仅为（0.01~1）$\times 10^{-3}$s。该方法的优点是试样达到热平衡所需的时间相当短，适合于测不稳定化合物的临界参数。

Ke 等[11]使用了传感器检测法来研究超临界相行为。这种方法是通过在高压容器中植入一个剪切模式压电石英传感器，先建立压电传感器的阻抗与压力的函数关系，通过传感器响应来其表面接触介质相态，识别反应器中的气液相分离现象，确定临界点。应用此方法，Ke 等[12]研究了 CO_2+ 甲醇（CH_4O）体系的临界参数与等温线。结果表明，此方法得到临界参数值与文献值的误差很小。通过改变传感器的类型，可得到多种研究相行为的方法。

参考文献

[1] 娄彝忠，方荣青，顾春明．相变与临界乳光现象［J］，物理实验，2011，34（4）:15-17.

[2] ZHANG R Z，QIN Z F，WANG G F. Critical Properties of the Reacting Mixture in the Selective Oxidation of Cyclohexane by Oxygen in the Presence of Carbon Dioxide[J]，J Chem Eng Data，2005，50：1414-1418.

[3] KATSUTO O，MASAHIKO Y，YASUFU Y. Critical Parameters and Vapor Pressure Measurements of Potential Replacements for ChlorofluorocarbonsFour Hydrofluoroketones and a Hydrofluoroamine [J]，J Chem Eng Data，2003，48：1380-1383.

[4] KE J，GEROGE M W. How Does the Critical Point Change during the Hydrogenation of Propene in Supercritical Carbon Dioxide? [J]，J Phys Chem B，2002，106：4496-4502.

[5] DIMITRIJEVIC N M，TAKAHASHI K，JONAH C D. Visible absorption spectra of crystal violet in supercritical ethane–methanol solution[J]，J of Supercritical Fluids，2002，24（2）：153-159.

[6] RICE J K，NIEMEYER E D，BRIGHT F V. Solute–Fluid Coupling and Energy Dissipation in Supercritical Fluids: 9-Cyanoanthracene in C_2H_6, CO_2, and CF_3H[J]，J Phys Chem，1996，100：8499-8507.

[7] ZHANG J W，ROEK D P，CHATEAUNEUF J E. A Steady-State and Time-Resolved Fluorescence Study of Quenching Reactions of Anthracene and 1,2-Benzanthracene by Carbon Tetrabromide and Bromoethane in Supercritical Carbon Dioxide[J]，J Am Chem Soc，1997，119：9980-9991.

[8] KEIKO N，ASAKO A A，TAKESHI M. Density fluctuation of supercritical fluids obtained from small-angle X-ray scattering experiment and thermodynamic calculation[J]，J of Supercritical Fluids，2004，30：249-257.

[9] REIS J C，RIBEIRO N，AGUIAR-RICARDO A. Can the Speed of Sound Be Used for Detecting Critical States of Fluid Mixtures? [J]，J Phys Chem B，2006，110：478-484.

[10] ZIEGLER J W，DORSEY J O，CHESTER T L. Estimation of Liquid-Vapor Critical Loci for CO_2-Solvent Mixtures Using a Peak-Shape Method[J]，Anal Chem，1995，67：456-461.

[11] KE J，OAG R M，KING P J. Sensing the Critical Point of High-Pressure Mixtures[J]，Angew Chem Int Ed，2004，43（39）：5192-5195.

[12] KE J，KING P J，GEORGE M W. Method for Locating the Vapor–Liquid Critical Point of Multicomponent Fluid Mixtures Using a Shear Mode Piezoelectric Sensor[J]，Anal Chem，2005，77（1）：85-92.

第二章 超临界二氧化碳传质混相机制

在油藏温度下，注入气体和地层原油达到多次接触混相的最小限度压力，称为最低混相压力（简称 MMP），只有当驱替压力高于 MMP 时才能实现混相驱替。地层原油并不是在任何条件下，与任何一种注入气都能形成混相。MMP 的确定方法主要有实验方法和理论计算方法两种。到目前为止，实验室测定仍然是最为准确和可靠的方法。

本章主要阐述超临界二氧化碳（CO_2）传质混相的研究方法与传质混相机制。

第一节 超临界二氧化碳传质混相研究方法

一、实验研究方法

1. 细管实验法

细管实验法是国内外通用的确定 MMP 的实验方法，细管模型是一根内部均匀填充一定粒径范围的未胶结石英砂粒或玻璃珠的不锈钢长细管。细管实验不能模拟真实的油层条件，其中细管模型是一个简化的一维物理模型（图 2-1），其目的在于提供一种途径和多孔介质，使得注入气体在驱替地层原油的过程中，气相、液相反复多次接触，发生充分的相间传质作用，在合适的条件下注入气体与原油可以达到多次接触动态混相，从而可以确定混相条件。在细管模型中，管长、管径、驱替速度和粒径可以有不同的组合，但其设计必须尽可能排除不利的流度比、黏性指进、重力分离、岩性的非均质等因素所带来的影响。

细管实验近似于一维移动，通常在利用细管实验法确定 MMP 时，选择 6 个不同压力条件，细管实验的注气速率一般为 0.08~0.12cm^3/min，记录注入气体后的采收率。然后使用采收率来预测 MMP。例如 CO_2 混相驱油时，CO_2 与油接触后，发生抽提传质作用，同时原油黏度降低，油的流动性增加。另外，CO_2 溶解后原油体积膨胀，若提高注入 CO_2 的压力，采出油量增多，采收率增高。继续增加注 CO_2 的驱替压力，采收率增加幅度非常小。利用驱替压力与采收率的关系曲线，找到曲线上的拐点，此时拐点对应的压力就是最低混相压力，如图 2-2 所示。同时也可以根据注 CO_2 采出端流体相态变化摄像图观察到（图 2-3），在低于最低混相压力时，CO_2 驱替前缘颜色较深为深黄色，CO_2 驱替前缘与原油间始终存在两相界面，当压力升高到最低混相压力时，地层原油由最初的黑色不透明逐渐变为半透明的褐色并逐渐过渡到透明的亮色，CO_2 驱替前缘的与原油间始终没有两相界面，此时表明注入的 CO_2 与原油达到了混相状态。

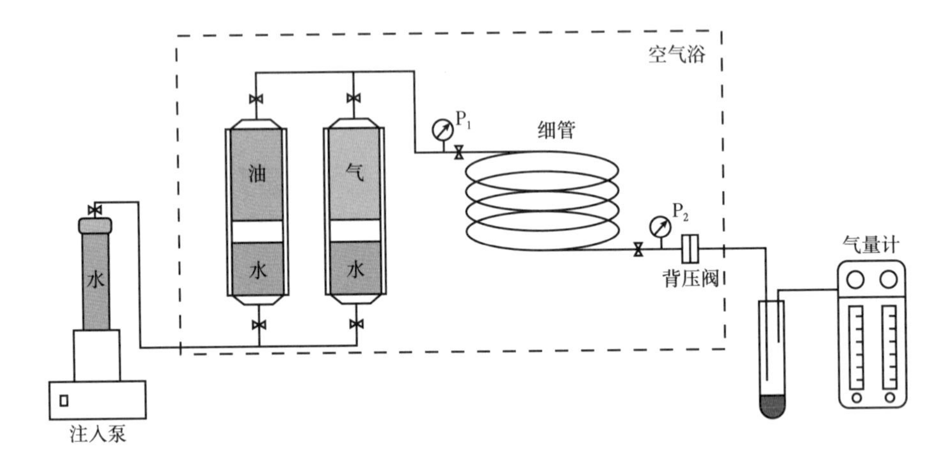

图 2-1　细管实验装置流程图

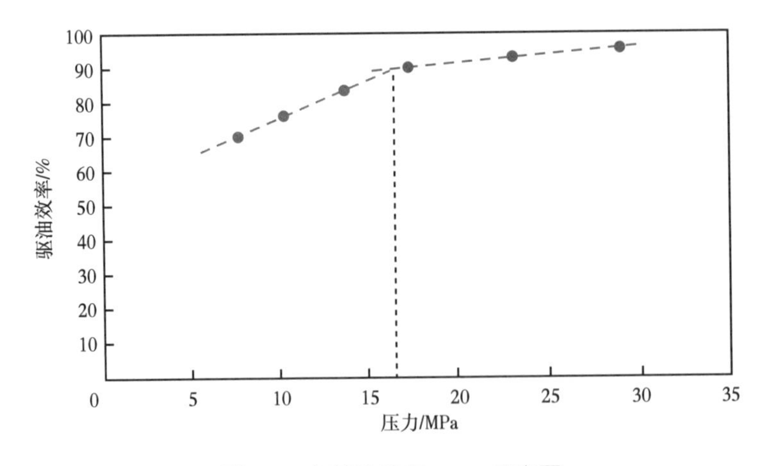

图 2-2　细管法确定 MMP 示意图

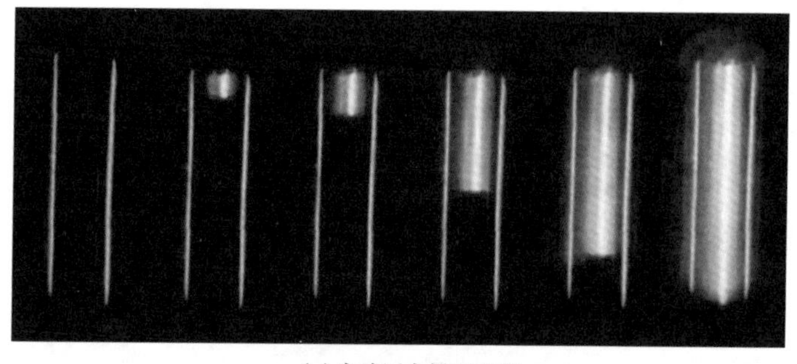

(a)实验压力低于MMP

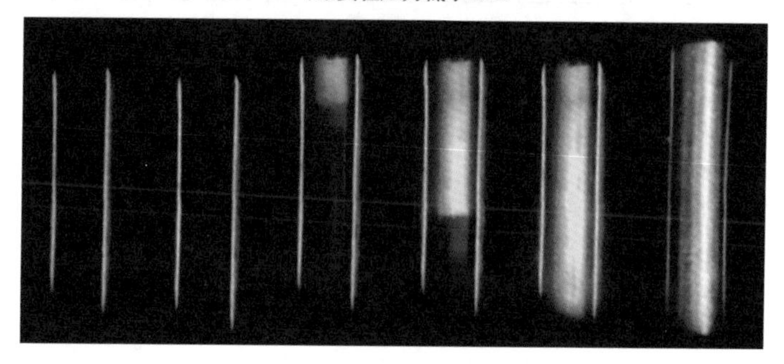

(b)实验压力接近MMP

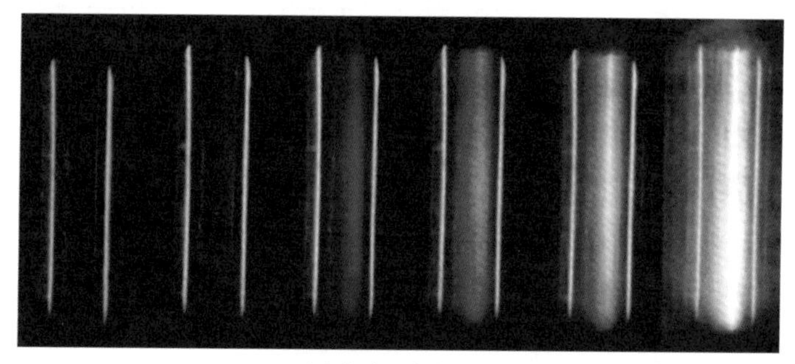

(c)实验压力高于MMP

图 2-3　注 CO_2 采出端流体相态变化摄像图

2. 界面张力消失法

界面张力消失法的原理是当两种流体趋近于混相时，两种流体界面间的界面张力将会消失，从而使得两流体在混相后可以以任意比例互溶。因此可以通过测量不同组分、不同压力时的界面张力，通过外推法，得到界面张力为 0 时对应的压力，即两流体间的 MMP，如图 2-4 所示。测量气液界面张力的方法有很多种，其中悬滴法和毛细管上升法较常见于测量 MMP 的实验中。相较于细管法，界面张力消失法更快速，更经济。悬滴法测界面张力的实验系统中，最重要的核心部件是高压可视单元，该单元一端用光源照射，另一端为图像采集系统。测油气间混相压力时，应将所需温度的 CO_2 注入高压可视单元，并通过泵使得压力达到所需压力，然后将油滴注入位于可视单元上部的毛细管，通过摄像头捕获油滴轮廓并拍照，将图片传入电脑，电脑会对每一张图片进行还原和扫描并得到轮廓曲线。测量 CO_2—原油体系的动态界面张力实验流程示意图如图 2-5 所示。

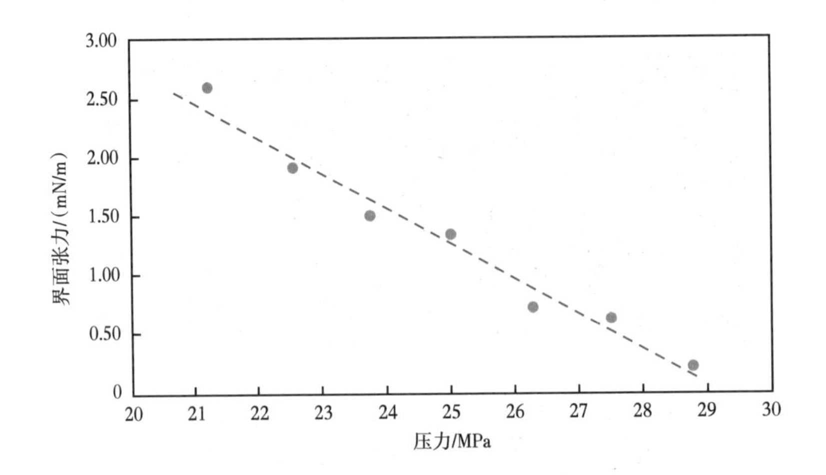

图 2-4　界面张力法确定 MMP

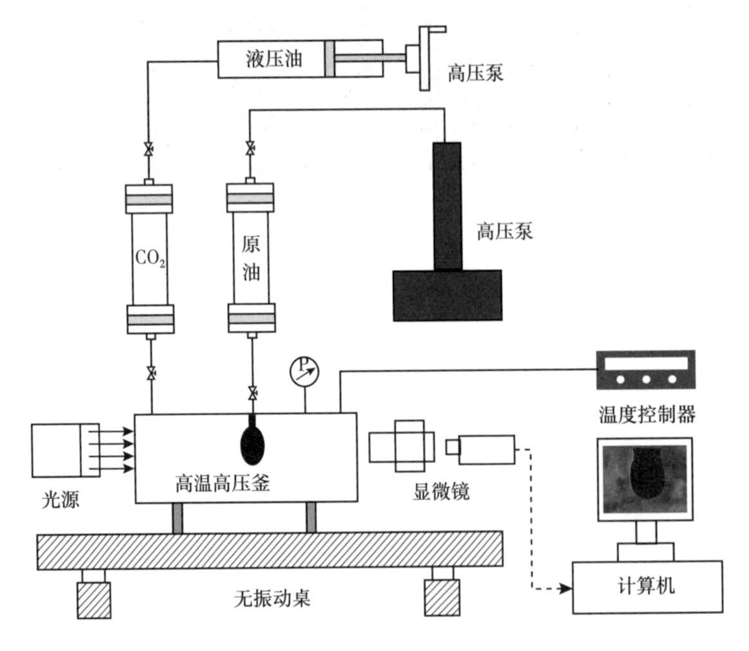

图 2-5　测量 CO_2—原油体系的动态界面张力实验流程示意图

滴形法中液滴的轮廓可能是由数字图像记录的，因此结合轴对称滴形分析法（简称 ADSA）对图像进行进一步处理，从而获得液相—液相或气相—液相之间的界面张力值。ADSA 基于当液滴静止悬挂于毛细管管口时液滴的外形主要取决于重力和界面张力的平衡来推算出两相之间的界面张力。而通过毛细管力 Laplace 方程可表达液滴的界面张力和其他力（如重力）之间的关系。目前学者们已研发了计算特定轴对称液滴的界面张力方法。而且，对于大多数悬滴或坐滴系统来说，都可使用轴对称法。因此，通过把 ADSA 和 Laplace 方程结合就能获得液相—液相或气相—液相间的界面张力。ADSA 的一般工作流程为：（1）通过悬滴法或坐滴法得到滴形图像；（2）之后用图像分析法得到图形的坐标值；（3）把实验文件和相关的物理特性参数输入到数值分析程序中；（4）程序把图形参数与已知的界面张力的 Laplace 曲线进行匹配，从而得到最适合实验的结果，包括界面张力、接触角、表面积、滴体积以及顶点曲率等值。悬滴法原理示意图如图 2-6 所示。

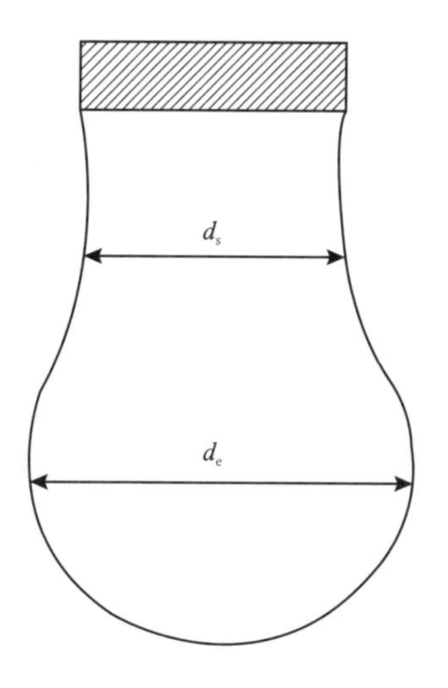

图 2-6　悬滴法示意图

d_s—离下顶点距离为悬滴最大直径处悬滴截面的直径；d_e—悬滴最大直径

3. 升泡仪法

升泡仪法确定 MMP 是由 Christiansen 和 Kim 在 1986 年提出的，这种方法的特点是测定周期短（一个油气系统的 MMP 测定可在一天内完成）、实验结果可靠。Hycal 公司 Thomas 等的研究认为，升泡仪法比细管实验法测定 MMP 更合理、更可靠。升泡仪法可以直接观察混相过程，不需要与采收率有关的压力来确定 MMP。升泡仪的装置示意图如图 2-7 所示，其核心装置是一个垂直安放的耐高压扁平玻璃细管，也称为观察计。观察计前后分别安装光源与摄像头，用以观察并拍摄上升的气泡。气泡从安装在观察计底部的空心针中注入。

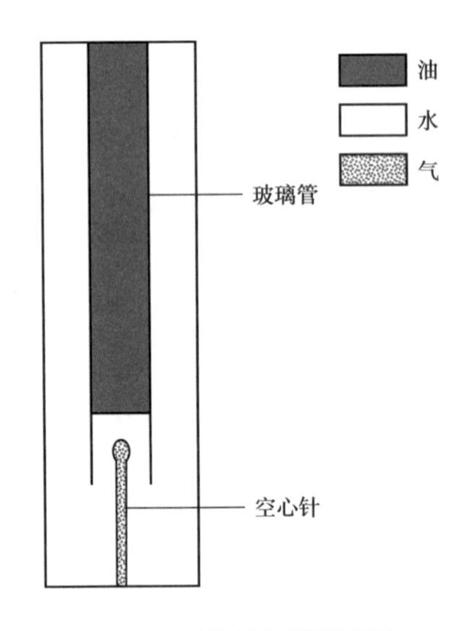

图 2-7　升泡仪装置示意图

气泡上升通过透明管中油柱时所发生的传质过程与气体驱替细管中原油时所发生的多次接触混相过程类似。在透明管中，上升的气泡与原油接触时将通过气油界面发生传质，原油中部分轻质组分进入气泡中，气泡中的部分气体溶解于原油中。该实验通过分析气泡在上升过程中与动态有关的压力关系来确定 MMP。在不同的压力条件下，上升过程中气泡的形状变化情况不同（图 2-8）。实验过程中，在一定压力范围内，根据摄像机拍的气泡动态形状变化的照片来确定恒温时该油气系统的 MMP。在玻璃细管内压力低于 MMP 时，气泡与原油间的界面张力较大，气泡的形状较大；随着压力升高，气泡与原油之间的界面张力逐渐减小，气泡渐渐更小；当气泡极微小、界面张力极低时，气体迅速，完全的分散在原油中，这种情况认为气体与油达到混相，此时的压力可以称为MMP。

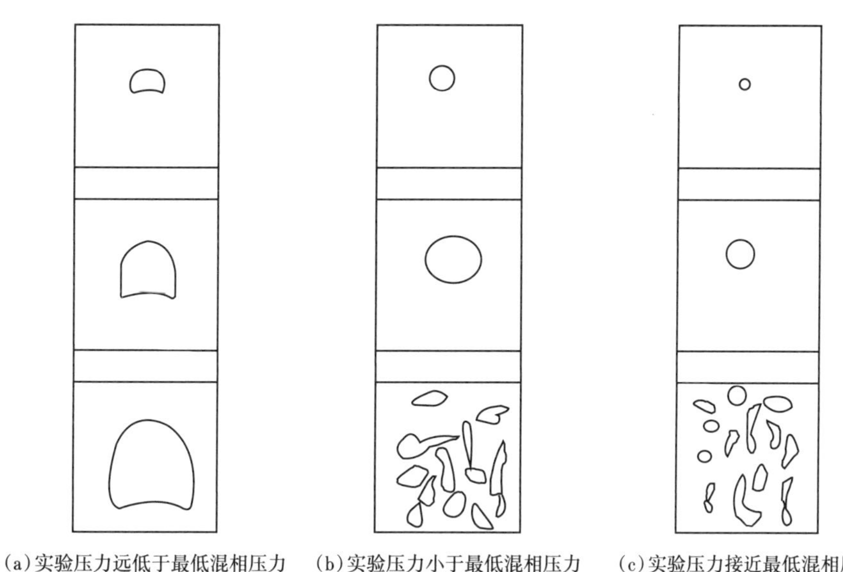

(a)实验压力远低于最低混相压力　(b)实验压力小于最低混相压力　(c)实验压力接近最低混相压力

图 2-8　升泡仪法原理示意图

升泡仪法与细管实验相比测定周期短且更经济，但升泡仪法仍有局限性。升泡仪法判断 MMP 的依据是通过气泡在玻璃细管中形状大小的动态改变，判断气泡是否变化或消失，主观因素所导致的误差较大，在混相的确定及解释上存在一定的主观性，从而使该方法得到的结果存在不确定性。截至目前，升泡仪法尚无定量的标准，对于油气组成、界面张力和驱替效率等规律缺少分析。

升泡仪法判别 MMP 有两种方法：(1)根据观察到的气泡形状来确定 MMP。当压力低于 MMP 时，在油柱中上升的气泡上部接近球形而底部扁平；当压力等于或大于 MMP 时，在油柱中上升的气泡底部扁平的气油界面发生裂变，出现尾状。(2)根据油气系统中压力与气泡位移之间的关系确定 MMP。当压力低于MMP 时，气泡中的气体以较缓慢的方式向新接触的原油扩散并溶解，移动距离长；当压力高于 MMP 时，气泡的组分已经与原油混相，气泡在上升过程中迅速向原油扩散，移动距离短。

4. 蒸气密度法

蒸气密度法确定 MMP 是一种动态实验方法，通过测定注入气体的密度与压力的关系，利用气与油的溶解特性来确定气与原油混相的 MMP。蒸气密度法测定 CO_2 与原油的 MMP 的方法为：将 CO_2 逐渐加入油样的容器中，每加一次 CO_2，循环一段时间后，测定气相（CO_2 和烃类气体）的密度。当压力较低时，组分的抽提程度不显著。随着压力继续增大，抽提程度加剧，导致气相密度增大。当抽提程度达到最大时，此时形成油气混相。当压力继续增大时，气相密度基本不再变化。待系统的压力不再变化时，体系已达到平衡，记录此时的压力和气相密度。根据压力和测定的对应的蒸气密度作蒸气密度曲线，其中富含气相的密度的突变点即为所需要测量的 MMP。该方法常用在低温条件下测试，然后推出温度较高的情况下的 MMP。改进的蒸气密度实验需要的时间更短，只需要几个小时，不但节省了大量的时间，而且可以节约实验费用。

二、理论研究方法

1. 经验公式关系法

一些油田都有适合自己油田实际情况的一些经验公式，这些公式一般都是通过做实验得到有关 MMP 的数据，然后拟合这些数据得到经验公式。这些公式能简单、快速地得到 MMP，但针对性不强，主要是针对特定油藏、特定的地层条件等，对其他油田适用性较低。目前，国内外有很多预测 MMP 的经验关系式，这些经验关系式都只考虑了影响 MMP 的部分因素，如原油中的不同组分、油藏温度、注入气成分、注入气的分子量、注入气的临界温度等。每个关系式都是由特定的油藏、流体性质通过实验数据等回归拟和得到的，用特定的油藏去计算其他油藏的注入气体的 MMP，计算结果往往偏差很大。因此用经验关系预测 MMP 精度上可能不高，而且在适用性上面有一定的限制。对于 CO_2、烃类气体以及氮气（N_2），不同油田使用这些气体进行混相驱油时，存在很多不同的经验公式，这些公式在形式、数量上均有所不同。截至目前，计算 CO_2 混相驱油的 MMP 经验公式超过 19 种，但没有一个经验公式可以适用于任何油藏。

2. 数值模拟法

常用的油藏模型按照流体和油藏类型可以划分为黑油模型和组分模型。其中注气提高采收率一般使用组分模型，因为在注气提高采收率的过程中，油藏内的流体组分会发生变化。同时还有改进黑油模型、流管模型、黑油非混相模型等。

1）组分模型

组分模型能够描述油藏内的流体组分的变化机理。在组分模型中，可以用多个组分的混合物来表示油层中气液两相。组分模型共分为三种类型：（1）状态方程组分模型，这种类型需要在模拟时产生大量的计算，模拟所花费的时间比较多。（2）收敛压力组分模型，这种拟合方法比较依赖数值模拟工作者的处理经验。（3）K 值组分模型，根据油藏的流体特征，在合适的温度下，从 K—p（K—压力）图中快速地获取 K 值，极快地提高了模拟过程中相平衡的计算速度。

2）改进黑油模型

在改进的黑油模型当中，认为注入介质和原油是一次接触的，混合的时候，混合物的体积不发生变化，只产生流体的扩散和弥散，不考虑流体的相态。这种模型被较多的应用在黏性指进、扫油效率作为决定性因素的情况。模型在计算的过程当中，忽略了两相之间的相态，这样模型的计算时间短，易于应用。

3）流管模型

这种模型最早被应用于油田开发初期的油气藏数值模拟。经过实践，当油藏内部存在比较严重的非均质性时，井间的储层不连通，该模型可用于解决其中出现的水驱溶剂段塞问题。这种模型的驱替流度比约等于 1。

4）黑油非混相模型

这种模型将油层流体分成挥发性组分（油相）和非挥发性组分（气相）这两种拟组分。在连续性方程的基础上，分析组分的流动。当注入烃类气体时，在原来划分组分的基础之上，再增加 2 个新的组分，即烃类气体组分和非烃类气体组分。这种模型在模拟的同时，忽略了分子的扩散作用，所以只适合于预测低压非混相注气驱动。

3. 分子模拟法

分子模拟技术通常以计算机为研究工具，并通过对数学、物理、化学等领域的基础理论相结合，进行材料性能等方面的计算。采用分子模拟技术不仅可以对不同分子构象关系层面展开详细考察，而且可对研究体系的定量结果进行统计分析，从而为实验结果提供理论依据与数据补充。目前，计算机模拟技术已成为药物研发、材料制备、理论研究等范畴必不可少的重要工具。

计算机模拟方法虽然已被证实可适用 CO_2、CH_4、N_2 等气体性质相关的模拟，但实验方面的深入研究较为匮乏，且对于超临界流体的模拟工作也少有报道。近年来，伴随着超临界萃取、CO_2 地质捕获封存等一批高新技术的广泛应用，关于超临界流体的研究工作也日益受到关注，并为深入研究超临界流体特征的机理提供大量理论依据。

目前，宏观尺度模拟主要用于工程数学物理模型，在进行精细网格划分后，计算该模型在受力、磁场和电场的宏观性质的相应变化。微观尺度模拟主要是在微观和宏观模拟之间的模拟工作，可以对高分子及生物分子工程等领域的复杂问题进行再现研究。统计力学模拟主要包括分子动力学模拟、蒙特卡洛模拟及分子力学模拟。该层次模拟主要是将原子作为一个独立受力单位，不考虑电子在原子内部的影响，考察牛顿力对分子原子的作用以及导致其速度和位置的变化，计算体系的统计特征，描述体系的宏观特性。量子力学层次的模拟利用解薛定谔波函数，重现原子中电子及电子核运动形态，和不同微观分子结构参数（如局部电荷密度、轨道分析等）。由于多数的电子运动在当前计算体系内不能得到精确计算，所以目前量子力学模拟主要有以下几种近似方法：从头计算方法、半经验分子轨道计算方法和密度泛函计算方法。上述分类中统计力学和量子力学模拟统称为分子模拟。

分子动力学模拟方法应用在各种各样的原子或分子组成的基本粒子体系中，利用分子力场对粒子的势能函数进行描述，并对各个时刻受力的粒子进行牛顿运动方程求解，从而得到随时间变化的粒子坐标与速度，以反映体系的统计学性质。

第二节　不同类型原油传质混相特征

通过分析国内 8 个油田 22 个低渗透区块的地层油组分分布特征，认为不同油区烃类组分的整体分布规律基本相同，组分含量随碳原子数的增加先降低再升高，在 C_8 左右出现峰值后持续降低。与国外原油对比发现，我国东部原油 C_2—C_6 组分明显偏低，而 C_{11+} 和胶质沥青质含量较高，而西部原油 C_2—C_6 含量与国外原油基本持平。实验证明，我国东部原油组分 C_2—C_6 偏少但仍能与 CO_2 达到混相，而且我国地层油与 CO_2 间的 MMP 普遍高于国外地层油与 CO_2 间的 MMP。基于组分 C_2—C_6 和地层温度是影响混相的关键组分的认识而形成的理论体系，能够完全适应我国原油特点。

深入研究上述发现，有望合理解释组分 C_2—C_6 偏少的我国东部地层原油，仍可在地层压力以下实现地层原油—CO_2 体系混相的机理，同时对解释 CO_2 混相驱油的前缘驱替特征上有着重要的指导作用。

研究发现，在高温高压反应釜中可以清晰地观测到 CO_2 与不同类型原油发生相间组分传质直至混相的动态过程。CO_2—轻质原油混相时，油气组分相间传质剧烈，油气界面张力很低，易混相；CO_2—陆相原油混相时，油气组分相间传质，先形成一个低界面张力的富烃过渡相，过渡相进一步与重烃组分传质最终混相。在传质过程中，测试了富烃过渡相的组分组成，实验证实除 C_2—C_6 外，C_7—C_{15} 也有较强的相间传质能力，有利于混相。在降低 CO_2 驱油最低混相压力（MMP）方法研究中认为，轻质组分 C_2—C_{10} 具有较强的传质能力。MMP 还受组分分布控制，轻质组分含量越高，MMP 越低。准确界定组分传质能力，有助于分析实际油藏条件下的 CO_2 混相驱油过程，还可为数值模拟提供必要的参数。

一、实验材料及步骤

1. 实验材料

样品 1：地面原油密度为 0.8503g/cm^3；样品 2：地面原油密度为 0.8004g/cm^3；样品 3：航空煤油。气体组成：99.95%CO_2，0.05%N_2。样品组分组成见表 2-1。

表 2-1　样品组分组成

组分	样品 1 摩尔分数 /%	样品 2 摩尔分数 /%	样品 3 摩尔分数 /%
CO_2	0.340	0.010	0
N_2	1.970	0	0
C_1	16.740	14.030	0
C_2	5.900	1.240	0
C_3	3.840	0.510	0
iC_4	0.400	0.240	0
nC_4	1.300	0.470	0
iC_5	1.770	1.040	0
nC_5	0.600	1.130	0
C_6	1.580	5.290	0
C_7	2.250	23.040	0.029
C_8	5.320	30.040	0.925
C_9	5.350	14.540	14.103
C_{10}	4.26	8.010	45.164
C_{11}	3.660	0	31.880
C_{12}	3.710	0	7.633
C_{13}	3.170	0	0.266
C_{14}	2.680	0	0
C_{15}	2.880	0	0
C_{16}	2.330	0	0
C_{17}	2.320	0	0
C_{18}	2.170	0	0
C_{19}	1.960	0	0
C_{20+}	23.500	0	0

从表 1 中可以看出，样品 1 组分组成分布较广，C_2—C_{15} 含量接近于常规地层油，可代表东部松辽盆地地层油组分组成特征；样品 2 组分组成主要集中在 C_{10} 之前，属于轻质原油，可代表西部油田地层凝析油。样品 3 组分含量分布较窄，主要分布在 C_7—C_{13} 之间，代表实验室常用的模拟油。

2. 实验程序

在我国主力油田平均油藏温度 50℃ 条件下，模拟 CO_2 传质混相过程，并定量分析地层油在混相过程中产生的过渡带组分组成特征。具体操作步骤如下：

（1）在油藏温度 50℃ 条件下，从高温高压反应釜底部先注入一定量的油品，然后从顶端注入一定量的 CO_2 气体，无须搅拌，平衡一段时间后，气液界面明显分开。

（2）对高温高压反应釜进行缓慢加压（均采用不搅拌、恒速进泵方式，速度梯度 0.5cm^3/min），待釜内气相区域出现分层现象后，设定泵为恒压状态，进行分层恒压取气后注入色谱仪分析组分组成。

（3）加压过程实时拍照，并记录取样压力。

二、实验结果分析

针对以上问题，在高温高压反应釜中观测了三种样品与 CO_2 间的混相过程（图 2-9 至图 2-11），并定量地分析其在混相过程中富化气相的组分组成变化规律。不同类型的样品与 CO_2 的混相的相同点主要体现在以下四个方面：

（1）初始条件下原油样品与 CO_2 分为两层，油气界面清晰可见，随着压力的增加，气相 CO_2 逐渐溶解到原油中，原油样品体积开始膨胀，此时以 CO_2 溶解为主，原油组分挥发为辅，原油样品中的少量气体组分被萃取。

（2）继续增加压力，气相 CO_2 不断地被原油中挥发出的轻质组分富化，密度和黏度逐渐升高，气相逐渐表现出液体性质，而液相也出现气体特征，原油中溶解 CO_2 的量逐渐增加，导致地层油密度和黏度逐渐降低，轻质组分连同更高碳数的组分挥发至 CO_2 富化气中，此时以原油组分大量被萃取为主，CO_2 溶解为辅。

（3）继续增加压力，油气界面剧烈传质，气相的液体性质逐渐显著，而液相的气体特征进一步增强，当 CO_2 富化气密度与地层油密度相当时，二者达到传质混相，油气界面完全消失。

（4）由于不同原油的组分组成存在较大差异，混相过程持续时间、传质剧烈程度有所不同，富化层组分组成差异较大。

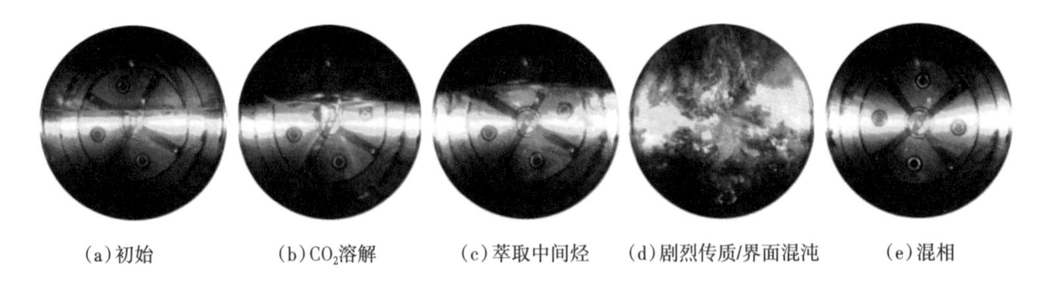

(a)初始　(b) CO_2 溶解　(c)萃取中间烃　(d)剧烈传质/界面混沌　(e)混相

图 2-9　CO_2 与煤油动态混相过程

初始压力 10MPa，在压力 15MPa 时发生混相

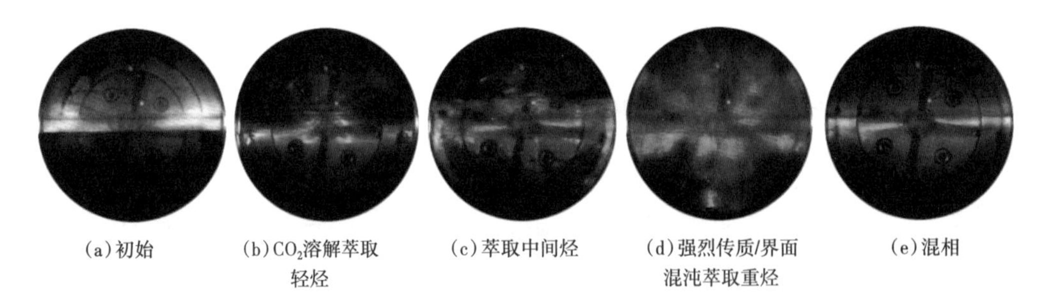

(a)初始　(b) CO_2 溶解萃取轻烃　(c)萃取中间烃　(d)强烈传质/界面混沌萃取重烃　(e)混相

图 2-10　CO_2 与凝析油动态混相过程

初始压力 10MPa，在压力 18MPa 时发生混相

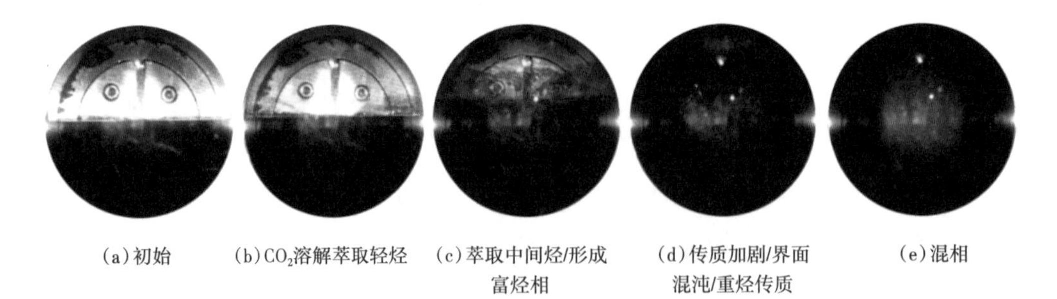

(a)初始　(b) CO_2 溶解萃取轻烃　(c)萃取中间烃/形成富烃相　(d)传质加剧/界面混沌/重烃传质　(e)混相

图 2-11　CO_2 与地层油动态混相过程

初始压力 10MPa，在压力 25MPa 时发生混相

以 CO_2—地层原油混相过程为例，如图 2-11 所示，初始条件下 CO_2—地层油接触现象与煤油和凝析油类似［图 2-10（a）］；随着压力增加，地层油体积开始膨胀，此时以 CO_2 溶解为主，少量的 C_2—C_6 组分被萃取，极少量 C_7—C_{15} 被萃取，形成少量薄雾区域［图 2-11（b）］；压力继续增加，地层油中中间烃组分被大量萃取，形成富烃带，主要为 C_2—C_{15} 组分，该区域在油气混相过程中起着重要的促进作用［图 2-11（c）］；继续增加压力，油气界面传质加剧、界面混沌现象出现，大量重质组分参与混相，油气界面比较模糊［图 2-11（d）］；再增加压力，大量的 C_{16+} 组分也被溶解，CO_2—地层油完全混相，油气界面完全消失，形成单相，但是其中可能包含着少量未溶解的重质组分［图 2-11（e）］，最终达到混相时的压力为 25MPa。由于地层油中含有大量的重质组分，混相过程持续时间最长。

通过对不同层位气相过度相组分进行分析，发现烃组分传质能力随碳数增加而减弱，如图 2-12 所示。在 12.5MPa 时，上层气相组分以 CO_2 为主，少量的 C_2—C_5 组分，中层富化气相 C_2—C_6 组分含量明显增加；当增加压力至 15.2MPa 时，上层气相颜色深于 12.5MPa，且轻质组分扩展为 C_2—C_{10}，中层富化气相组分为 C_2—C_{15}。

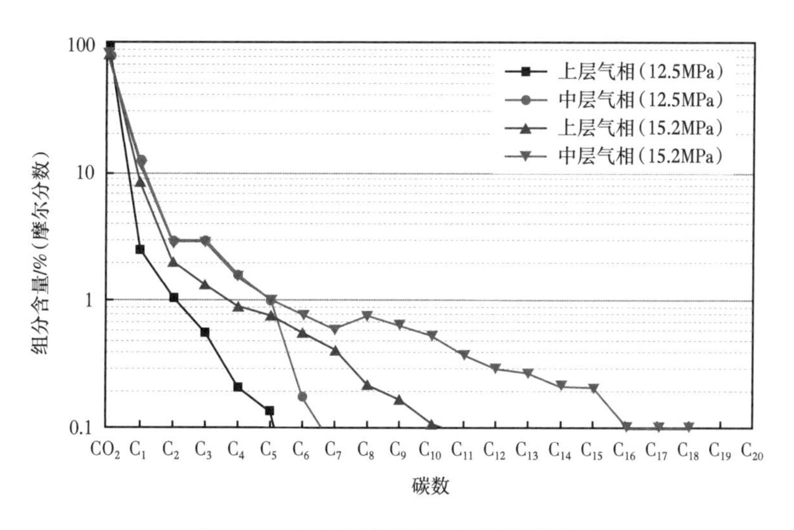

图 2-12 不同层位气相过渡相组分组成

在 CO_2—煤油体系微观驱替实验中也发现了与高温高压反应釜中类似的传质现象，如图 2-13 所示。可以看出驱替压力较低时，CO_2 气体与煤油清晰地分成两相，且油气界面清楚可见。随着压力的升高，油气界面开始模糊，表现为纯 CO_2 相、富化气相、富烃过渡相、纯油相。地层油中的轻质组分首先扩散到气相中，形成较大区域的富化气相，该区域颜色较浅［图 2-13（a）］；随着驱替压力增加并接近 MMP 时，大部分轻质组分扩散至气相，气液相密度不断接近，地层油中的重质组分也逐渐开始向气相中挥发，该区域颜色加深［图 2-13（b）］。当压力略微升高，CO_2 和煤油密度接近一致时达到混相。上述结果验证了地层中混相“多层过渡带”的存在，为定量计算多孔介质中过渡带波及范围提供了实验支持。

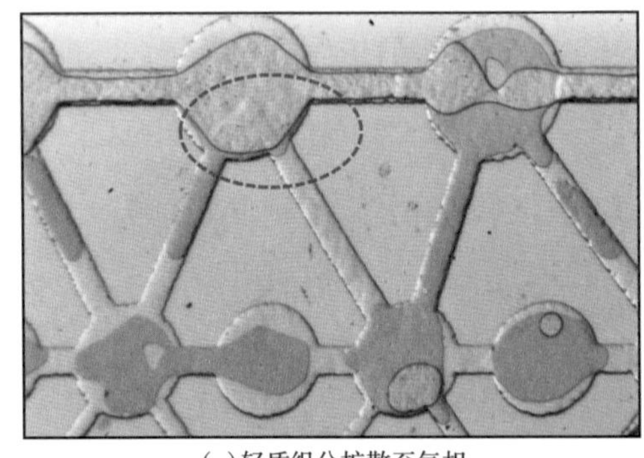
（a）轻质组分扩散至气相

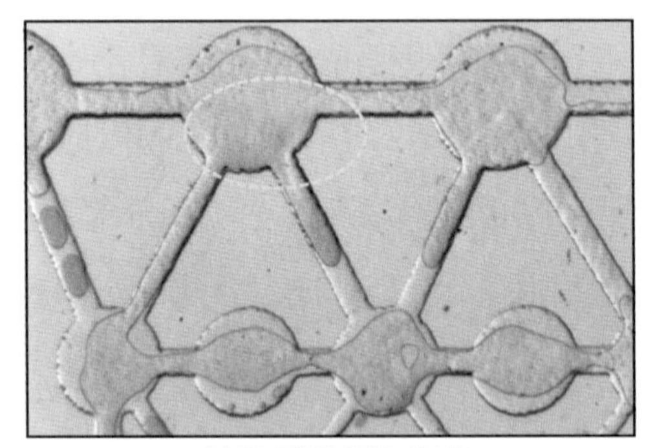
（b）重质组分扩散至气相

图 2-13　微观驱替实验微观图

通过观察具有代表性的三类原油—CO_2 的混相过程，定量分析了传质过渡带组分组成特征，认识了 C_2—C_{15} 和地层温度是影响地层原油—CO_2 体系传质混相的关键因素，有力地指导了 CO_2 混相驱替现场试验。根据组分对传质贡献的大小，将原油组分组成划分为四类：（1）轻烃组分（C_2—C_6），强传质，易混相；②中间烃组分（C_7—C_{15}），较强传质，能混相；（3）重烃组分（C_{16+}），弱传质，难混相；（4）极性重组分（胶质沥青），极弱传质，易沉积；直接观测到了不同类型油品与 CO_2 的传质混相过程及差异，并在长细管驱替和微观驱替模型中得到了验证，确定了“多层过渡带”的存在。

第三节　油气多次接触传质混相机制

向油藏中注入 CO_2 可能会通过多种机理引起原油驱替，尽管在初次接触时通常不会形成混相，但 CO_2 能够形成混相前缘。油藏中 CO_2—原油的混相可在大规模和小规模（“局部混相”）范围发生。但无论是微观孔隙非均质性还是大尺度油藏单元的非均质性均会造成 CO_2—原油混合程度的差异，进而使 CO_2 与原油仅在小规模“局部混相”。虽然油藏的非均质性对驱替过程有影响，但 CO_2 与原油的混相实际上还是一个多次接触的蒸发—凝析混相过程，CO_2 不断向油中凝析，而原油组分不断向 CO_2 中蒸发，当气液两相组成接近后，二者之间界面消失，形成混相。在 CO_2 驱替过程中，蒸发或凝析作用的确定直接与 CO_2—油藏体系的相平衡相关。

一、蒸发混相过程

在高油藏温度条件下，CO_2—原油多次接触后，CO_2 气提 C_2—C_{30} 的烃类进入 CO_2 气相，这会产生与未接触原油相混相的富烃气相。油组分的这一蒸发过程类似于高压干气驱。CO_2 蒸发混相的过程可以通过拟组分 CO_2—C_1，C_2—C_6，C_{7+} 所建立的三元相图对其进行分析。

一定驱替压力和温度下的两相边界及蒸发过程的预测路径如图 2-14 所示。蒸气通过从液相中汽提中间组分不断地实现富化。蒸气的这种富化一直进行直到达到一种临界组分。临界组分必须能够通过同样的过程不断重建，因为它会因扩散作用而不断被破坏。图 2-14 中存在临界系线，为了实现多次接触混相的蒸发作用，油藏流体组分必须位于临界系线的右侧。如果两种流体都位于左侧，虽然会发生蒸发但不足以形成混相。如果注入流体和原始油都位于临界系线的右侧，那么流体在第一次接触时就混相。

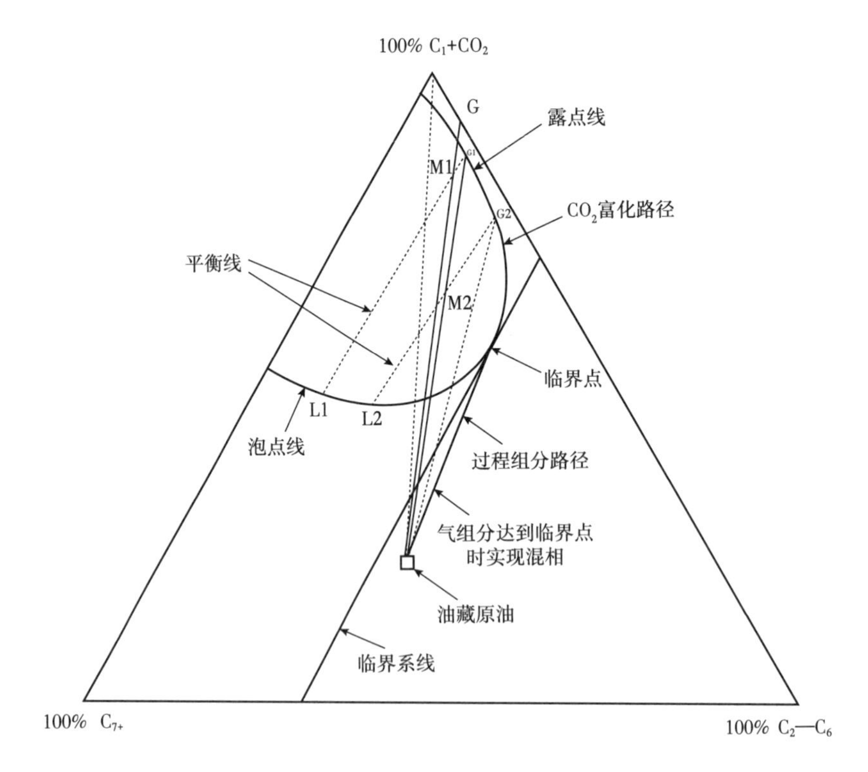

图 2-14　多次接触的蒸发混相

二、凝析混相过程

在低油藏温度下，CO_2 凝析形成富 CO_2 液相，就像井筒附近形成富轻烃油环的富气注入，并且促进了油藏原油与注入气之间的混相作用。如图 2-15 所示，随着驱替过程的推进，CO_2 富化了油藏原油，井筒附近混合区的混合物组分沿着 C 点到 D 点的路径移动。连续注入的 CO_2 使得井筒流体的组分沿着从 D 点到 B 点、再从 B 点到 A 点的路径移动。随着组分路径从 D 点到 B 点，被饱和的液相就被 CO_2 富化。因此，CO_2 凝析进入油相，最终产生混相点 B。

对于多次接触混相的凝析作用，注入流体 A 必须位于临界系线的右侧。如果不是这样，虽然 CO_2 凝析进入油藏原油也可以发生，但是并不会产生混相。假设用注入组成为 G 的气体来驱替油藏原油，如图 2-16 所示，气体组成 G 为过临界点与极限系线的延长线与三角形右边的交点。原油和气体 G 最先是非

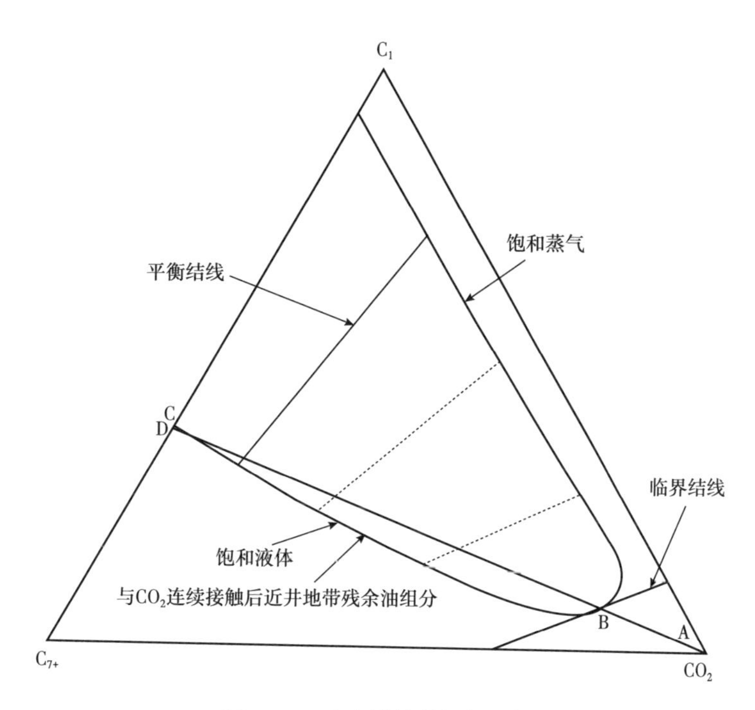

图 2-15　多次接触的凝析混相

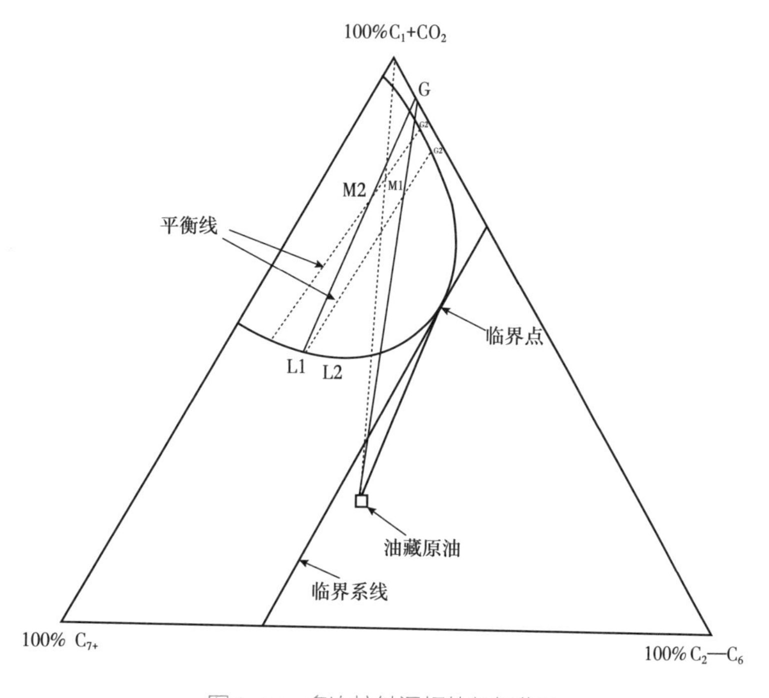

图 2-16　多次接触混相的凝析作用

混相的，因为其大部分混合物处于两相区内。假设气体 G 与油藏原油一次接触后，形成了位于两相区内的混合物 M1。根据过 M1 的系线，油藏中就是液体 L1 和气体 G1 平衡共存的状态，后续注入的气体 G 的推动使得平衡气体 G1 超前液体 L1 从而进入油藏深部，而留下的平衡液体 L1 与气体 G 接触。气体 G 和液体 L1 混合形成总组成为 M2 的混合物，得到平衡气体 G2 和平衡液体 L2。液体 L2 比一次接触后留下的液体 L1 更接近临界点。随着气体 G 的不断注入，井眼处液体的组成以同样方式沿泡点线改变，最终达到临界点组成。注入气体可与临界点处的流体直接混相。

三、二氧化碳—地层油相间传质组分变化的规律分析

细管实验确定红 87-2 井区 H75-27-7 井地层油 CO_2 驱油的 MMP 是 27.45MPa，压力高于 27.45MPa 能够实现混相驱油，压力小于 27.45MPa 不能实现混相驱油。由于原始地层压力为 21.2MPa，因此只能是非混相驱油。依据红 87-2 井区的混相条件，完成了 2 组多次接触试验，一组是在确保混相的 30MPa 压力条件下研究二氧化碳—地层原油体系多次接触的相态物性变化；另一组是在非混相的 21.2MPa 压力条件下研究 CO_2—地层原油体系多次接触的相态物性变化。

1. 二氧化碳与地层油多次接触后油气相体积的变化

油气相体积的变化由体积系数进行表征。油气相体积系数是指 CO_2 与地层原油每次接触后的平衡油相和气相体积与油气未接触前的初始体积之比。体积系数反映了注气后 CO_2 与地层原油在动态接触过程中，CO_2 对地层原油的膨胀能力。

CO_2 与红 87-2 井区地层油分别在 30MPa 和 21.2MPa 压力下发生多次接触后的油气相体积系数见表 2-2，油气相体积系数随接触次数的变化曲线如图 2-17 所示。实验结果表明，无论是在 30MPa 的高压还是在 21.2MPa 的相对低压，CO_2 与地层油一旦接触后，油相体积明显膨胀，气相体积则收缩，从第 3 次油气接触后，油相体积变化渐缓趋于稳定。在 30MPa 压力下油气 5

次接触后，油相体积膨胀了 61.85%，气相收缩了 97.01%；而在 21.2MPa 压力下油气 5 次接触后，油相体积膨胀了 23.86%，气相收缩了 73.55%，说明 CO_2 与地层油多次接触油气体积变化随体系压力的升高而加剧。实际上在实验中观察到，30MPa 压力下 CO_2 与地层油 6 次接触后，气相体积完全消失，只存在单一均相，说明此时 CO_2 与地层油达到混相状态。21.2MPa 压力下 CO_2 与地层油多次接触后虽然没能形成均相，但油相体积明显增大，说明原始地层压力下 CO_2 对红 87-2 井区地层原油也有较强的膨胀能力，这对提高驱油效率十分有利。

表 2-2 CO_2 与地层油多次接触后的平衡油相 / 气相的体积系数

CO_2 与地层油接触次数	30MPa		21.2MPa	
	气相体积系数	油相体积系数	气相体积系数	油相体积系数
0	1.0000	1.0000	1.0000	1.0000
1	0.9336	1.1110	0.9034	1.1566
2	0.7194	1.4296	0.7099	1.4041
3	0.2350	1.5895	0.5991	1.2681
4	0.0862	1.5671	0.3780	1.2815
5	0.0299	1.6185	0.2645	1.2386

2. 二氧化碳与地层油多次接触后油气组成的变化

通过分析多次接触后油气组成的变化，可以研究 CO_2—地层原油体系油气相间传质组分的变化规律，认识混相机理。

CO_2 与红 87-2 井区地层油分别在压力 30MPa 和 21.2MPa 条件下发生多次接触后的油气相的组分组成数据见表 2-3 和表 2-4。多次接触后油相组分组成与原始地层油的对比曲线和气相组分组成曲线分别如图 2-18 和图 2-19 所示。

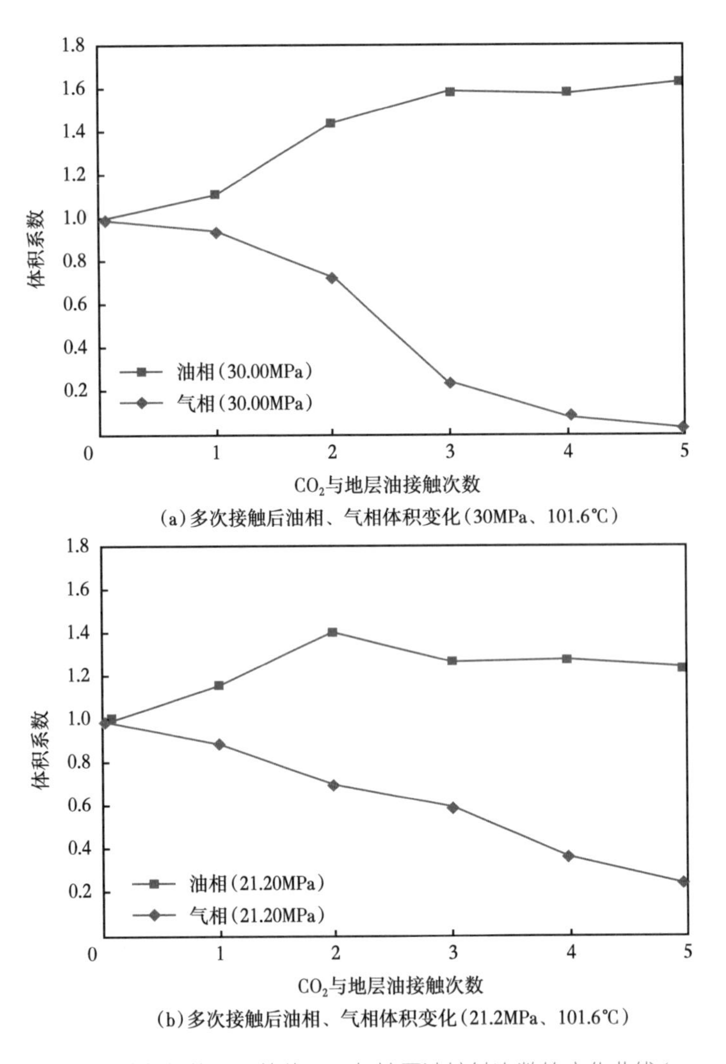

(a)多次接触后油相、气相体积变化(30MPa、101.6℃)

(b)多次接触后油相、气相体积变化(21.2MPa、101.6℃)

图 2-17　平衡油气相体积系数随 CO_2 与地层油接触次数的变化曲线（101.6℃）

表 2-3　CO_2 与地层油多次接触后的平衡油气相的组分组成数据（压力 30MPa，温度 101.6℃）

组分	平衡油相的组成 /%（摩尔分数）				平衡气相的组成 /%（摩尔分数）			
	一次接触	二次接触	三次接触	四次接触	一次接触	二次接触	三次接触	四次接触
CO_2	71.555	69.082	62.220	57.642	91.560	85.180	76.962	67.670
N_2	0.122	0.299	0.666	1.146	0.225	0.463	1.122	2.249
C_1	3.117	6.425	12.170	17.869	3.734	7.339	14.732	21.719
C_2	0.366	0.697	1.137	1.461	0.368	0.687	1.215	1.610

续表

组分	平衡油相的组成 /%（摩尔分数）				平衡气相的组成 /%（摩尔分数）			
	一次接触	二次接触	三次接触	四次接触	一次接触	二次接触	三次接触	四次接触
C_3	0.222	0.406	0.629	0.704	0.251	0.483	0.787	0.972
iC_4	0.028	0.050	0.075	0.076	0.041	0.077	0.122	0.148
nC_4	0.100	0.170	0.250	0.230	0.163	0.300	0.457	0.546
iC_5	0.022	0.038	0.054	0.041	0.057	0.100	0.147	0.170
nC_5	0.054	0.096	0.588	0.099	0.178	0.307	0.442	0.501
C_6	0.068	0.672	0.374	0.065	0.295	0.450	0.590	0.902
C_7	0.728	0.483	0.569	0.053	0.380	0.547	0.592	0.669
C_8	0.705	1.007	0.934	0.644	0.390	0.587	0.463	0.501
C_9	1.065	1.106	1.203	0.817	0.317	0.514	0.338	0.371
C_{10}	1.107	1.173	1.310	0.948	0.290	0.454	0.286	0.304
C_{11}	1.041	1.091	1.152	1.014	0.248	0.378	0.240	0.248
C_{12}	1.085	1.210	1.530	1.543	0.213	0.319	0.206	0.206
C_{13}	1.129	1.237	1.173	1.183	0.204	0.296	0.198	0.191
C_{14}	1.070	1.069	1.027	1.035	0.166	0.244	0.161	0.152
C_{15}	1.091	1.031	1.047	1.156	0.158	0.223	0.152	0.141
C_{16}	0.947	0.943	0.925	1.026	0.118	0.167	0.114	0.104
C_{17}	0.930	0.901	0.823	0.699	0.102	0.141	0.099	0.089
C_{18}	0.858	0.767	0.777	0.825	0.092	0.127	0.089	0.080
C_{19}	0.867	0.812	0.722	0.787	0.082	0.112	0.080	0.072
C_{20}	0.875	0.757	0.728	0.715	0.065	0.088	0.065	0.058
C_{21}	0.740	0.644	0.582	0.605	0.057	0.076	0.057	0.051
C_{22}	0.789	0.655	0.606	0.611	0.048	0.064	0.049	0.044
C_{23}	0.687	0.609	0.597	0.570	0.042	0.056	0.044	0.040
C_{24}	0.660	0.557	0.527	0.516	0.033	0.045	0.035	0.033
C_{25}	0.578	0.521	0.399	0.473	0.029	0.040	0.031	0.031
C_{26}	0.609	0.457	0.446	0.469	0.025	0.035	0.028	0.027
C_{27}	0.533	0.438	0.391	0.381	0.021	0.030	0.025	0.025
C_{28}	0.465	0.423	0.377	0.380	0.015	0.020	0.018	0.018
C_{29}	0.425	0.350	0.306	0.309	0.012	0.017	0.016	0.017

续表

组分	平衡油相的组成/%（摩尔分数）				平衡气相的组成/%（摩尔分数）			
	一次接触	二次接触	三次接触	四次接触	一次接触	二次接触	三次接触	四次接触
C_{30}	0.411	0.338	0.318	0.329	0.007	0.010	0.012	0.013
C_{31}	0.331	0.291	0.244	0.246	0.005	0.007	0.009	0.009
C_{32+}	0.321	0.246	0.236	0.238	0.011	0.016	0.016	0.018
C_{33}	0.282	0.225	0.202	0.203	—	—	—	—
C_{34}	0.274	0.225	0.178	0.197	—	—	—	—
C_{35}	0.266	0.193	0.180	0.168	—	—	—	—
C_{36+}	3.482	2.305	2.325	2.532	—	—	—	—
Σ	100.000	100.000	100.000	100.000	100.000	100.000	100.000	100.000

表2-4　CO_2与地层油多次接触后的平衡油气相的组分组成数据（压力21.2MPa，温度101.6℃）

组分	平衡油相的组成/%（摩尔分数）				平衡气相的组成/%（摩尔分数）			
	一次接触	二次接触	三次接触	四次接触	一次接触	二次接触	三次接触	四次接触
CO_2	65.897	60.862	57.142	47.412	90.373	83.547	78.024	66.463
N_2	0.112	0.247	0.388	0.654	0.286	0.627	1.009	1.965
C_1	3.210	6.469	9.539	14.389	4.750	9.814	14.649	24.249
C_2	0.432	0.808	1.107	1.578	0.456	0.869	1.203	1.686
C_3	0.280	0.492	0.626	0.961	0.309	0.597	0.707	0.893
iC_4	0.037	0.063	0.075	0.120	0.049	0.092	0.105	0.125
nC_4	0.130	0.214	0.243	0.395	0.193	0.353	0.386	0.439
iC_5	0.028	0.045	0.048	0.816	0.065	0.111	0.118	0.127
nC_5	0.073	0.112	0.118	0.398	0.201	0.338	0.353	0.372
C_6	0.055	0.600	0.077	0.861	0.299	0.457	0.455	0.494
C_7	0.036	0.579	0.778	0.640	0.343	0.473	0.448	0.501
C_8	0.827	1.225	0.949	1.849	0.330	0.421	0.340	0.441
C_9	0.827	1.588	1.342	1.915	0.276	0.329	0.262	0.359
C_{10}	1.210	1.590	1.876	1.813	0.257	0.277	0.262	0.314
C_{11}	1.273	1.728	1.347	1.715	0.237	0.237	0.250	0.263

续表

组分	平衡油相的组成/%（摩尔分数）				平衡气相的组成/%（摩尔分数）			
	一次接触	二次接触	三次接触	四次接触	一次接触	二次接触	三次接触	四次接触
C_{12}	1.489	1.646	1.633	1.898	0.213	0.206	0.217	0.218
C_{13}	1.470	1.683	1.633	1.790	0.201	0.190	0.197	0.196
C_{14}	1.428	1.395	1.470	1.375	0.166	0.154	0.156	0.147
C_{15}	1.484	1.573	1.529	1.624	0.154	0.141	0.139	0.130
C_{16}	1.405	1.260	1.338	1.342	0.115	0.103	0.101	0.092
C_{17}	1.213	1.056	1.116	1.122	0.098	0.087	0.085	0.075
C_{18}	1.154	1.056	1.197	1.193	0.090	0.079	0.076	0.067
C_{19}	1.186	1.120	1.043	1.062	0.081	0.071	0.068	0.059
C_{20}	1.118	0.964	1.021	1.048	0.066	0.058	0.055	0.047
C_{21}	0.980	0.810	0.890	0.900	0.059	0.052	0.049	0.041
C_{22}	0.920	0.869	0.859	0.887	0.051	0.046	0.043	0.036
C_{23}	0.873	0.787	0.829	0.841	0.047	0.043	0.039	0.033
C_{24}	0.905	0.756	0.806	0.808	0.039	0.036	0.033	0.027
C_{25}	0.759	0.640	0.629	0.691	0.036	0.035	0.030	0.027
C_{26}	0.769	0.636	0.668	0.638	0.032	0.031	0.028	0.024
C_{27}	0.646	0.561	0.581	0.619	0.030	0.029	0.026	0.022
C_{28}	0.643	0.503	0.560	0.561	0.023	0.021	0.020	0.016
C_{29}	0.582	0.476	0.512	0.513	0.021	0.021	0.018	0.015
C_{30}	0.506	0.446	0.483	0.452	0.016	0.015	0.014	0.011
C_{31}	0.490	0.390	0.404	0.405	0.012	0.012	0.011	0.009
C_{32+}	0.421	0.338	0.391	0.392	0.024	0.025	0.023	0.016
C_{33}	0.383	0.289	0.299	0.305	—	—	—	—
C_{34}	0.362	0.275	0.329	0.325	—	—	—	—
C_{35}	0.289	0.242	0.260	0.245	—	—	—	—
C_{36+}	4.101	3.605	3.863	3.446	—	—	—	—
Σ	100.000	100.000	100.000	100.000	100.000	100.000	100.000	100.000

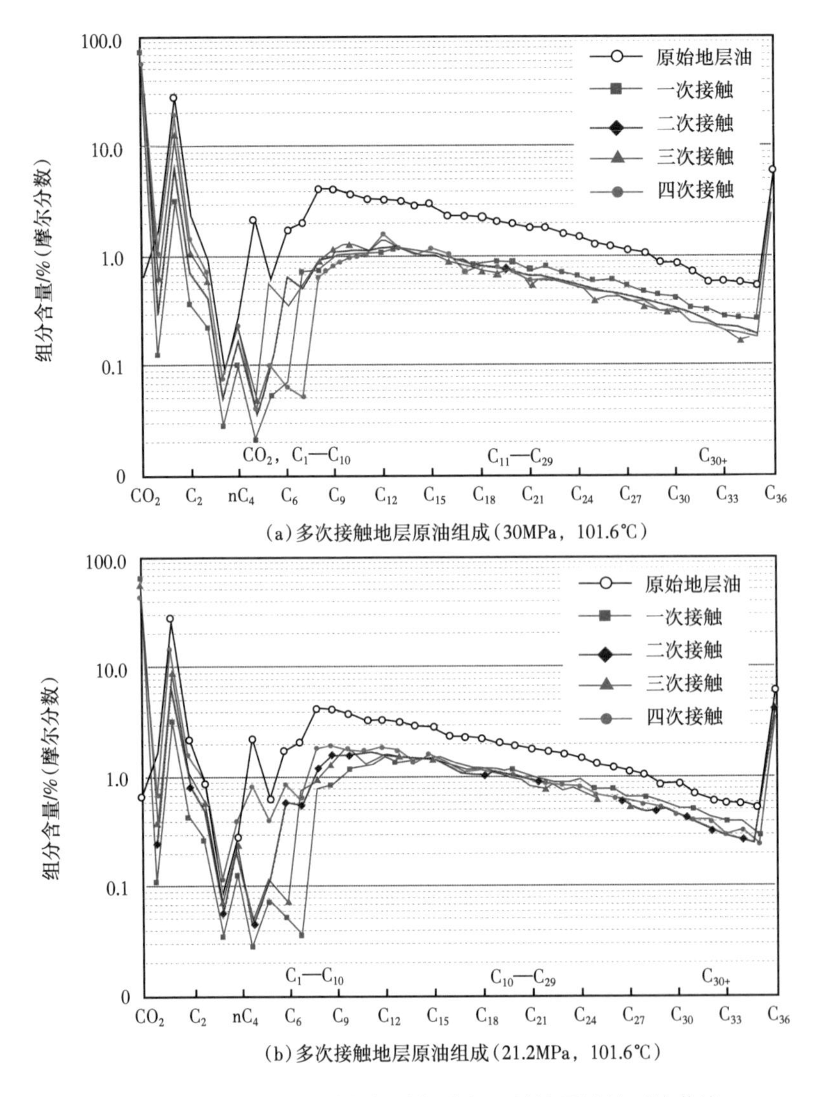

图 2-18　多次接触后油相组分组成与原始地层油的对比曲线

如图 2-18 和图 2-19 所示，CO_2 与地层原油多次（4 次）接触后，不论是在 30MPa 高压还是在较低的 21.2MPa，与原始地层油相比，平衡油相组成中的 C_1—C_{36+} 烃组分明显减少，CO_2 则大量增加；平衡气相组成中的 C_1—C_{32+} 烃组分大量增加、CO_2 则明显减少，说明 CO_2—地层油体系的相间传质涉及地层油中的 C_1—C_{32+} 烃组分和气相中的 CO_2，其中油相 C_1—C_{32+} 烃组分被蒸发到气相，气相中的 CO_2 大量溶入油相。

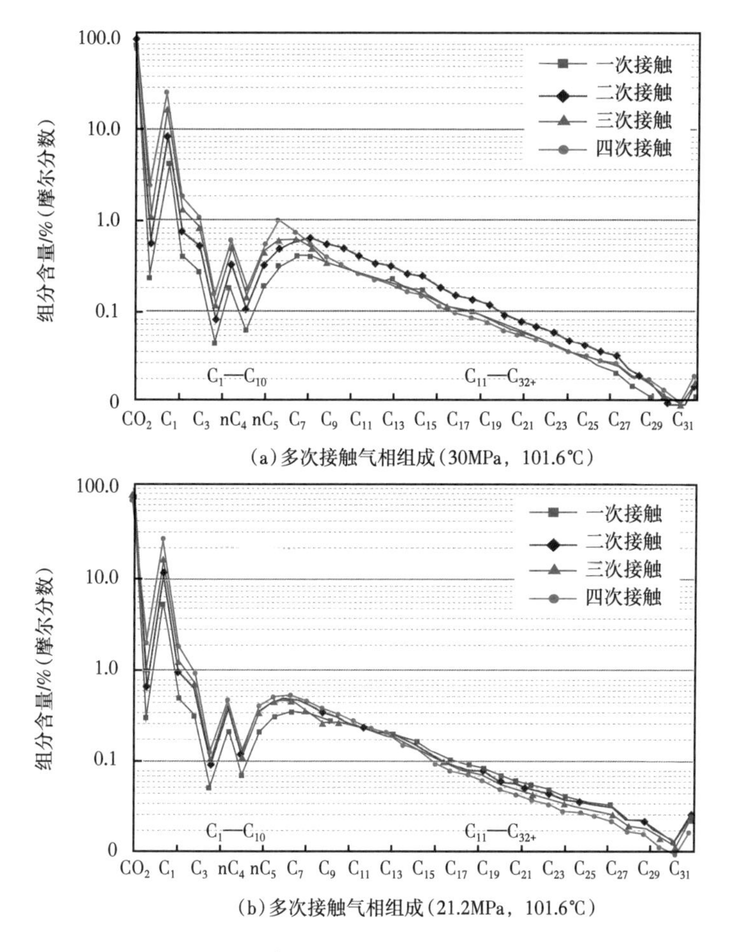

(a)多次接触气相组成(30MPa，101.6℃)

(b)多次接触气相组成(21.2MPa，101.6℃)

图 2-19　多次接触后气相组分组成曲线

CO_2—地层油多次接触后的平衡油气相中的 CO_2、C_1+N_2、C_2—C_{10} 以及 C_{11+} 等组分含量随油气接触次数的变化曲线分别如图 2-20 和图 2-21 所示。对这些组分的变化趋势进行分析，发现参与油气相间传质的组分呈现出一定的变化规律：平衡油相气相中的 CO_2、C_1+N_2、C_2—C_{10} 等较轻质组分的含量随着油气接触次数的增加而明显变化，其中气相中 C_1—C_{10} 烃组分随接触次数增加而增多，CO_2 则减少；油相中 C_1—C_{10} 烃组分随接触次数增加呈现出先减少后增多的趋势，CO_2 则先大量增加随后逐渐减少。而油气多次（4 次）接触后，C_{11+} 以上的重烃组分在油气两相中都趋于稳定，其含量随接触次数的增加变化不大。说明油气

相间传质以 CO_2 和 C_1—C_{10} 等较轻烃组分最为活跃。

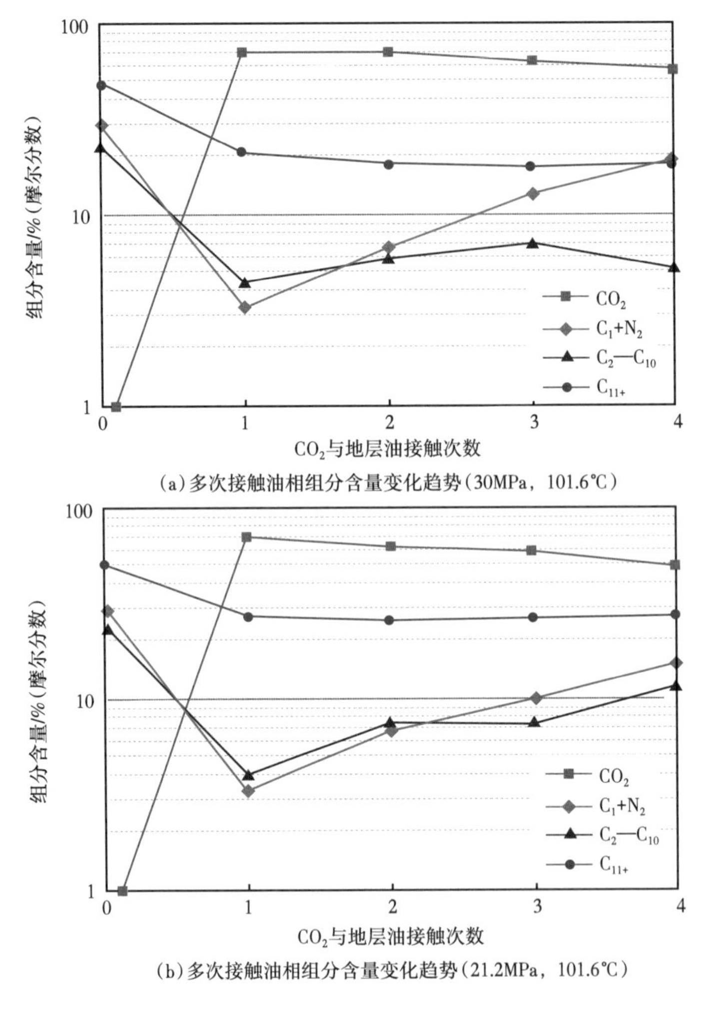

图 2-20　油相组分含量随 CO_2 与地层油接触次数的变化曲线

根据 30MPa 高压条件下的 CO_2 与地层油多次接触平衡气相中的 C_{11+} 组分含量随接触次数的变化曲线（图 2-21），C_{11+} 含量随接触次数的增多呈现出先增加后减少并趋于稳定的趋势。说明 CO_2 与地层油刚开始接触时，油中的 C_{11+} 烃组分被蒸发到了气相，气相被富化，而富化的气相再与新鲜的地层油接触时，气中的部分 C_{11+} 烃组分又凝析回油相。由此可以确认，CO_2 驱油时，油气相间存在“蒸发”和“凝析”复合型的组分交换传质过程。

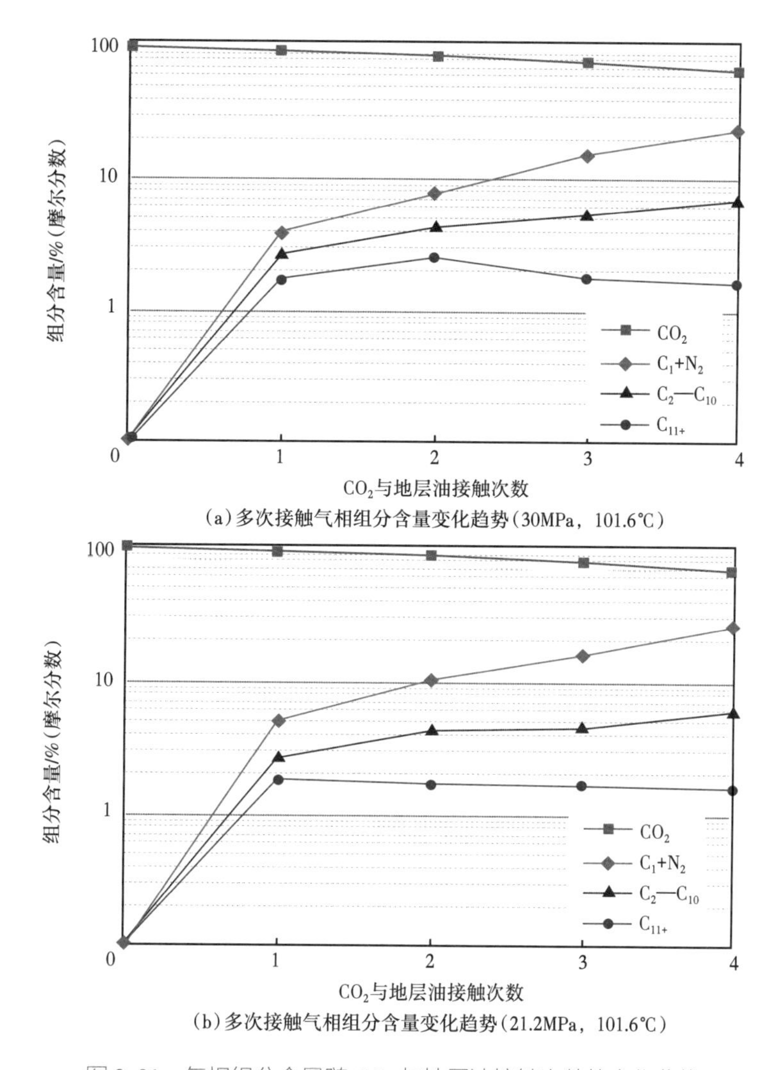

图 2-21　气相组分含量随 CO_2 与地层油接触次数的变化曲线

30.0Pa 和 21.2MPa 两个不同压力条件下的 CO_2 与地层油 4 次接触后的平衡油气相的组分组成曲线的对比如图 2-22 所示。与 21.2MPa 压力相比，30MPa 高压下油气 4 次接触后，油相中的烃组分明显减少，气相中的烃组分则明显增加，说明体系压力升高，油气相间传质作用加剧，有利于混相。分析各组分含量的变化发现，气相中的 C_2—C_8 组分、油相中的 C_5—C_{10} 组分对压力的变化最为敏感，说明如果在体系中增加 C_2—C_{10} 组分有利于混相。

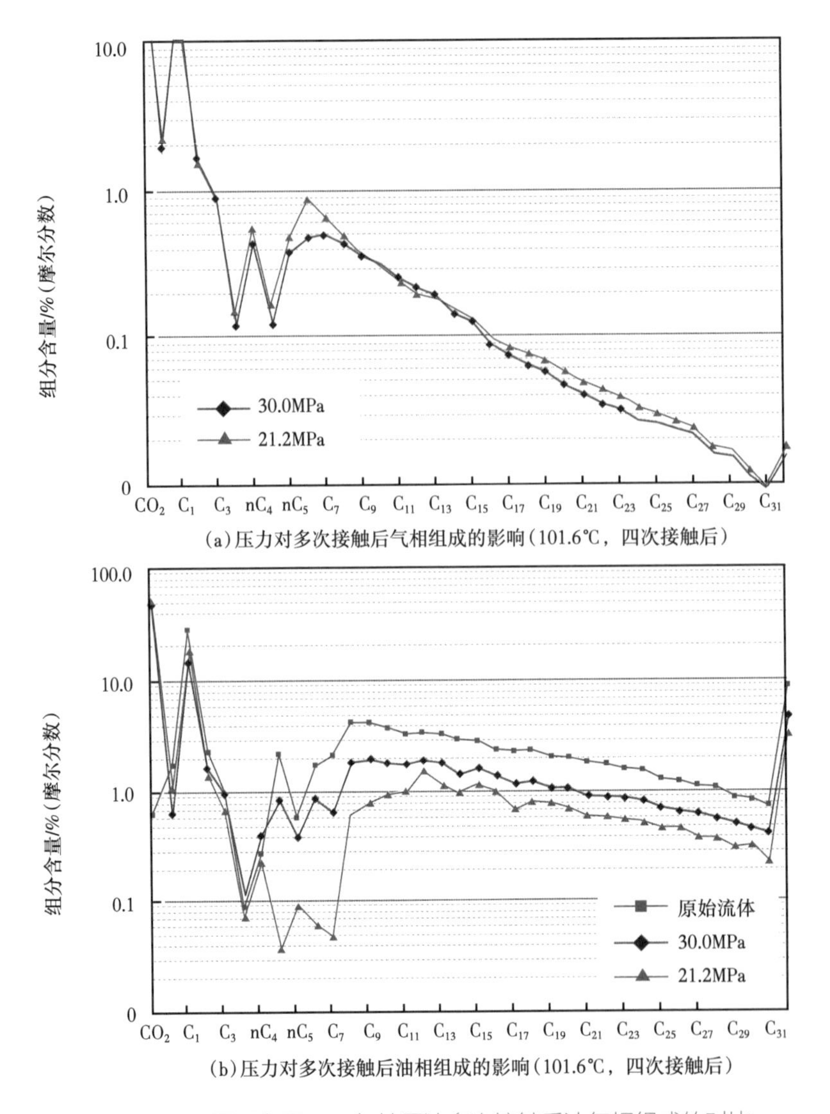

图 2-22　不同压力下 CO_2 与地层油多次接触后油气相组成的对比

根据以上分析，得到 CO_2 与地层油动态接触油气相间传质组分变化规律的初步认识：（1）在 CO_2 驱油的油气过渡带前缘，油相中的 C_1—C_{32+} 组分被蒸发到气相，气相中的 CO_2 大量溶入油相，油相体积膨胀，气相体积收缩；（2）在 CO_2 驱油的油气过渡带前缘，油气多次接触后，相间传质以 CO_2 和 C_1—C_{10} 等较轻烃组分最为活跃，而油气两相中的 C_{11+} 以上的重烃组分随接触次数增加（前缘推进）趋于稳定；（3）体系压力升高，油气过渡带前缘的相间传质组分交换作用加剧，其中气相中的 C_2—C_8 组分、油相中的 C_5—C_{10} 组分对压力的变化最为敏感，说明体系中 C_2—C_{10} 组分含量高有利于 CO_2 与地层油达到混相；（4）CO_2 与地层油动态接触的油相间传质涉及地层油中的 C_1—C_{32+} 组分，其中最活跃的组分是 C_1+N_2、C_2—C_{10}，这些是影响 MMP 的主要原油组分。

依据 CO_2—地层油体系的相间传质实验（多次接触实验）的平衡油气相的组分组成数据，分别绘制了 30MPa 和 21.2MPa 压力下 CO_2—地层油体系多次接触拟三元相图（图 2-23）。从相图的形态可知，CO_2 与红 87-2 井区地层油在 30MPa 的高压下可实现动态接触（多次接触）混相；而较低的 21.2MPa 压力不能动态接触混相，原始地层压力只能非混相驱油。

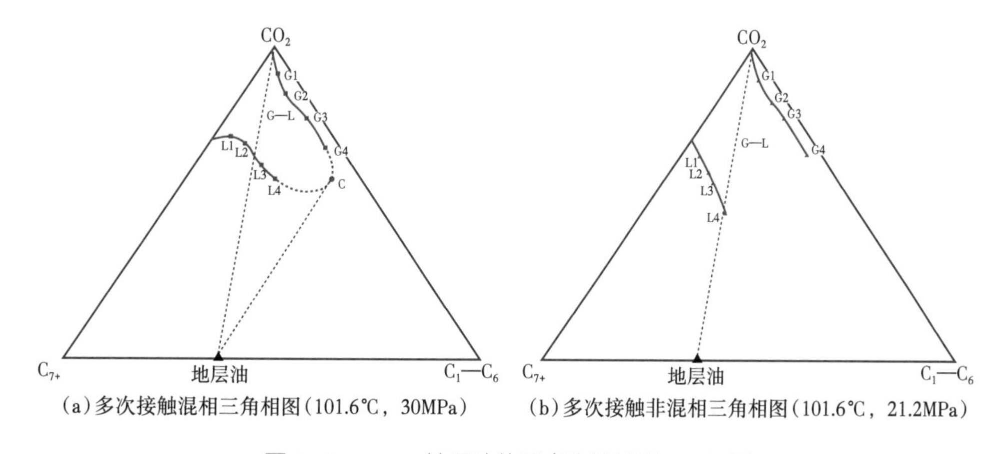

（a）多次接触混相三角相图（101.6℃，30MPa）　（b）多次接触非混相三角相图（101.6℃，21.2MPa）

图 2-23　CO_2—地层油体系多次接触拟三元相图

通常认为 CO_2—原油动态接触混相为蒸发型混相，典型的蒸发型混相拟三元相图如图 2-24 所示。CO_2 与红 87-2 井区地层油动态接触混相的拟三元相图与蒸发型混相的相图明显不同，从图 2-23 拟三元相图的形态可以看出，CO_2 与地层油多次接触过程中，气、液两相组成先是相互接近（蒸发过程），有一个最接近点，随后又各自略有分离（凝析发生），然后再相互接近，最终在临界点相会达到混相。多次接触相态实验证明，CO_2 与目标区块地层油达到动态接触混相的类型是蒸发—凝析复合型混相。

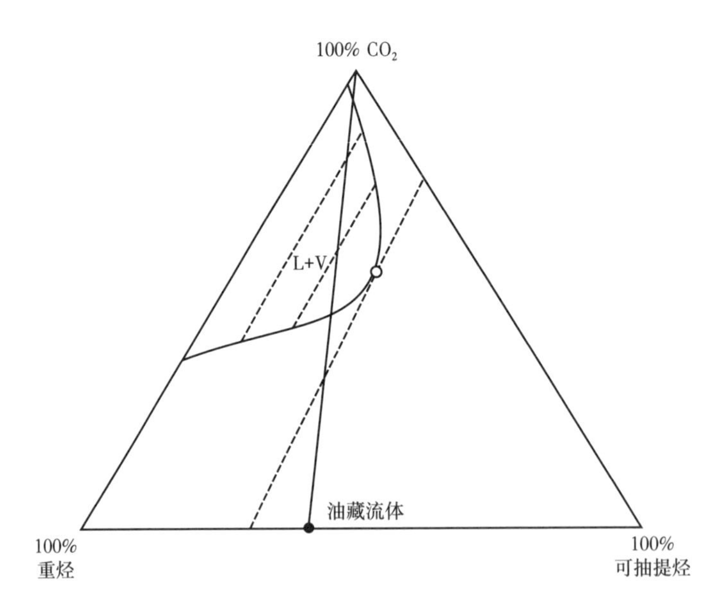

图 2-24　蒸发型混相拟三元相图

第四节　多孔介质中传质混相分子模拟

一、油气限域效应

根据我国非常规油气田中典型页岩的全尺寸孔径分布（图 2-25）可以看出，纳米级孔隙是我国非常规油气田开发所面临的一大难题[1]。在较大的孔隙中，分子与孔壁的碰撞相比于分子之间的相互作用可以忽略不计；而在纳米级孔隙中，孔壁附近的流体分子由于限域效应的存在，毛细管力增加、静电相互作用增强、范德华力和流体结构发生变化，分子的平均自由程减小，其性质受到孔壁相互作用力的影响，从而导致流体行为的改变（图 2-26）[2]。研究普遍认为，当孔径与分子尺寸之比小于 20 时，流体分子的传输受到纳米孔的限制，分子和孔壁之间的相互作用将显著增强，从而产生限域效应[3-4]。

空间限域效应是指当物质处于受限空间时，因其运动受到限制而引起的物理化学性质发生明显改变的现象[5]。限域传质是流体分子通过与其运动自由度相当的传质空间的过程，流体分子与限域壁面的作用与和流体分子间的相互作用决定了传质效率[6]。由于纳米晶体中分子之间的相互作用，受限流体的静态和动态行为可能会发生变化，因此，研究流体在油藏储层中的混溶行为和机理一直备受关注。

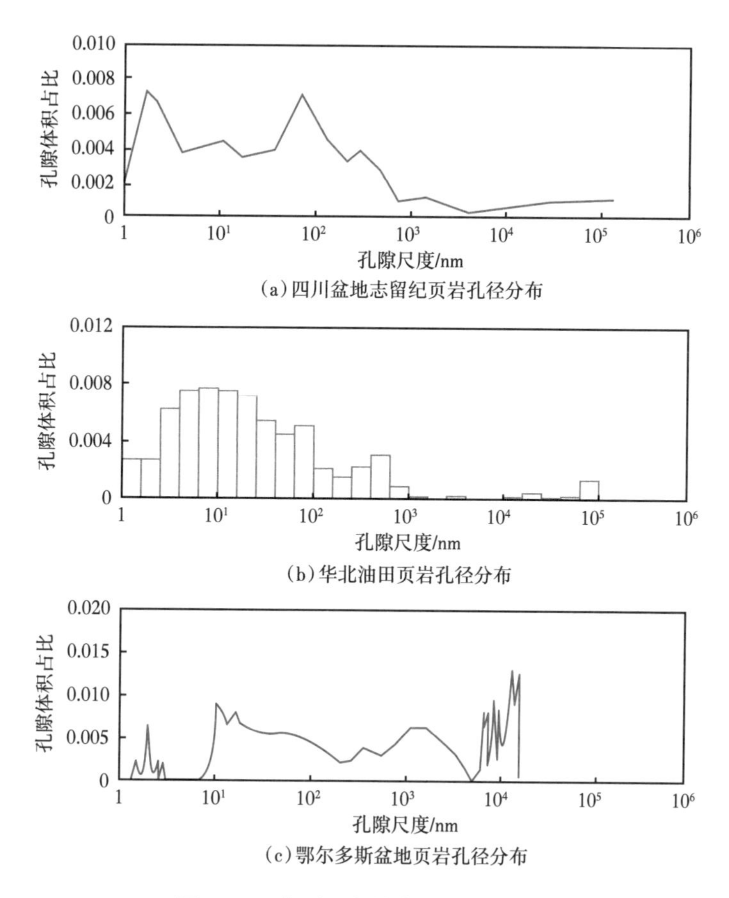

图 2-25　典型页岩的全尺寸孔径分布

然而由于研究对象尺寸的限制，使得限域效应对精度、观察 / 成像系统的放大以及相关成本要求极高，导致对于限域流体相行为的研究大多是从理论角度进行的。常见的用于研究纳米孔中限域流体的相行为理论方法主要包括状态方程[7-8]、Kelvin 方程[9-10]、密度泛函理论[11-12]和分子模拟[13-14]。通过实验研究的主要方法目前较少，主要包括纳米流控芯片、差示扫描量热法、吸附—解吸法和扩散法。

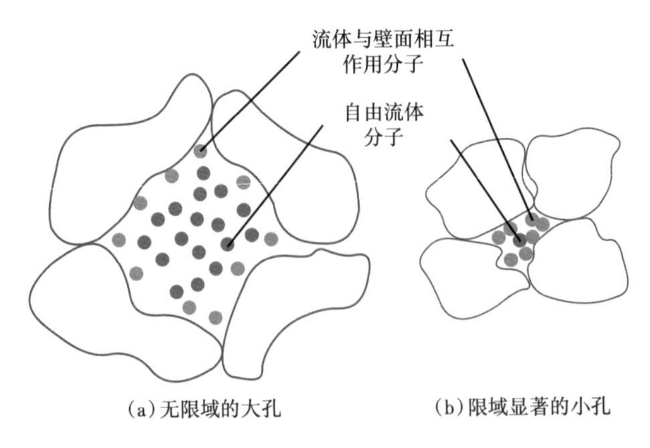

图 2-26　限域效应示意图

二、限域效应传质混相研究方法

1. 理论研究方法

把研究对象的热力学系统看成由大量状态变量描述的粒子组成，用概率论确定系统的平均性质，以统计热力学（也称平衡统计力学）为基础，根据材料组成的粒子特性推导出材料的经典热力学，并充分考虑所有相互作用的分子模拟方法被广泛用于限域效应的相行为研究。

许多学者认为，限域流体和流体分子之间以及流体和孔壁之间相互作用的增加可能会造成其临界压力和温度、密度、黏度、表面张力、泡点、露点、液壁界面张力等表观物理性质的改变[15-24]。造成这种改变的主要原因可以大致归结为三个方面：(1)气相和液相之间的毛细管压力[25]；(2)流体分子—孔壁相互作用（即流体吸附）[26]；(3)流体吸附引起的临界性质变化[27]。

1)相平衡模型

(1)平衡计算方程组。纳米尺度空间中 N 组分的相平衡可以表示为：

$$x_i\varphi_i^{\mathrm{L}}\left(x,T,p^{\mathrm{L}}\right)p^{\mathrm{L}}=y_i\varphi_i^{\mathrm{V}}\left(y,T,p^{\mathrm{V}}\right)p^{\mathrm{V}},\quad i=1,2,3,\cdots,N \tag{2-1}$$

$$K_i=\frac{y_i}{x_i}=\frac{\varphi_i^{\mathrm{L}}p^{\mathrm{L}}}{\varphi_i^{\mathrm{V}}p^{\mathrm{V}}}\quad i=1,2,3,\cdots,N \tag{2-2}$$

式中　上标 L 和 V——液相和气相；

p——压力，Pa；

T——温度，K；

φ_i——组分 i 的逸度系数；

x_i——液相组分 i 的摩尔分数；

y_i——组分 i 在气相中的摩尔分数；

K_i——组分 i 的气液平衡系数。

初始 K 值可根据威尔逊方程计算：

$$K_i = \frac{p_{ci}}{p}\exp\left[5.37\left(1+\omega_i\right)\left(1-\frac{T_{ci}}{p}\right)\right] \tag{2-3}$$

式中 ω——偏心因子；

p_c——临界压力，Pa；

T_c——临界温度，K。

$$\sum_{i=1}^{N_c}\frac{\left(K_i-1\right)z_i}{1+F_v\left(K_i-1\right)}=0 \tag{2-4}$$

式中 z_i——组分 i 的总摩尔分数；

F_v——气相分率。

由于纳米孔中毛细管压力的影响，这种平衡条件在相同温度 T 但不同压力 p 下发生，如式（2-5）所示：

$$p^{V} - p^{L} = p_{cap} \tag{2-5}$$

考虑到吸附厚度，利用改进的 Young-Laplace 方程确定毛细管压力：

$$\begin{cases} p_{cap} = \dfrac{2\sigma\cos\theta}{R_p-\delta} \\ \sigma = \dfrac{\sigma_\infty}{1+2\dfrac{\delta}{R_p-\delta}} \\ \sigma_\infty = \left\{\displaystyle\sum_{i=1}^{N_c}\chi_i\left[x_i\rho^{L}(T)-y_i\rho^{V}(T)\right]\right\}^4 \end{cases} \tag{2-6}$$

式中 σ——界面张力，N/m；

θ——接触角，rad；

R_p——孔隙半径，m；

δ——孔壁上的吸附厚度，m；

σ_∞——平面张力，N/m；

χ_i——副弦；

$\rho(T)$——物质的量浓度，mol/m^3。

逸度系数由式（2-7）中的 A-PR（Adsorption-dependent Peng-Robinson）状态方程计算。

$$p=\frac{RT}{\dfrac{V_m}{(1-\gamma\beta)}-b}-\frac{a}{\dfrac{V_m}{(1-\gamma\beta)}\left[\dfrac{V_m}{(1-\gamma\beta)}+b\right]+b\left[\dfrac{V_m}{(1-\gamma\beta)}-b\right]} \tag{2-7}$$

$$a=a_c\alpha(T_r,\omega)$$

$$a_c=0.45724\frac{R^2T_c^2}{p_c}$$

$$b=0.07780\frac{RT_c}{p_c}(1-\gamma\beta)$$

式中 V_m——摩尔体积，L/mol；

R——通用气体常数，J/（mol·K）；

$\alpha(T_r,\omega)$——α 函数；

T_r——降低的温度，K；

γ——半径，m；

β——降低的吸附密度，kg/m^3。

考虑纳米孔中纯组分的临界性质转移，使用 A-PR 状态方程开发的临界温度和压力变化的分析公式[26-27]：

$$\Delta T_{\mathrm{c}}=\frac{T_{\mathrm{c}}-T_{\mathrm{cm}}}{T_{\mathrm{c}}}=\gamma\beta=0.6794\left(\sigma_{\mathrm{LJ}}/R_{\mathrm{p}}\right)^{0.7878} \tag{2-8a}$$

$$\Delta p_{\mathrm{c}}=\frac{p_{\mathrm{c}}-p_{\mathrm{cm}}}{p_{\mathrm{c}}}=1-\left(1-\gamma\beta\right)^{2}=1.3588\left(\sigma_{\mathrm{LJ}}/R_{\mathrm{p}}\right)^{0.7878}-0.4616\left(\sigma_{\mathrm{LJ}}/R_{\mathrm{p}}\right)^{1.3588} \tag{2-8b}$$

（2）临界温度和临界压力的修正。Zhang 等[28]采用优化的范德华状态方程描述纳米孔中的限域流体，假设一个由电势限制的限域粒子构成的纳米级孔隙系统，限域的不对称性构成系统的压力，$\boldsymbol{p}$（p_i=x，r）为对角张量[29]，设定流体分子为不完全弹性，则吉布斯自由能（G）可表示为

$$G(p,T)=U+p_iV-TS \tag{2-9}$$

式中 U——内能，J；

p——压力，Pa；

V——系统体积，m^3；

T——温度，K；

S——熵，J/mol。

内能的 Legendre 变换为

$$\mathrm{d}U=T\mathrm{d}S-p_i\mathrm{d}V \tag{2-10a}$$

$$p_x=-\frac{\sigma^2}{A}\frac{\partial F}{\partial L_{\mathrm{x}}}\bigg|_{T,L_{\mathrm{x}}},\quad p_r=-\frac{\sigma^2}{L_{\mathrm{x}}}\frac{\partial F}{\partial A}\bigg|_{T,A} \tag{2-10b}$$

$$A=\pi\left(\frac{r_{\mathrm{p}}}{\sigma}\right)^2$$

式中 σ——Lennard-Jones 尺寸参数；

A——接触表面积，m^2；

r_{p}——孔径，m；

L_{x}——轴向长度，m；

F——亥姆霍兹自由能，J。

N个粒子通过 Lennard-Jones 势 $U(r_{12})$ 相互作用组成的受限系统的 Helmholtz 自由能：

$$F=F_0-\frac{kTN^2}{2V^2}\iint\left(\mathrm{e}^{-\frac{U(r_{12})}{kT}}-1\right)\mathrm{d}V_1\mathrm{d}V_2 \tag{2-11a}$$

$$U(r_{12})=4\varepsilon\left[\left(\frac{\sigma}{r_{12}}\right)^{12}-\left(\frac{\sigma}{r_{12}}\right)^{6}\right] \tag{2-11b}$$

式中 F_0——理想气体的 Helmholtz 自由能，J；

k——Boltzmann 常数；

ε——Lennard-Jones 能量参数。

根据范德华方程的标准形式 $p=\frac{RT}{V-b}-\frac{a}{V^2}$（$R$ 是通用气体常数，a 和 b 是 EOS 常数），基于假设 $r_{12}>\sigma$，则有

$$F=F_0+\frac{kTN^2}{V}b+\frac{kTN^2}{2V^2}\iint_{r_{12}>\sigma}\frac{U(r_{12})}{kT}\mathrm{d}V_1\mathrm{d}V_2 \tag{2-12}$$

然后，半解析地求解等式（2-11a）的积分部分：

$$\frac{1}{V}\iint_{r_{12}>\sigma}\frac{U(r_{12})}{kT}\mathrm{d}V_1\mathrm{d}V_2=\frac{4\varepsilon}{kT}\sigma^3 f(A) \tag{2-13a}$$

$$f(A)=c_0+\frac{c_1}{\sqrt{A}}+\frac{c_2}{A} \tag{2-13b}$$

其中 $c_0=-\frac{8\pi}{9}$，c_1=3.5622，c_2=−0.6649。应注意，c_0 的值是通过解析求解式（2-11b）来计算的，而 c_1 和 c_2 的值是通过非线性最小二乘法获得的。由式（2-12）和（2-13）可得

$$p_x=\frac{NkT}{V-Nb}-\frac{N^2}{V^2}\left[a-\varepsilon\sigma^3\left(3\frac{c_1}{\sqrt{A}}+4\frac{c_2}{A}\right)\right] \tag{2-14a}$$

$$p_r=\frac{NkT}{V-Nb}-\frac{N^2}{V^2}\left[a-2\varepsilon\sigma^3\left(\frac{c_1}{\sqrt{A}}+\frac{c_2}{A}\right)\right] \tag{2-14b}$$

临界温度、临界压力和临界体积可利用 $\left.\frac{\partial p_{\mathrm{r}}}{\partial V}\right|_T = \left.\frac{\partial^2 p_{\mathrm{r}}}{\partial V^2}\right|_T = 0$ 求得

$$T_{\mathrm{cp}} = \frac{8\varepsilon\sigma^3}{27kb}\left[\frac{a}{\varepsilon\sigma^3} - 2\left(\frac{c_1}{\sqrt{A}} + \frac{c_2}{A}\right)\right] \tag{2-15a}$$

$$p_{\mathrm{cp}} = \frac{a - 2\varepsilon\sigma^3\left(\frac{c_1}{\sqrt{A}} + \frac{c_2}{A}\right)}{27b^2} \tag{2-15b}$$

$$V_{\mathrm{cp}} = 3bN \tag{2-15c}$$

此外，式（2-14）和式（2-15）可以转化为无量纲形式：

$$\overline{p_x} = \frac{\overline{T}}{\overline{V} - \overline{b}} - \frac{\overline{a} - \left(3\frac{c_1}{\sqrt{A}} + 4\frac{c_2}{A}\right)}{\overline{V}^2} \tag{2-16a}$$

$$\overline{p_x} = \frac{\overline{T}}{\overline{V} - \overline{b}} - \frac{\overline{a} - 2\left(\frac{c_1}{\sqrt{A}} + \frac{c_2}{A}\right)}{\overline{V}^2} \tag{2-16b}$$

$$\overline{T_{\mathrm{cp}}} = \frac{8}{27\overline{b}}\left[\overline{a} - 2\left(\frac{c_1}{\sqrt{A}} + \frac{c_2}{A}\right)\right] \tag{2-16c}$$

$$\overline{p}_{\mathrm{cp}} = \frac{\overline{a} - 2\left(\frac{c_1}{\sqrt{A}} + \frac{c_2}{A}\right)}{27\overline{b}^2} \tag{2-16d}$$

$$\overline{V_{\mathrm{cp}}} = 3\overline{b} \tag{2-16e}$$

其中 $\overline{p} = p\sigma^3/\varepsilon, \overline{T} = kT/\varepsilon$，$\overline{V} = (V/N)/\varepsilon$，$\overline{a} = a/\varepsilon\sigma^3, \overline{b} = b/\sigma^3$，体相流体临界性质为 $\overline{T}_{\mathrm{c}} = \frac{8\overline{a}}{27\overline{b}}$，$\overline{p}_{\mathrm{c}} = \frac{\overline{a}}{27\overline{b}^2}$，$\overline{V}_{\mathrm{c}} = 3\overline{b}$。因此，纳米孔中临界温度和压力的位移修正为

$$\frac{\overline{T_{\mathrm{c}}} - \overline{T_{\mathrm{cp}}}}{\overline{T_{\mathrm{c}}}} = 2\frac{c_1}{\sqrt{\pi a}}\frac{\sigma}{r_{\mathrm{p}}} + 2\frac{c_2}{\pi a}\left(\frac{\sigma}{r_{\mathrm{p}}}\right)^2 = 0.7197\frac{\sigma}{r_{\mathrm{p}}} - 0.0758\left(\frac{\sigma}{r_{\mathrm{p}}}\right)^2 \tag{2-17a}$$

$$\frac{\overline{p_c}-\overline{p_{cp}}}{\overline{p_c}}=2\frac{c_1}{\sqrt{\pi a}}\frac{\sigma}{r_p}+2\frac{c_2}{\pi a}\left(\frac{\sigma}{r_p}\right)^2=0.7197\frac{\sigma}{r_p}-0.0758\left(\frac{\sigma}{r_p}\right)^2 \tag{2-17b}$$

而混合物的临界温度和压力的变化可以通过应用一个简单的混合规则来计算：

$$T_c=\sum x_i T_{ci}, \quad p_c=\sum x_i p_{ci} \tag{2-18}$$

（3）毛细管力的修正。由于纳米孔隙中存在较大的气—油毛细管压力，油气共存时存在相压差。使用 Laplace 方程计算气体压力：

$$p_g=p_o+\frac{2\sigma}{r_p} \tag{2-19}$$

式中 σ——油相和气相之间的界面张力，N/m。

用 Macleod-Sugden 相关性作为相组成和密度的函数[30-32]：

$$\sigma=\left[\sum_{i}^{N_c}x_i\left(x_i\overline{\rho}^{L}-y_i\overline{\rho}^{V}\right)\right]^4 \tag{2-20}$$

平衡时，气相和液相的组分逸度相等，即

$$f_i^{o}\left(T,p_o,x_1,x_2,\ldots,x_{N_c}\right)=f_i^{g}\left(T,p_g,y_1,y_2,\ldots,y_{N_c}\right) \tag{2-21}$$

（4）扩散系数的修正。用有效扩散系数可将多孔介质中的扩散行为表征为[33-36]

$$\frac{D_{eff}}{D}=\frac{\varphi}{\tau^*} \tag{2-22a}$$

$$\tau^*=\tau^2=\left(\frac{L_e}{L}\right)^2 \tag{2-22b}$$

式中 D_{eff}——多孔介质中的有效扩散系数，m^2/s；

φ——孔隙度；

τ^*——弯曲因子；

τ——弯曲度，mm/m。

将三种经验曲折孔隙度关系总结为[37-43]

$$\tau^* = \left(A\varphi^{1-m}\right)^n \tag{2-23a}$$

$$\tau^* = 1 + B(1-\varphi) \tag{2-23b}$$

$$\tau^* = 1 - C\ln\varphi \tag{2-23c}$$

其中 A、m、n、B 和 C 是与岩性相关的参数，其值因不同类型的岩石而异。

而被提出的众多曲折孔隙度关系的理论中，Bruggeman 方程是应用最广泛的[44]：

$$\tau^* = \varphi^{-\alpha} \tag{2-24}$$

其中 α=0.5 时表示球体，α=1 时表示圆柱体。

2）分子动力学模型

分子模拟是研究分子或分子系统位置和动量分布的一种数值模拟方法，在高温高压下可以重复使用。分子模拟的基本概念是利用统计综的平均值来近似宏观性质。统计集合代表了一个大的集合，假设独立的热力学系统具有相同的宏观状态，但在不同的微观状态、不同的系综中，分子模拟会进行不同的运动来达到热力学平衡。分子模拟包括分子力学模拟、分子动力学模拟和蒙特卡洛模拟，其中分子力学模拟和蒙特卡洛模拟被广泛用于研究纳米孔中的约束效应。分子动力学模拟通过数值求解经典力学运动方程来获得分子系统的相轨迹，并通过计算系统平均来识别宏观热力学性质。蒙特卡洛模拟通过反复生成和采样分子系统构型并计算它们的总能量来获得最可能的系统构型和热力学性质。利用分子模拟进行了广泛的研究，并证实了纳米孔中临界性质（温度、压力和密度）、泡点、露点和界面张力的变化。

（1）分子动力学模拟。

分子动力学模拟是研究分子多体系统平衡和非平衡性质的一种常用技术。该方法基于牛顿运动方程提供了系统的动态描述：

$$m_i \frac{d^2 r_i}{dt^2} = F_i \tag{2-25}$$

式中　m_i——原子 i 的质量，kg；

r_i——原子 i 的坐标；

d^2r_i/dt^2——加速度，m/s^2；

F_i——作用在原子 i 上的总力，N。

原子间的相互作用是根据不同的力场计算的。对于碳氢化合物，通常采用液体模拟的优化势和相平衡的转移势来描述原子间势。然后，使用适当的算法对运动方程进行积分，如 Verlet 积分规则：

$$r^{n+1} = 2r^n - r^{n-1} + \Delta t^2 a(t) + O(\Delta t^4) \tag{2-26}$$

式中　Δt——时间间隔。

Verlet 算法的变体，包括速度 Verlet 算法和跳跃方案，也经常被采用。上述计算循环到目标测量稳定时结束，表明系统达到平衡。模拟的结果是系统中粒子的一系列轨迹，一旦达到稳态，结果在一定时间内（从几十纳秒到几百纳秒）被存储起来进行分析。系统的各种结构和热力学性质表示为所有原子的位置和动量的函数，可以根据统计力学从轨迹计算。

在如此小的尺度下，分子动力学模拟往往被用于发现新的现象和验证理论模型，而不是实际实验。在化学工程中，分子动力学模拟一直被用于研究圆柱形纳米孔中的吸附滞后。分子动力学模拟吸附结果表明，Lennard–Jones 流体具有多重吸附膜和波动密度分布。Sokolowski 和 Fischer 将分子动力学吸附研究扩展到裂隙状纳米孔中氩—氪二元混合物，发现了衰减的多重吸附等温线。Sokoowski 研究了 Lennard–Jones 流体在圆柱形纳米孔中的吸附和毛细凝结，包括均匀圆柱孔和非均匀圆柱孔。他确定孔隙形状的非均质性只影响靠近孔壁的区域，先在小孔隙的中心发生冷凝，然后逐渐长大并填满整个孔隙，这说明冷凝取决于孔隙喉道的存在。近年来，许多学者将分子动力学模拟引入到页岩气和页岩油研究中。例如，Ambrose 等[15]利用分子动力学模拟方法预测了不同尺寸的狭缝状碳纳米孔中的甲烷密度分布，并指出其单层吸附形式为 0.38nm，该层的体积密度是甲烷的 1.8~2.5 倍。Wang 等[47] 研究了受限戊烷、庚烷及其混合物在狭缝纳米孔中的吸附行为。他们发现出现了多个吸附层，吸附层的数量取决于孔隙大小和流体组成，在孔壁表面附近形成了一个“固体状”的烃类层，如图 2-27 和图 2-28 所示。他们还指出，孔壁更倾向于吸附重烃，而不是轻烃。Welch 和 Piri 在研究受限乙烷—庚烷混合物时发现了类似的油湿型孔壁表面倾向。此外，他们提供了一系列基于分子动力学模拟得到的分子位置的影像来观察冷凝过程。Sedghi 和 Piri 研究称，通过甲烷分子动力学模拟，在小于 7nm 的纳米孔中，冷凝压力随着孔径的减小而增加。Ma 研究了甲烷—丁烷二元混合物的受限相行为，发现了类似的多重吸附层，重组分更倾向于发生在孔隙壁和小孔隙附近的液相中。

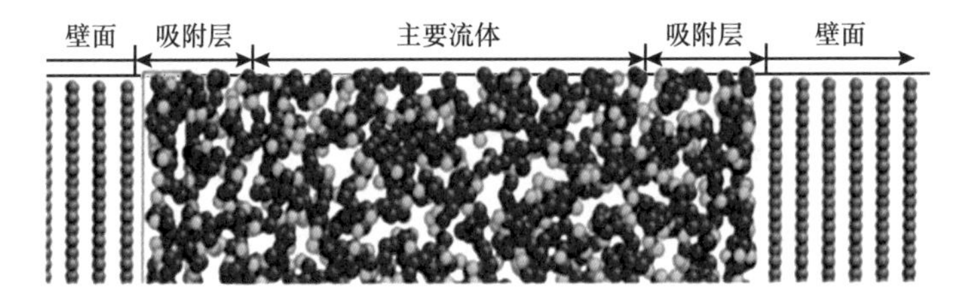

图 2-27　通过分子动力学模拟实现了 7.8nm 裂孔内正庚烷分子分布

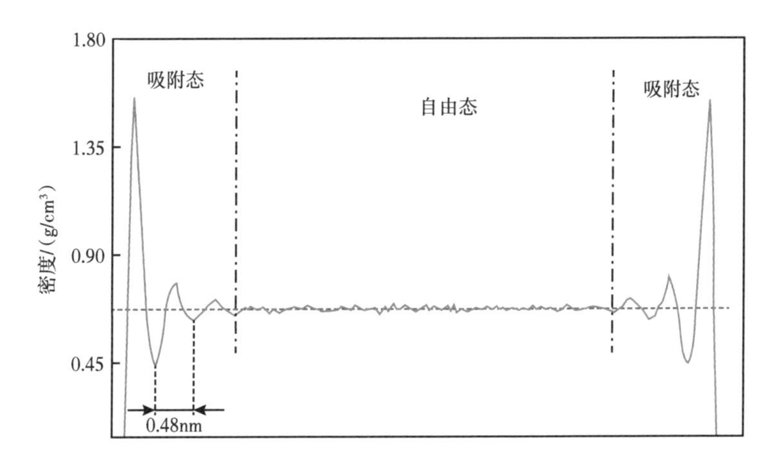

图 2-28　7.8nm 裂缝状孔隙中对应的正庚烷密度分布图

由于分子动力学模拟是同时更新所有原子的位置，与蒙特卡洛模拟在一次尝试运动中只更新几个原子的位置相比，分子动力学模拟能更好地描述原子的集体运动。然而，分子动力学模拟存在以下局限性：（1）对于现场尺度甚至是核心尺度的研究，计算成本巨大；（2）时间步长受能量守恒的限制，小至纳秒量级；（3）存在“李雅普诺夫不稳定性”，即结果对初始条件（分子的初始位置和速度）很敏感，因此在设置初始条件时要特别小心，以确保系统收敛到平衡态。这些缺陷限制了研究实际页岩中受限流体的分子动力学模拟。

（2）蒙特卡洛方法。

采用蒙特卡洛方法生成大量的随机测试，并计算这些测试的集合平均值。在每个蒙特卡洛迭代循环中，选择一个分子并随机移动到另一个位置。如果新构型的势能比旧构型低，则接受新的运动；否则，将根据 Metropolis 标准来决定是否接受新配置。如果新的配置被拒绝，系统将返回到以前的配置。上述过程将重复，直到系统能量达到最低，表明系统已达到平衡。然后，按照上述方法随机进行蒙特卡洛运动，生成足够的平衡构型，并计算出热力学量的平均值。对于不同的集成，系统具有不同的约束条件；因此，不同的问题和条件需要不同的蒙特卡洛模拟方法。对于页岩储层中受限流体的相行为，常用的方法有巨正则系综蒙特卡洛模拟和吉布斯系综蒙特卡洛模拟。

巨正则系综允许物质和能量的转移，接近于实际的相变系统。因此，巨正则蒙特卡洛模拟被广泛用于研究和模拟流体的性质和行为，特别是吸附问题。在巨正则蒙特卡洛模拟中，分子总数是可变的，对分子进行随机的插入、位移、删除或旋转（对于非球形分子），然后计算系统能，直到每个组分的限制化学势等于指定值。Peterson 等应用巨正则蒙特卡洛模拟研究了局限于纳米孔中的纯 Lennard-Jones 流体的相行为。Peterson 和 Gubbins 绘制了圆柱形孔隙的密度分布图，发现孔壁附近的流体密度高于孔中心的流体密度。Hamada 等在巨正则蒙特卡洛模拟中引入了恒定的液壁相互作用势，定性地探索了圆柱形和狭缝纳米孔中的流体密度和临界性质。结果表明，随着孔径的减小，临界性质的转移增强。此外，他们还声称，当圆柱形孔隙的直径与类裂缝孔隙的宽度相等时，圆柱形孔隙的临界温度的变化超过了类裂缝孔隙的临界温度变化。这说明页岩模拟中采用的孔隙形态会影响计算的热力学性质，进而影响生产结果。巨正则蒙特卡洛模拟结果表明，除了孔隙形状外，表面化学会影响流体分子的分布和取向，从而影响流体在纳米孔中的行为。Coasne 等通过巨正则蒙特卡洛法研究苯在部分羟基化纳米孔中的吸附行为，发现苯在部分羟基化纳米孔中的冷凝压力低于完全羟基化纳米孔中的冷凝压力。Lowry 和 Piri 对三种孔隙结构中的密闭乙烷进行了巨正则蒙特卡洛模拟，确定了孔隙物质的无序程度和表面化学都影响临界点的位移。该方法可推广应用于研究约束简单二元混合物的相行为。例如，Pitakbunkate 等通过巨正则蒙特卡洛模拟研究了甲烷、乙烷及其混合物限制在石墨板中的相行为。他们使用联合原子力场来模拟甲烷和乙烷分子。临界温度和临界压力的变化与上述变化相似。此外，对于二元混合物，他们发现露点压力高于体积压力，而泡点压力在大约 200K 以下时略有增加，在一般温度范围内下降。此外，当气体整体组成固定时，密闭甲烷—乙烷混合物的乙烷组成高于密闭流体，说明较重的组分在密闭条件下富集。由于化学势恒定，巨正则蒙特卡洛适合研究吸附问题。然而，对于相共存的研究，需要计算大量不同状态下的化学势值，特别是对于多组分体系。因此，随着烃类类型和链长度的增加，计算时间呈指数增长，阻碍了其在复杂混合物中的应用。

分子动力学模拟方法和蒙特卡洛方法各有优缺点。与分子动力学模拟相比，蒙特卡洛模拟在模拟致密体系和复杂分子体系方面依然不足，而致密体系和复杂分子体系在页岩油藏中较为常见。此外，分子动力学模拟除了提供相平衡性质外，还可以提供扩散系数等动态性质，这些性质在页岩储层中也发挥着重要作用。一般来说，在处理简单的分子系统时，蒙特卡洛模拟比分子动力学模拟收敛快，且对系统温度和压力有直接的定义，而分子动力学模拟则需要复杂的恒温器或气压器方法。此外，分子动力学模拟方法依赖于牛顿运动方程，仅实现物理运动，而蒙特卡洛方法可以有效地处理构象变化，因为它允许非物理运动，如跳到一个完全不同的相空间区域。但分子动力学模拟和蒙特卡洛模拟在处理密度差很小的共存相行为时都会遇到挑战，例如在临界区域附近的模拟。总之，由于分子动力学模拟和蒙特卡洛方法各有优缺点，技术也在不断更新，研究人员需要根据一定的条件和现有的技术来决定使用哪种方法。此外，由于纳米孔的体积有限，流体—壁间相互作用对于流体相行为是不可忽略的。分子动力学模拟通过牛顿运动方程中的总力考虑液壁相互作用，而蒙特卡洛模拟通过确定每次试动的势能来考虑液壁相互作用。这两个分子模拟涉及流体—壁面分子间的相互作用，能准确地反映流体—壁面相互作用对受限流体相行为的影响。

2. 实验研究方法

实验研究表明，限制在纳米孔中的物质的相行为和物理性质不同于块状物质。例如，承压水往往是不动且有序的，甚至可以表现得像冰一样。Agrawal 实验表明，当被限制在 1.05nm 和 1.06nm 的单壁纳米管中时，水可以在 105~151℃和 87~117℃之间结冰。然而，由于直接观测的困难，导致对受限烃相行为的实验研究不足。目前的实验方法主要包括吸附—解吸法、差示扫描量热法、扩散法和纳米通道芯片法。

1）吸附—解吸法

如前所述，认为吸附现象是纳米孔中非均相分子分布的宏观表现。与孔隙中心流体相比，孔壁附近流体密度较大。当发生相变时，流体密度会发生突变，表现为吸附量的突变。如图 2-29 所示，当发生液气转变时，吸附等温线或等容

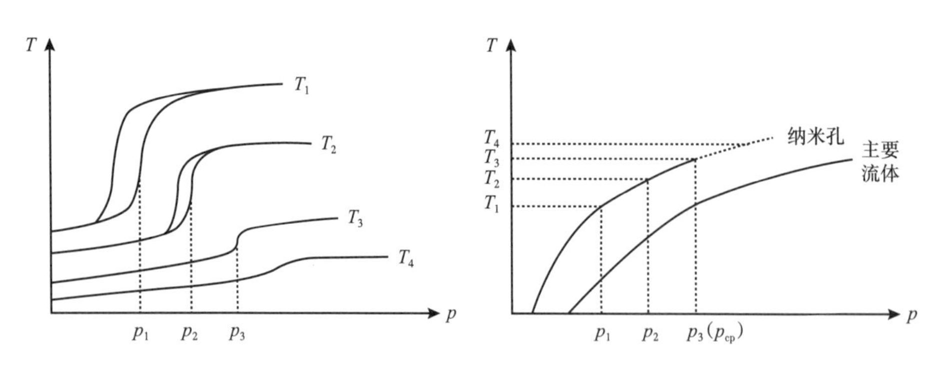

图 2-29　吸附—解吸实验得到的气液共存压力—温度曲线示意图

线会出现突然跳变，即吸附量急剧增加，其位置代表毛细管冷凝压力（或温度），此时通常伴有吸附—解吸滞后现象。随着温度（或压力）的增加，毛细凝结压力（或温度）增加，滞后回路变窄。所以普遍认为，垂向阶跃和迟滞回线的消失可以构成孔隙临界压力 p_{cp}（或孔隙临界温度 T_{cp}）的信号。

基于上述规则，可以通过吸附—解吸实验测定页岩中封闭烃的相行为。迄今为止，局限烃的吸附研究主要集中在纯轻烃上。Qiao 等[21]探索了在温度 303.15K、313.15K 和 323.15K 条件下，孔径为 2.40~4.24nm 的 5 种 MCM41 多孔材料中纯正己烷的相变压力。吸附等温线结果表明，在 303.15K 时，相对压力（相变压力与体积饱和压力之比）约为 0.09~0.35 时，随着孔径从 2.40nm 增加到 4.24nm，会发生相变。在 313.15K 和 323.15K 的正己烷中也有类似的结果。由此可知，纳米孔隙中约束流体的饱和压力小于体积压力，且随着孔隙尺寸的增大，其降低幅度减小。Yun 等在温度为 265~373K，孔径约为 3.9nm 的 MCM-41 材料上进行了甲烷、纯乙烷及其混合物的等温吸附实验。由于实验温度超过了限制甲烷的临界温度，没有观察到吸附量的快速上升，因此实验没有提供限制甲烷在纳米孔中的饱和点和临界点的信息。乙烷在 264.75~273.55K 时吸附等温线在 1000~500kPa 之间出现突变，而在 303.15K 和 373.15K 时，在压力范围为 0~3.2MPa 的吸附等温线没有突变。由此可知，MCM-41 材料中纯乙烷的临界温度（T_{cp}）超过 273.55K，但低于 303.15K。与本体乙烷临界温度 305.3K 相比，可以得出临界温度低于本体乙烷的结论。Russo 等将迟滞回线消失作为临界点的信号，将测量到的临界温度称为迟滞临界温度。对于纯正戊烷，他们发现 C18-MCM-41 材料（孔径为 4.57nm）在 263~268K 范围内迟滞回线消失，而 C14-MCM-41 和 C16-MCM-41 材料（孔径分别为 3.54nm 和 4.09nm）在 258~298K 范围内没有迟滞回线。由此可以推断，正戊烷的迟滞临界温度（T_{ch}）在 C18-MCM-41 材料中在 263~268K 范围内，而在 C14-MCM-41 和 C16-MCM-41 材料中低于 258K。也就是说，滞后临界温度低于体积温度，并随着孔径的减小而进一步降低。虽然有研究者假设迟滞临界温度等于孔隙临界温度，但 Morishige

和 Shikimi 证明在单个孔隙中迟滞回线产生的原因和形状目前还在讨论中。因此，最好采用吸附量的突然变化作为相变信号。基于近年来纳米多孔材料对碳氢化合物的吸附研究，主要结论为：(1) 纳米孔中的饱和压力低于本体；(2) 纳米孔的临界温度低于本体温度；(3) 随着孔径的增大，约束效应减小，气泡点压力和临界温度增大，最终接近常规尺度下数值。

吸附—解吸法为观察纳米孔中碳氢化合物的相变点和临界点开辟了一条直接的途径。当孔隙大小变化较大时，吸附等温线变得平缓，很难观察到表征相变的突然跃迁。为了避免孔隙大小分布的影响，大多数研究选择了特定孔径或较小孔径范围的人工材料，而不是真正的页岩。众所周知，页岩成分复杂，有机质包括干酪根和沥青，无机物包括石英、长石、菱铁矿、方解石、白云石和黏土矿物，而黏土矿物包括蒙皂石、伊利石、高岭石和绿泥石。值得注意的是，并非所有的组分都必须存在于页岩样品中。Xiong 等选取了 4 个以石英、伊利石、绿泥石和干酪根为主要成分的延长组页岩样品进行吸附实验，发现干酪根中甲烷的吸附能力大于矿物中甲烷的吸附能力。实际上，由于不同组分的页岩孔隙形态、孔隙连接和孔隙表面化学性质的差异，不同组分的页岩承压烃表现出不同的吸附行为，需要单独分析。目前关于碳氢化合物在无机物上吸附行为的实验主要集中在甲烷的吸附能力，缺乏实验对其他烃类等相行为进行分析，从饱和度点的形状和变化反映吸附—解吸等温线。此外，页岩特有的干酪根膨胀等特征也会影响页岩中封闭烃的吸附行为，从而导致人工纳米多孔材料与页岩中实验的差异。一些研究表明碳氢化合物的吸附会导致干酪根膨胀。一方面，干酪根的膨胀会改变干酪根的总体积，从而给计算的吸附量带来实验误差，因为固体体积是过量吸附表达的自变量之一。另一方面，它可能导致孔隙体积在约束下的收缩，并进一步影响被约束的流体相行为。Eliebid 等研究了库塞巴页岩岩心对甲烷的吸附行为，发现 45bar[1] 下，100℃ 时的最大吸附量大于 50℃ 和 150℃ 时的最大吸附量。也就是说，他们发现页岩中的吸附量并不像以往那样随

[1] 1bar=0.1MPa。

温度单调下降，并指出这种变化可能是矿物晶体和干酪根结构变化的结果。人工材料很难像页岩一样发生膨胀和构造变化，因此，吸附—解吸实验方法可以探索单一或均匀纳米孔中油气的相包络变化，并为研究受限流体的相行为提供依据，但是还需要进一步的修正来观察页岩中碳氢化合物的相变。

2）差示扫描量热实验

差示扫描量热法是一种通过测量温度梯度过程中放热或吸热的转化率来确定热性质的热实验技术。它被广泛应用于比热容、潜热等多种热力学参数的测量和相图的绘制。

近年来，差示扫描量热法被引入到纳米多孔材料中，用于探测封闭烃的泡点温度。Luo 等在平均孔径为 4.3nm 和 38.1nm 的 CPG（均质人工多孔介质材料）中对纯辛烷和纯正癸烷进行了差示扫描量热实验。如图 2-30（a）所示，他们的差示扫描量热像图显示，在 38.1nm CPGs（均质人工多孔介质材料）中，约束泡点温度略低于本体。而在 4.3nm CPGs 中出现了两个峰，一个比本体泡点温度低，另一个比本体泡点温度高。随着负载的增加，38.1nm CPGs 和 4.3nm CPGs 的泡点温度偏差减小。载荷定义为油气体积与孔隙体积的比值。研究结果表明，封闭体相的泡点温度低于体积相，吸附烃的泡点温度高于体积相。Luo 等将这项研究扩展到相同条件下的二元混合物。不同组分的辛烷—癸烷二元混合物的泡点偏差与纯烃相似。值得注意的是，在 58% 的负载下，即欠填充情况下，4.1nm CPG 中二元混合物的低泡点偏差几乎是恒定的，无论组成如何，其与纯辛烷的偏差相等，如图 2-30（b）所示。这表明，在欠填充纳米孔中，重组分更倾向于吸附在孔表面，而轻组分则倾向于以受限体积流体的形式填充孔中，揭示了纳米孔中混合物的非均匀组成分布。Pathak 等对 Ⅰ 型干酪根中 Niobrara 页岩组的纯正庚烷和怀俄明轻质低硫原油进行了类似的实验，也发现它们的泡点温度被抑制。而 Luo 等对不同尺寸纳米孔材料中过充纯正己烷、辛烷和癸烷的泡点温度进行了探索，得出了封闭烃的泡点温度高于本体烃的结论。此外，他们发现，当孔径大于 4.1nm 时，测量到的泡点温度随着孔径的减小而升高；反之，泡点

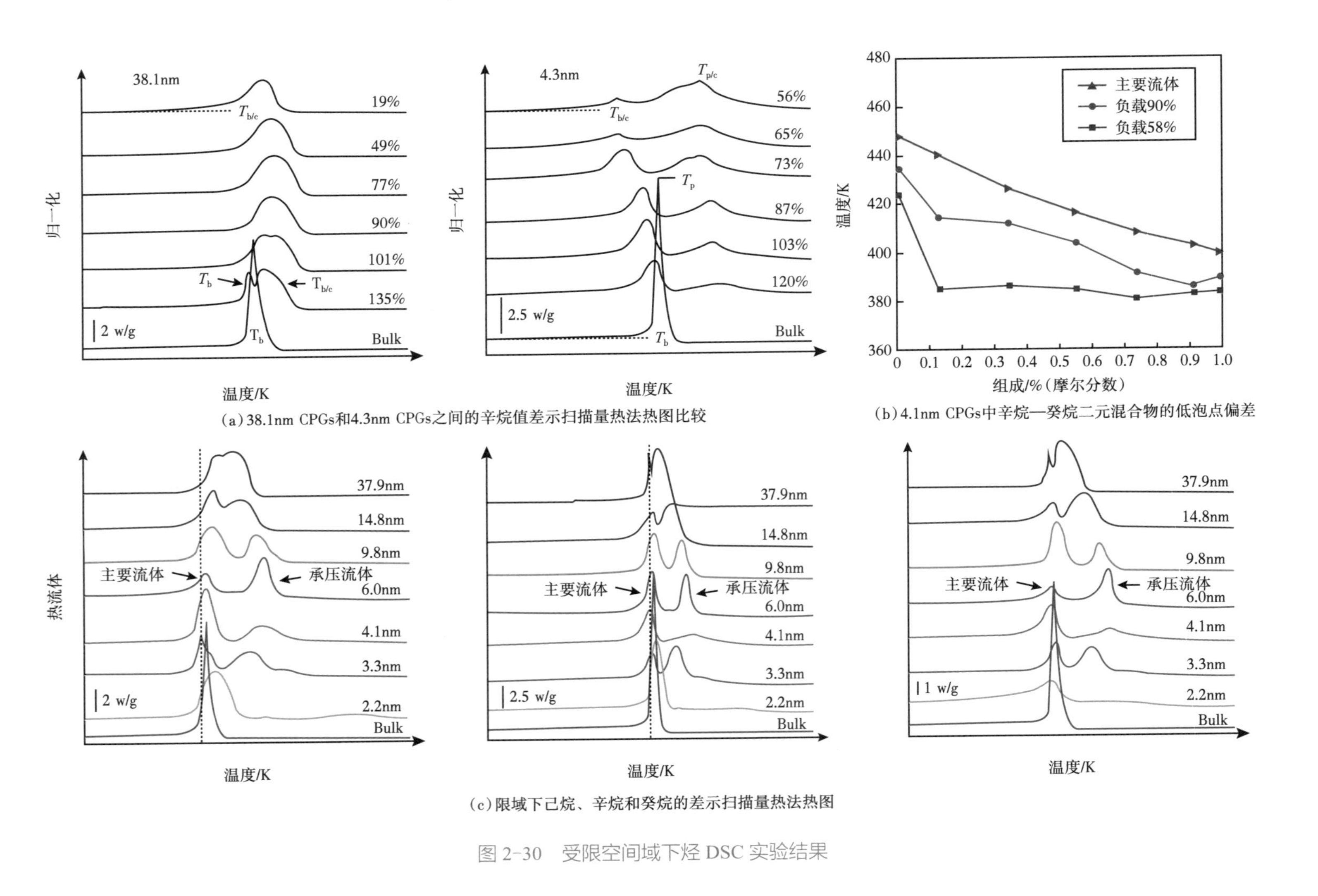

（a）38.1nm CPGs和4.3nm CPGs之间的辛烷值差示扫描量热法热图比较

（b）4.1nm CPGs中辛烷—癸烷二元混合物的低泡点偏差

（c）限域下己烷、辛烷和癸烷的差示扫描量热法热图

图 2-30　受限空间域下烃 DSC 实验结果

温度会随着孔径的减小而降低［图 2-30（c）］。然而，对于这种非单调的变化，他们并没有提供令人满意的解释。

Luo 等证明了约束泡点温度高于本体温度，而上述其他三项研究得出了相反的结论。这种不一致主要是由于上述研究分析的不明确和缺乏清晰的物理原理所致。具体而言，一方面小纳米孔差示扫描量热像图中的两个峰的释义不同：Luo 将两个峰解释为封闭体积状态和吸附状态，而其他研究人员将两个峰解释为体积流体和封闭流体。另一方面，Luo 解释了在 38.1nm CPGs 中，随着加载量的增加，泡点温度偏差减小的原因是烃类先润湿表面，然后填充孔隙，这意味着流体润湿孔壁表面的泡点温度低于体积。但他们发现，当载荷增加时，温度较高的峰与温度较低的峰相比变得不那么显著，这也解释了封闭纳米孔中的流体吸附在孔壁上，然后填充孔的现象。这里隐含的假设是，被吸附流体的泡点温度高于整体流体。研究中这两个隐含的假设是相反的。

这些差示扫描量热法实验还存在其他问题：（1）将烃类和 CPGs 在盘中封闭 1 到 2 天，使 CPGs 孔隙充满烃类。在未充注条件下（含气量小于 100%），不能保证所有加入密封体系中的烃都流入 CPGs 的孔隙。因此，测量到的热流既可能来自表现类似于大块的过量碳氢化合物，也可能来自有限的碳氢化合物，很难区分它们。（2）密封系统以 10K/min 的速度连续加热，如果没有详细说明加热方式，那么多物料的整个系统是否均匀加热，达到相同的假定温度是不确定的。（3）泡点温度的确定方法可能是无效的，特别是当出现两个连通峰时的约束泡点温度。由于密封体系的温度是连续变化的，相变需要时间来完成，因此差示扫描量热法曲线的形状和斜率取决于相变速率。在这些实验中，研究人员将泡点温度确定为最大斜率点的切线与基线外推的交点，这与差示扫描量热法曲线的形状和斜率有关。因此，该方法的精度依赖于相变速率。但相变速率受多种因素影响，难以控制和测量。当出现两个连通峰时（如 38.1nm 的 CPGs 中出现过填充），第二个峰由体积部分和封闭部分组成，第二峰的形状同时受体积和封闭相变速率的影响。上述研究在不分离各部分贡献的情况下，采用相同的方法确定了封闭烃的泡点温度。因此，泡点温度的测定方法有待进一步探索。

3）扩散实验

一般来说，体积流体的扩散系数随着温度的升高而增大，其增量符合阿伦尼乌斯定律。当温度略高于临界温度时，流体进入超临界状态，扩散系数会出现违反阿伦尼乌斯定律的反常增大，如图 2-31 所示。这种现象可以构成临界点的信号。Zeigermann 等在 Vycor（半径 6nm）和 ERM FD121（半径 15nm）的多孔材料中开展了扩散实验探索正戊烷的孔隙临界点。他们发现 Vycor 和 ERM FD121 材料的临界温度分别约为 438K 和 458K，均低于 470K 的体临界温度。这表明：（1）孔隙临界温度低于体积；（2）孔隙越小，流体临界温度越低。

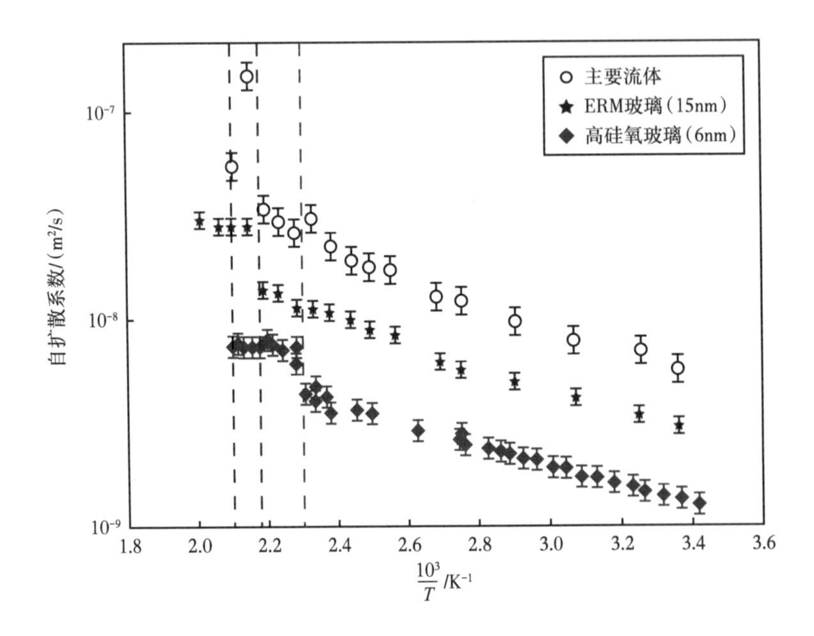

图 2-31 体积正戊烷和受限正戊烷的流体扩散系数随温度的函数 Arrhenius 图

估计的临界温度（K）等于横坐标上的值的倒数与 10^3 的乘积（为保持一致性，图已修改）

4）纳米通道芯片实验

一些研究人员利用刻蚀纳米通道的芯片模拟页岩储层中的纳米孔，并通过高分辨率成像技术观察其中的流体相变过程。纳米通道的深度通常从几纳米到数百纳米，被认为是代表性的孔径大小。研究人员在纳米通道中填充液体，然后以较低的速率改变系统的温度或压力。每个温度或压力将保持几分钟，以确保系统达到平衡。这种方法可以将气泡或液滴的外观可视化，从而提供孔隙饱和点的证据。通过逐渐加热纳米通道芯片，纳米孔内流体的蒸发被抑制，泡点温度升高。这些实验分别针对 100nm 深纳米通道中的纯正戊烷，50nm 深度纳米通道中的纯正己烷、庚烷和辛烷，以及 10nm、50nm 和 100nm 深度纳米通道中的己烷和戊烷二元混合物、戊烷—庚烷二元混合物和己烷—戊烷—庚烷三元混合物。为了探究纯丙烷（C_3H_8）的饱和压力（泡点压力和露点压力）偏差，Parsa 等将泵连接到纳米流体芯片以改变压力。芯片的深度分别为 30nm、50nm 和 500nm。他们报告中提到，在 500nm 深的纳米通道芯片中，C_3H_8 的饱和压力几乎等于标准体积饱和压力；而在 30nm 和 50nm 深的纳米通道中，体积饱和压力以下出现气泡或液滴。此外，对于使用不同尺寸纳米通道的研究，普遍的结论是：随着纳米通道深度的减小，饱和点的偏差会增大。由于纳米通道的深度可以表征纳米通道的约束水平，通常的结论是：随着约束水平的增加，偏差增大。综合上述实验结果，可以得出以下结论：（1）纳米孔中烃类的临界温度低于本体烃类；（2）纳米孔中烃类的泡点压力低于本体烃类；（3）纳米孔中烃类的泡点温度与本体烃类的泡点温度不同；（4）孔隙越小，偏差越大。

由于缺乏足够的实验探索，露点的偏差仍然不确定。此外，大部分实验是在人工多孔材料中进行的，而不是在真正的页岩岩心中进行的，人工材料与真实页岩岩心存在表面化学性质的差异和复杂的孔径分布。因此，需要进一步的实验，尤其是在真实的页岩岩心中验证页岩内封闭烃相行为偏差的结论。

三、限域效应传质混相机理

随着中浅层油气开采难度的增加和石油工业勘探技术的提高，油气勘探开发对象正逐步从中浅层油气藏转向深部和超深层油气藏[48-50]，深储层、超深储层具有埋藏深、高温、高压、高矿化度和复杂地质条件的特点，增加了深储层、超深储层开发的难度[51-54]。由于深层地下储层中压强高，导致流体的性质发生变化，使得 CO_2 与原油有很好的互溶特性，因此采用 CO_2 等气体进行气驱采油能够大幅度提高原油采收率，这也使得研究流体之间的混溶行为和微观机理变得十分必要。

研究人员通过非平衡分子动力学模拟研究了不同注入速率下超临界二氧化碳驱替页岩纳米孔中石油的微观机理。通过快照发现 CO_2 与原油形成混相带，导致界面张力降低和油体积膨胀，从而提高油的流动性，并在超临界二氧化碳驱油过程中起主导作用。在驱替前缘附近，下游十二烷分子聚集并紧密堆积，以有利于提高采收率的油柱形式运移（图 2-32）。

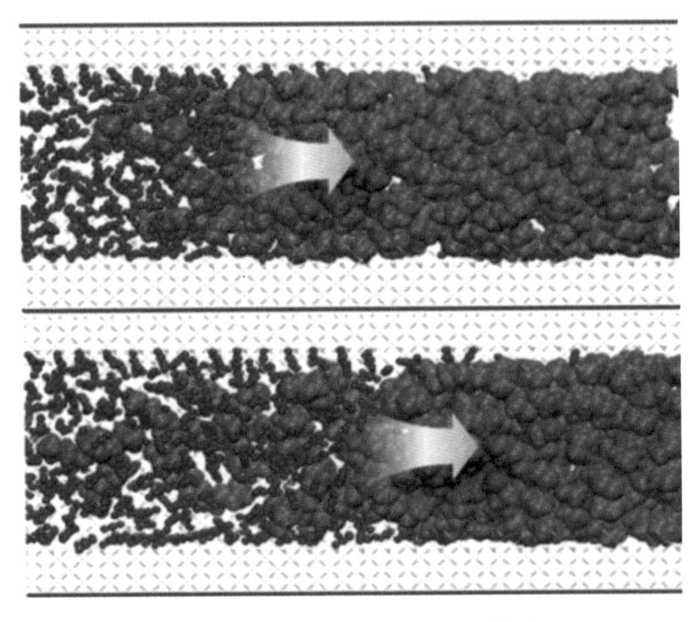

图 2-32　CO_2 在纳米孔中驱替十二烷过程

同时，有关研究[47]采用分子动力学模拟研究了高温高压下 $CO_2/CH_4/C_3H_8/N_2$ 和不同原油在 SiO_2-H 纳米晶中的混溶行为（图 2-33）。探究了油组分对不同气体和不同原油在 SiO_2-H 纳米岩中混溶过程的影响。通过比较庚烷（C_7H_{16}）和吡啶（C_5H_5N）在不同注入气体中的绝对溶解度值，发现由于极性原油与 SiO_2-H 表面之间的相互作用更强，CO_2、CH_4、C_3H_8 和 N_2 与非极性原油的混溶性比与极性原油的混溶性更强。研究还发现，C_5H_5N 在不同注入气体中的溶解度顺序为 $CO_2>C_3H_8>CH_4>N_2$，CO_2 在其中的溶解度最高，在原油中的混相能力最强。

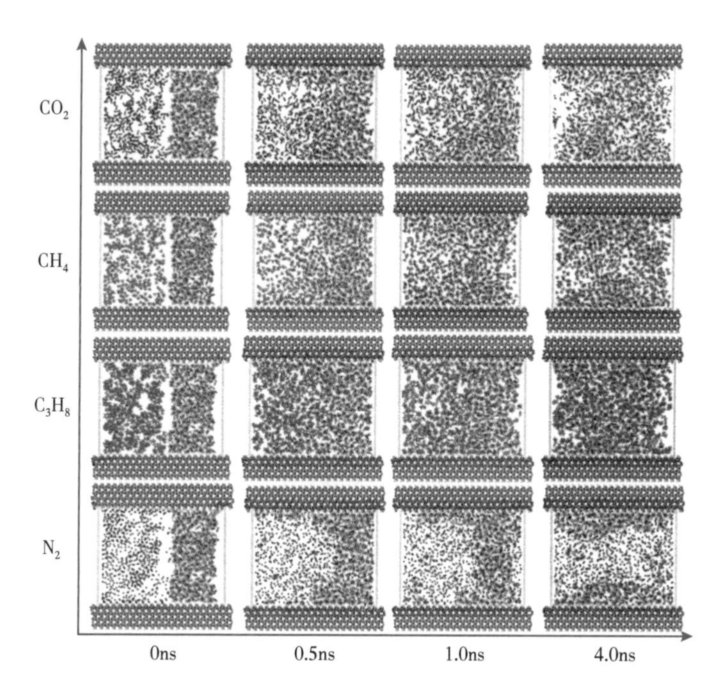

图 2-33　$CO_2/CH_4/C_3H_8/N_2$ 在温度 413K、压条 60MPa 条件下的混相过程

1. 二氧化碳在水相中的溶解度

CO_2 与烃类在水中的溶解性质相比，其在水中的溶解度较大。Yih-BorChang，B.K Coatsl 等 [55] 研究了关于 CO_2 饱和水的相关性质。CO_2 在水中的溶解度与温度、压力和矿化度有关。每当地层的压力不断升高，CO_2 的溶解度也会随之增大；但当地层的温度升高，CO_2 的溶解度则逐渐降低；当地层水中的矿化度增加，CO_2 的溶解度则不断降低。CO_2 的溶解度跟地层的压力成正比例关系，跟温度、矿化度则成反比。

2. 二氧化碳改变水相的黏度

CO_2 在水中溶解后，水的黏度会发生变化。例如，3%~5% 左右的 CO_2 溶于水中后，水的黏度则会增加 20%~30% 左右，地层的渗透率也会随 CO_2 的溶解而显著增大，CO_2 溶于水生成碳酸，而碳酸与部分岩石和其他化学沉淀物（如胶结物）发生反应，造成其溶解。

3. 二氧化碳的高溶混能力

传质现象发生在 CO_2 与原油接触，并且伴随驱替行为的进行，驱替前缘也会逐渐富化。CO_2 在原油中溶解后可以使原油的体积发生膨胀，逐渐使原油原本的物性发生改变，同时使得原油采收率也进一步提高。随着界面张力的消失，以及多孔介质中的毛细管力变为 0，CO_2 完全溶解于原油当中，此时形成完全混相。

4. 二氧化碳在孔隙介质表面吸附行为

多孔介质中孔隙较多，CO_2 在其中流动时，会发生吸附现象。CO_2 吸附到孔隙表面后，油藏的渗透率会变小，流动阻力则变大。除此之外，CO_2 会与近井地带附近的沥青质、蜡等发生溶解，从而起到解堵的作用。

四、分子尺度超临界二氧化碳混相模拟

近年来，实验和理论研究都证明了 CO_2 驱油是一种有效的提高采收率的方法，通过有效的传质，CO_2 驱油可提高近 8%~14% 的原始油藏采收率[56]。注入 CO_2 作为一种提高采收率的策略，可用于常规油藏和页岩油藏。CO_2 的密度和黏度会随着压力的增加而变大，随着温度的升高而减小，压缩因子会随着温度、压力而变化。适用于 CO_2 驱的油藏一般埋深为 600~3500m，大多数储层的温度和压力均达到了 CO_2 临界点以上，因此 CO_2 在储层中为超临界状态。

在常规油藏和页岩油藏中，多孔介质中的受限流体由于其广泛而实用的应用而受到越来越多的关注。在 CO_2 驱油过程中，当孔隙半径减小到与分子大小相当的纳米尺度时，限域效应变得更加强烈，即使从定性的角度来看，也会引起流体性质的巨大变化。例如，在受限流体中，轻微的由摩擦引起的能量耗散会引起一系列显著的静态或动态变化（例如剪切应力、压缩性或黏度），这些变化甚至可能在体相中检测不到[57]。一般来说，纳米孔中受限流体的实验室实验由于对精度、观察 / 成像系统的扩大和相关成本的要求极高，纳米孔中受限流体的行为主要从分子理论角度进行研究。因此，分子尺度上的超临界二氧化碳混相模拟被广泛用于提高原油采收率的研究中。

1. 超临界二氧化碳在混相驱油过程中的作用机理

CO_2 具有溶解于原油后降低原油黏度、引起原油体积溶胀、改善油气界面张力、导致沥青质沉积等特性，且在地层水中的溶解会降低地层环境的酸碱度，改变岩层表面润湿性与地层渗透率[58]。而上述这些作用均直接或间接地影响着最终采收率，因此为了更好模拟分子尺度上的 CO_2 混相驱替过程，下面将对 CO_2 与原油、水、岩石壁面以及储层环境之间的作用机理进行阐述。

1）二氧化碳与原油的作用机理

油藏条件下，CO_2 在稠油中的溶解度达到 $55m^3/m^3$，是一种优良的活性流体。CO_2 导致原油膨胀和原油黏度降低是 CO_2 驱提高采收率方法的两个主要物理机制。当 CO_2 注入储层并与原油接触时，会发生 CO_2 的溶解，从而导致原油膨胀和密度降低。膨胀的油滴会增加含油饱和度和储层压力，同时使孔隙中受限的油从孔隙中被开采出来。系统膨胀过程可以显著降低原油黏度，从而增加原油的流动性，获得更高的原油采收率。

之前的一些实验[59]研究了 CO_2 溶解和溶胀效应，建立了各种模型和相关性[60]，并预测了 CO_2 溶解度、原油和 CO_2 混合物黏度、油溶胀系数等。但是，实验研究通常耗时且昂贵，并且不能涵盖所有条件，特别是对于在紧密地层中的微孔和纳米孔空间中 CO_2 和原油相互作用的研究。虽然模型和相关性可以很容易地预测许多参数，但它们不能科学而彻底地解释不同的现象。而分子尺度上的超临界二氧化碳混相模拟可以避免这些问题。

Liu 等[61]进行了 CO_2—烷烃体系体积膨胀的分子动力学模拟，研究结果表明，由于烷烃—烷烃的相互作用，烷烃分子高度聚集，导致烷烃相的体积相对较小。然而，位于 CO_2 和烷烃相之间以及分别位于烷烃相表面上的两个自由空间为 CO_2 分子提供了可用空间。由于超临界二氧化碳具有强扩散性，CO_2 分子占据了 CO_2 和烷烃相之间的空间以及烷烃相的表面，许多 CO_2 分子扩散到烷烃中，一些烷烃分子也扩散到 CO_2 相中。此外，随着更多的 CO_2 分子溶解在烷烃中，许多 CO_2 分子聚集在一起并在烷烃中形成一些小基团，而不是直接相互分离。同时，烷烃相被 CO_2 基团分成许多小簇。因此，烷烃进一步膨胀，这再次为 CO_2 分子提供了可用空间。CO_2 成组的分子继续分散到烷烃中，烷烃簇连续分裂成更小的簇甚至单个分子，表明烷烃膨胀，直到 CO_2—烷烃系统达到平衡状态（图 2-34）。同时，烷烃的膨胀也受到烷烃分子链伸展的变化的影响。最初弯曲或缠绕在其他烷烃分子上的烷烃会在 CO_2 的作用下会尽可能地伸展开，即烷烃会解缠和膨胀。烷烃分子的伸展意味着 CO_2 与烷烃分子之间的接触表面积增大，从而加强了 CO_2 与烷烃的相互作用和相互溶解，增强混相。

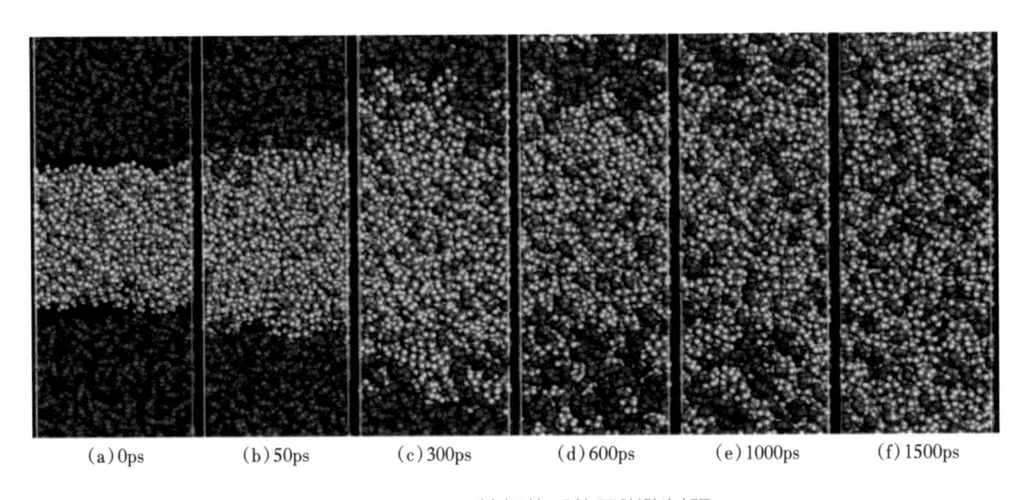

图 2-34　CO_2—烷烃体系体积膨胀过程

原油黏度的降低有利于原油在多孔介质中的流动及混相，从而提高原油采收率。溶液中 CO_2 摩尔分数的增加会降低溶液黏度。Zhang 等[62]研究发现，CO_2 溶解对较重烷烃的黏度降低作用强于较轻烷烃，也就是说，在实际的驱油过程中，轻质油相比重油更容易被采收。从分子角度看，黏度的降低可能与 CO_2 存在时烷烃分子的拉伸有关。这些发现有助于在实际油田开采中快速筛选油藏，以确定最适合 CO_2 驱提高采收率以及储存应用的油藏。

2）二氧化碳与水的作用机理

在实际储层混相驱油过程中，孔隙中除了油之外，还会有水的存在。无论是地层水还是水力压裂后进入的水，都可以在常规储层和页岩纳米孔中形成水桥并与油共存（图 2-35）。在常规油藏中，由于孔隙较大，大部分水存在于本体相中。然而，在页岩中，由于孔隙尺寸与分子间相互作用的范围相当，毛细管力作用更为突出，水壁相互作用可以延伸到整个水桥。此外，壁面和水分子之间会形成更多的氢键。这些独特的特性使页岩中的水桥更加稳定。水桥的存在会切断油流，明显限制采收率。同时由于 CO_2 在油和水中的溶解度不同，超临界二氧化碳的注入会使水—油的界面特征发生变化。

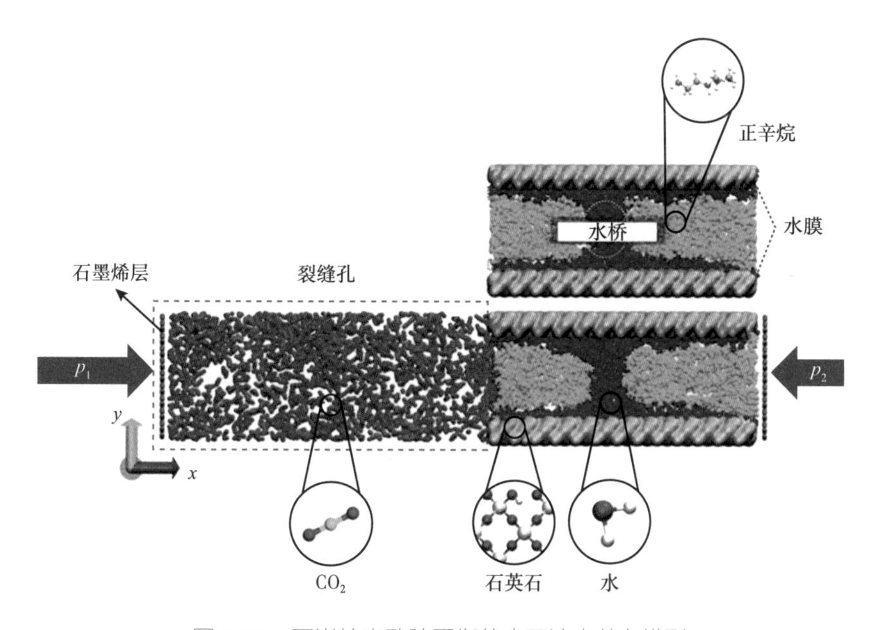

图 2-35　页岩纳米孔隙平衡状态下油水共存模型

Liu 等[63]研究了超临界二氧化碳对水—油界面的影响。CO_2 分子最初与烷烃混溶，积累在水—烷烃界面内。随着 CO_2 摩尔分数的增加，增加的 CO_2 积累导致分子穿透更深，增加了界面粗糙度和宽度，导致烷烃分子从平行界面向垂直界面旋转。从吉布斯自由能的角度看，CO_2 积累的“驱动力”是水与烷烃和水与 CO_2 的界面张力之差，水 CO_2 和烷烃 CO_2 相互作用的增强以及两者之间的差异的减小有利于降低界面张力。因此，如果水与 CO_2、油与 CO_2 的相互作用足够强，且两者相互作用的差值足够小，则 CO_2 有利于降低水—油的界面张力。

此外，超临界二氧化碳分子较强的传质能力增强了水和烷烃的传质性能，这对于提高油水流动比，从而提高水的波及效率尤为重要。因此 CO_2 的加入，会使水油界面的流动性增加，在实际开采中有利于提高原油采收率。

3）二氧化碳与壁面的作用机理

除了 CO_2 与油、水之间的作用会影响混相驱替之外，CO_2 与孔隙壁面的作用也会影响驱替过程中各相的混相溶解，矿物类型显著影响储层中油气的存在。Fang 等[64]以石英石、方解石、高岭石为例，通过分子尺度上的研究发现，在不同壁面的纳米缝中，CO_2—烷烃体系存在 3 种相互作用模式，分别为在石英石为壁面的孔隙中的溶解模式、在方解石为壁面的孔隙中和在高岭石为壁面的孔隙中的剥离模式（图 2-36）。在这三种壁面孔隙中，CO_2 驱油过程中出现了两种明显的现象，即整体推进（石英和方解石纳米缝）和气窜（高岭石纳米缝）。由于 CO_2 分子将油从固体表面高速分离，因此油相的运动主要发生在纳米缝的中心。由于位移前缘不断发生脱附—推进—再吸附的循环过程，因此在流体运移过程中，石英表面附近不存在滑脱现象，CO_2 与油有较好的混相，驱替效率高。同时，流体在方解石纳米缝中的运移速度略慢于石英纳米缝。这是由于 CO_2 分子与表面的相互作用极强，导致通道中心的 CO_2 相压差较石英孔隙小。而在高岭石纳米孔隙中由于烷烃分子与高岭石的强烈相互作用，导致 CO_2 不能迅速脱离油相，从而使大量烷烃分子牢固地吸附在表面，流体表现出明显的滑脱现象。由此出现了不稳定的驱替前缘和分子分布的密度梯度，为 CO_2 分子提前穿透油膜提供了有利的环境。CO_2 驱推进的烷烃分子重新吸附到固体表面，出现滑移现象，CO_2 与油的混相较弱。由此可得，不同岩石壁面对油的吸附性能不同，驱替的难易程度也不相同，孔隙壁面矿物类型与 CO_2 的作用也会影响分子尺度的 CO_2 驱油模拟过程。然而在实际的储层条件中，岩石壁面往往含有多种不同岩石组分，且岩石组分占比不同，对于油的吸附性能也大不一样，而目前在分子尺度模拟上还缺乏对混合组分的岩石壁面的进一步探究。

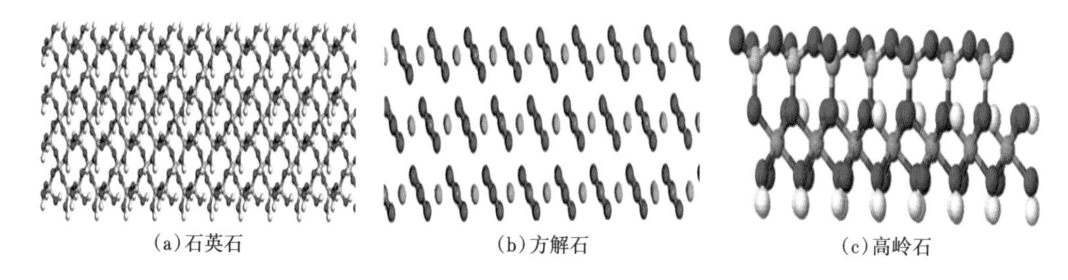
(a)石英石　(b)方解石　(c)高岭石

图 2-36　分子尺度上的岩石

4)不同储层条件的环境影响

在实际驱油中，根据温度、压强等储层条件，将储层分为中浅层储层和深层储层。中浅层储层的深度一般小于 3000m，深层储层是指埋深大于 4500m 的储层，其地质特征、油藏机制和分布规律与中浅层储层存在较大差异。Xiong 等[65] 通过探究深层及中浅层油藏在分子尺度上的气驱驱油机理，发现在中浅层储层中，CO_2 是段塞驱替模式，在混相流体驱替中油段塞可以整体推进，且段塞能保持完美的整体性。对于中浅层油藏的 CO_2 驱替，相互作用能 $E_{CO_2一油}$略小于相互作用能 $E_{油一孔道}$，CO_2 对油的溶解能力不理想，但 CO_2 和裂缝的强相互作用保证了吸附油出色的脱附能力。因此，CO_2 驱具有良好的驱替效果。在深层储层中，$E_{CO_2一油}$的相互作用高于 $E_{油一孔道}$，保证了 CO_2 对油的良好溶解能力。CO_2 优异的溶解度和较强的剥离能力使其具有优异的驱替性能。与中浅层储层相比，较深的储层具有更高的溶解速度和更少的剩余油，CO_2 的驱替效率是更加理想的。而对比其他气体(图 2-37)，中浅层 C_3H_8、CH_4 和 N_2 驱替中，C_3H_8、CH_4 和 N_2 驱替的相互作用能 $E_{气一油}$明显小于 $E_{油一孔道}$，C_3H_8、CH_4 和 N_2 驱替的溶解能力较差。此外，$E_{气一油}$很小，分离能力较弱。因此，C_3H_8、CH_4 和 N_2 相较于 CO_2 驱替能力较差。在深层储层中，虽然有更强的 $E_{气一油}$提高了溶解能力，但性能仍不如 CO_2 驱替，这也是 CO_2 相较于其气驱的优势所在，也因此在实际油田开采中，超临界二氧化碳驱替的应用越来越广泛。

CO_2 与原油、储层水、岩石壁面以及储层环境之间在分子水平上的作用都

会对纳米狭缝 CO_2 混相驱油产生影响。在作用机理的基础上，为了更直观、准确、完整的了解分子尺度 CO_2 在驱油模拟过程，分子尺度上的分子动力学模拟是必不可少的。

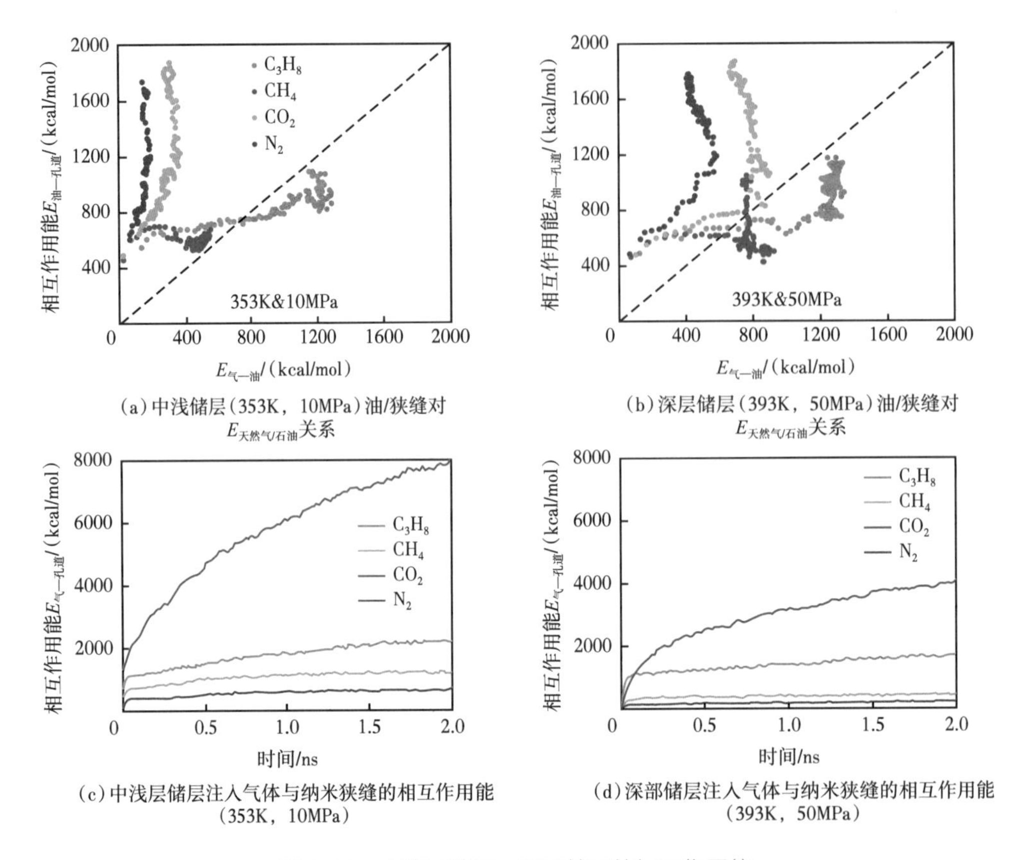

(a) 中浅储层（353K，10MPa）油/狭缝对 $E_{天然气/石油}$ 关系
(b) 深层储层（393K，50MPa）油/狭缝对 $E_{天然气/石油}$ 关系
(c) 中浅层储层注入气体与纳米狭缝的相互作用能（353K，10MPa）
(d) 深部储层注入气体与纳米狭缝的相互作用能（393K，50MPa）

图 2-37　中浅层储层、深层储层的相互作用能

2. 分子动力学模拟超临界二氧化碳混相驱

分子尺度超临界二氧化碳混相模拟目前最常用的技术手段是分子动力学模拟技术。分子动力学模拟技术是近些年发展起来的一门新兴计算技术。它在辅助物质设计及分子结构理解方面所取得的一系列显著成绩，使其开始在与石油相关领域有越来越广泛的应用。通过分子动力学模拟方法，可以进一步在微观尺度上探究石油开采过程中各分子间的作用机理、驱替等过程，为实际的石油开采提供理论支持。

一个完整的分子动力学模拟包括以下几部分:(1)首先是初始理论模型的构建。良好的初始配置可以在较短的时间内实现体系平衡，并直接影响模拟系统平衡的最终结果。一般来说，建模前需要查阅大量的文献资料，建模时尽量避免构象的重叠和交叉现象的影响;(2)建立模型后，需要最小化系统的能量以消除可能的构象重叠，然后进行分子动力学模拟;(3)不同的系统选择不同的力场，且应根据系统的性质和自身的研究需要选择合理的系综。系统的平衡可以由某些热力学性质(温度、压力、能量等)来确定，但有时需要综合考虑。对于液体系统，平衡有两种衡量方式:(1)用有序度来衡量;(2)通过径向分布函数，当曲线最终接近1时证明是平衡的。对于固体系统，均方根位移是最好的判断方法，因为在流体系统中，数值随着时间的推移而增加，而固体则在某个值上下波动。动力学模拟完成后，系统的结构形状和动态轨迹可用于多种性质的分析。

目前，在 CO_2 混相驱模拟方面较为常见的分子模拟软件有 LAMMPS、NAMD、CHARMM、AMBER、Materials Studio 等，利用具有可视化的软件建模，再利用支持运算的软件进行分子动力学模拟的相关数据计算。以 Materials Studio 建模和 LAMMPS 计算这一组软件为例，首先在 Materials Studio 中根据实际岩石孔隙结构进行简化处理，模拟地下油层，在二氧化硅狭缝中随机填充油分子，建立壁面—油—壁面结构，并以 CO_2 为注入气(左)、石英为壁面(中)、饱和烷烃为油相(中)，建立包含真空相(右)的多相模型，科学构建含流动相微纳尺度油藏的理论模型(图 2-38)。

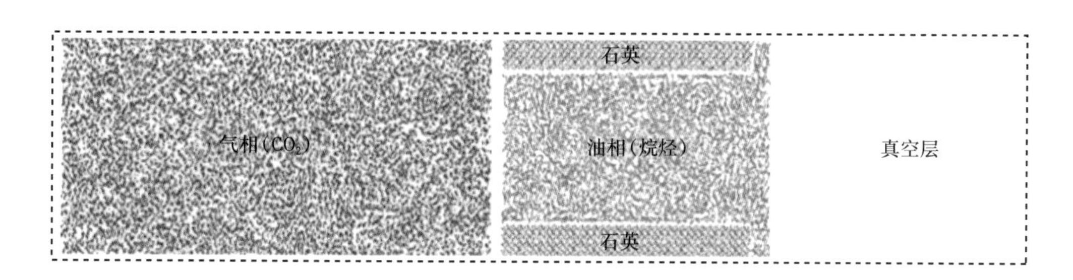

图 2-38 含流动相微纳尺度油藏的理论模型

在进行分子尺度超临界二氧化碳混相模拟时，由于力场参数的准确性会直接影响分子动力学模拟的准确性，因此首先要对模拟体系附加相对应的力场。分子动力学模拟 CO_2 驱替时，一般会采用 OPLS-AA（Optimized Potentials for Liquid Simulations All-Atom）力场[66]、EPM2（Elementary Physical Model）力场[67]、CLAYFF（Clay Force Field）力场[68]等。

Jorgensen 等[69]开发了 OPLS-AA 力场，根据从头计算观察到的有机液体热力学性质，推导了非键能和扭转能参数，从而再现气相结构和构象能量。拟合过程中考虑了多个相同类型的化合物，以避免特定分子的扭转参数偏差。使用 OPLS-AA 计算烷烃的水合自由能平均误差范围在 0.5kcal/mol 以内，因此在 CO_2 驱替的分子动力学模拟中烷烃可以使用 OPLS-AA 力场。

Harris 和 Yung[67, 70]在 1995 年提出了一个简单的基于位点的 CO_2 分子间势模型。它使用以每个原子为中心的点电荷和 Lennard-Jones 相互作用。因此在 CO_2 驱替的分子动力学模拟中 CO_2 可以使用 EPM2 力场，CO_2 被视为 EPM2 的刚性和柔性模型。具有带电项的 Lennard-Jones 势函数用于模拟中的所有位置。其公式如下：

$$U_{\text{non-bond}}\left(r_{ij}\right)=4\varepsilon_{ij}\left[\left(\frac{\sigma}{r_{ij}}\right)^{12}-\left(\frac{\sigma}{r_{ij}}\right)^{6}\right]+\frac{1}{4\pi\varepsilon}\frac{q_i q_j}{r_{ij}} \tag{2-27}$$

式中 ε_{ij}——能量参数，$C^2/(N \cdot m^2)$；

σ——尺寸参数，$W/(m^2 \cdot K^4)$；

r_{ij}——位置 i 和位置 j 的距离，m；

q——电荷，C；

ε——相对介电常数，$C^2/(N \cdot m^2)$；

i 和 j——分别表示位置 i 和 j。

Ewald sum 方法用于计算电相互作用。

式（2-28）计算的角势用于柔性模型，其表达式如下：

$$U_{\mathrm{angle}}(\theta)=k\left[1-\cos(\theta-\theta_0)\right] \tag{2-28}$$

式中 k——键角弯折力常数；

θ——键角，rad；

θ_0——平衡键角，rad。

CLAYFF 力场提供了一组简单的原子间势，允许研究天然水合材料的复杂行为，包括氢氧化物、氧化氢氧化物和黏土。分子模拟为通过实验观察来测试和验证体结构、表面、界面和水溶液的候选模型提供了机会。使用一组简单结构特征良好的水合相对 CLAYFF 进行参数化，使力场参数具有良好的可转移性，同时在能量最小化、分子动力学和蒙特卡洛模拟过程中保持所有原子和晶体细胞参数的充分灵活性，从而允许系统所有组件之间的能量和动量交换，因此 CLAYFF 力场通常用于 CO_2 驱替结构中的壁面模拟上[68]。

力场是在一定体系中用简单的数学形式来描述原子间的势能函数。在进行分子动力学模拟时，首先要进行力场的验证，确保力场的准确性，保证模拟结果的准确。在确定力场参数之后，可以使用计算软件进行分子尺度超临界二氧化碳混相模拟，模拟混相过程并计算相互作用、径向分布函数等一系列数据，更好地反映分子尺度上的整个 CO_2 混相过程，同时为实际油田的开采提供理论基础。

以辛烷为油相、石英石为壁面为例，分子尺度超临界二氧化碳混相模拟过程如图 2-39 所示。可以看到在整个驱替过程中，CO_2 与油逐步混相、相互溶解，将油从孔隙中驱替出来。在进行分子动力学模拟的过程中，相互作用、径向分布函数、密度分布等数据的计算可以进一步帮助驱替过程中混相机制的探究。

在进行分子尺度超临界二氧化碳混相模拟时，可以通过计算各相分子间的相互作用来反映出驱替过程的混相机制。CO_2 驱油过程中的相互作用力主要是非键相互作用。对于非键相互作用，包括范德华力和静电力。通常用库仑相互作用来表示静电势能，运用式（2-29）来计算范德华力，所以对于非键相互作用的计算表达式为：

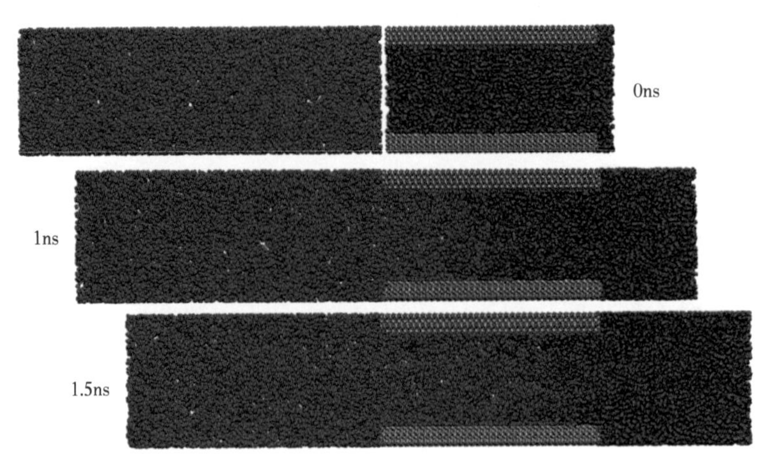

图 2-39　分子尺度超临界二氧化碳混相模拟过程
红色为二氧化碳，灰色为辛烷

$$U_{ij}(r)=4\varepsilon_{ij}\left[\left(\frac{\sigma}{r_{ij}}\right)^{12}-\left(\frac{\sigma}{r_{ij}}\right)^{6}\right]+\frac{q_i q_j}{r_{ij}} \tag{2-29}$$

下面将以不同油组分为例构建结构来进行相互作用的对比，进一步运用相互作用来表述分子尺度超临界二氧化碳混相机制。选取己烷、辛烷、十五烷构建含流动相微纳尺度油藏的理论模型，利用分子动力学模拟对其进行分子尺度上相互作用的计算。通过计算结果（图 2-40）可以看出，在同一种烷烃的模拟中，CO_2 分子与油分子在储层表面竞争吸附的过程中，CO_2 占据主导地位，吸附在壁面的表面，CO_2 将油分子从壁面剥离，油分子脱离壁面进入 CO_2 被溶解混相。对比三种不同长度的烷烃可以发现，碳链越长，相互作用能 $E_{CO_2—壁面}$和 $E_{油—壁面}$达到平衡越晚，说明碳链越长的烷烃被 CO_2 从壁面剥离下来混相的过程越慢，驱替效率越低。在同一时刻碳链较长的 $E_{CO_2—油}$小，说明碳链越长烷烃之间的相互作用越强，油不易扩散和混相到 CO_2 中，不易被驱替。而较短碳链的结构中，CO_2 与孔隙中主要成分（油）之间的相互作用明显强于其他组分间的相互作用，能够更有效地剥离油，促进 CO_2 与油混相。除此之外，Li 等[71]也通过对比相互作用能与压力的函数关系，证明了当更多的 CO_2 分子溶解时，油分子

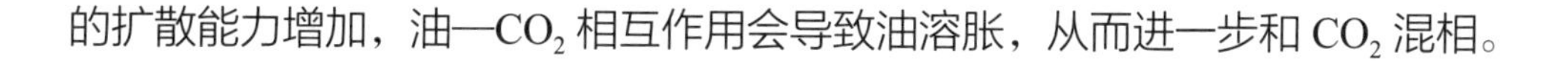

的扩散能力增加，油—CO_2 相互作用会导致油溶胀，从而进一步和 CO_2 混相。

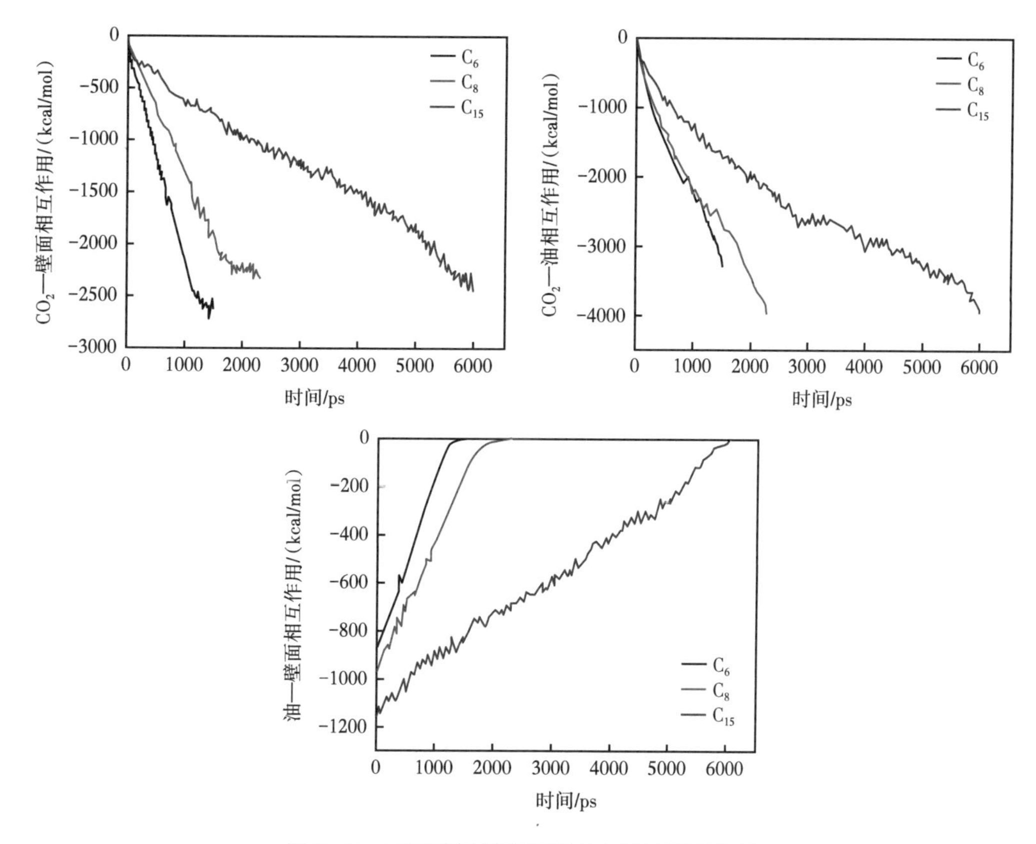

图 2-40　不同烷烃结构各组分之间的相互作用

径向分布函数是描述分子系统结构最常用的统计方法。它可以有效地展示系统中某个原子或分子在一定距离上围绕某个原子或分子的分布特征。一般来说，径向分布函数可以理解为半径为 r 的区域密度与系统平均密度的比值。径向分布函数可以通过以下公式计算：

$$g(r)=\rho_{(r)}/\rho_0$$

式中　$\rho_{(r)}$——局部数密度，kg/m^3；

ρ_0——体积数密度，kg/m^3。

径向分布函数描述了粒子 B 在距目标粒子 A 的距离 r 处出现的概率（图 2-41）。径向分布函数可以分析目标分子周围的参考分子的分布概率，$g(r)$

达到最大值意味着在对应距离 r 处，气体分子的分布达到最高水平，因此也可以很好地反映在 CO_2 驱替过程中的各相混相情况。以分子尺度超临界二氧化碳—辛烷混相模拟为例，分别计算 C（辛烷）—C（辛烷）、CO_2—CO_2、C（辛烷）—CO_2 之间存在的径向分布函数，由结果（图 2-42）可得 C—C、CO_2—CO_2 的 $g(r)$ 随驱替过程的进行逐渐减小，逐渐减小的波峰表明辛烷分子彼此远离，烷烃—烷烃、CO_2—CO_2 的相互作用减少，同时 C—CO_2 的 $g(r)$ 随驱替过程的进行逐渐增加，意味着随时间增加，更多的辛烷分子在某个 CO_2 分子周围，表明 C（辛烷）—CO_2 之间的平均分离距离减小，增加的峰表明辛烷分子溶解到 CO_2 相中，烷烃—CO_2 之间的相互作用逐渐增加，发生了混相。

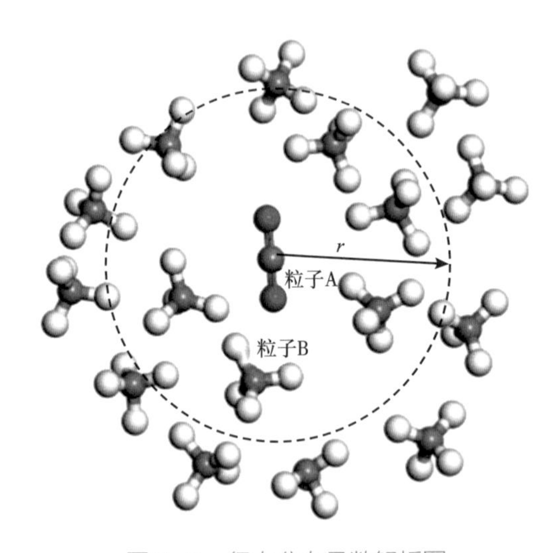

图 2-41　径向分布函数解析图

为了进一步明确各相在分子尺度纳米孔隙中的流动行为，还可以计算分子尺度超临界二氧化碳混相模拟过程中油相密度的变化，以此来反映混相机制。依旧以分子尺度超临界二氧化碳—辛烷混相模拟为例，分别计算其在 0ns、1ns、1.5ns 时油相的密度分布，由计算结果（图 2-43）可以得出，在初始时刻在储层表面吸附大量的油分子，形成吸附层。而随着驱替过程的不断进行，快速下降和右移的峰表明吸附的油膜迅速从二氧化硅表面脱离并整体迁移到 CO_2 中，CO_2 将吸附的油膜从壁面剥离下来，越来越多的油混相溶解到 CO_2 中，因此可以看到油的密度逐渐降低。

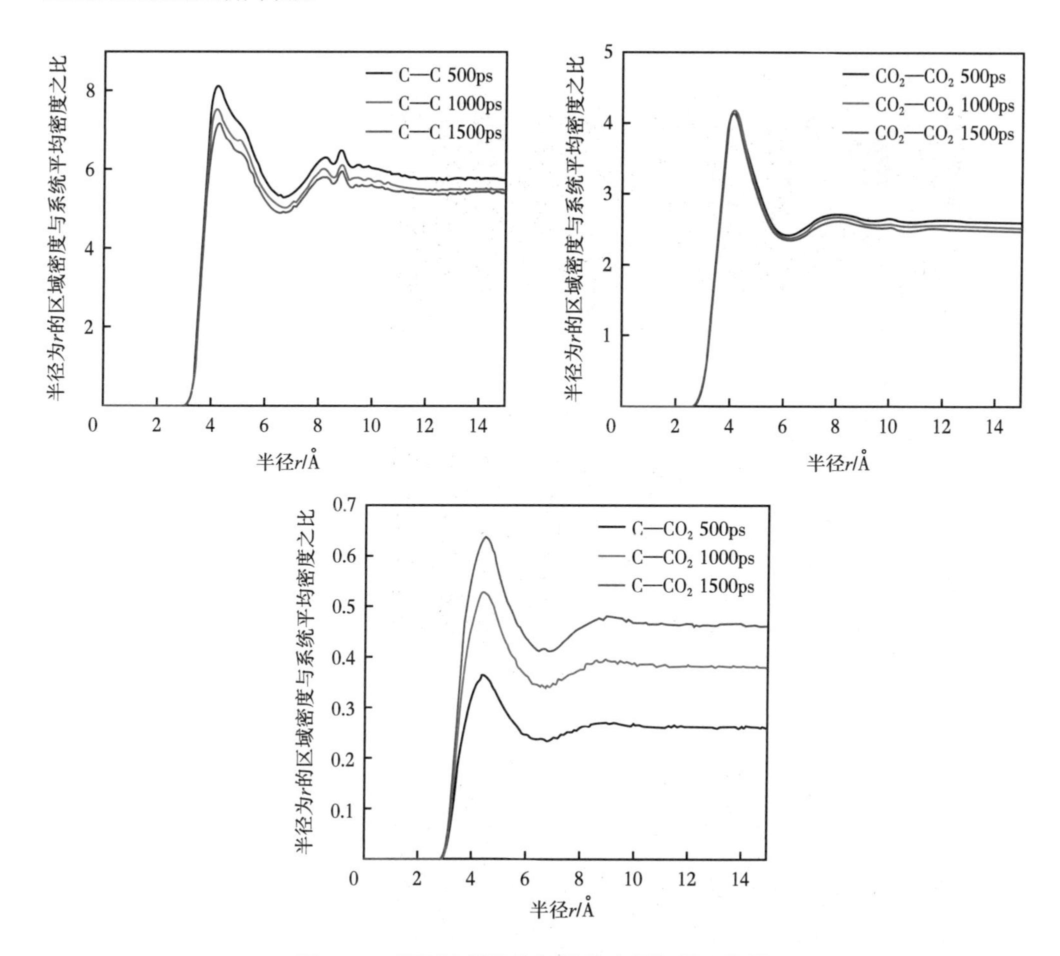

图 2-42　不同烷烃结构各组分之间的相互作用

除了相互作用、径向分布函数、密度分布之外，在尺度超临界二氧化碳混相模拟中，还可以通过计算质心位移、均方根位移、扩散系数、残余油占比等数据来更好地分析 CO_2 驱替过程中的混相机制。质心位移可以通过位移变化来间接反映各相的运移速度，均方根位移、扩散系数可以直接反映出驱替过程中各相的流动性，残余油占比可以直接反映整个驱替过程的驱替效率。总之，分子动力学模拟计算能够更好地从分子角度解析现象、机理，对实验起到了很好的补充辅助功能。同时，也可以借助分子模拟的计算来预测实验的大致方向，为实验提供理论上的指导，减少不必要的时间及成本的浪费。

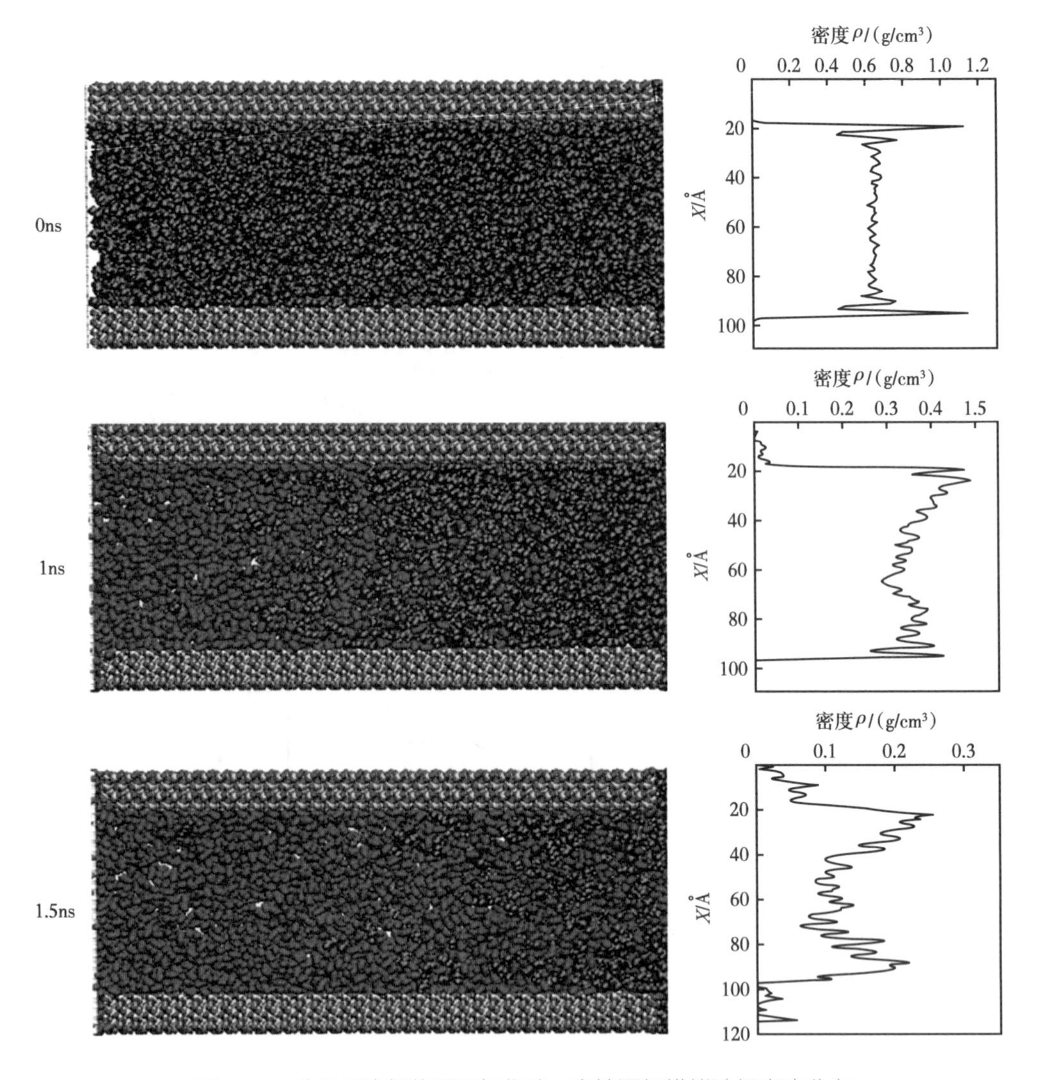

图 2-43　分子尺度超临界二氧化碳—辛烷混相模拟油相密度分布

3. 未来趋势与展望

当前，由于温室气体大量排放引起的全球气候变暖问题日趋严峻，正在威胁着人类赖以生存的地球环境，减少温室气体排放量已成为人类共同关注的热点问题。而 CO_2 驱提高采收率技术，不仅可以提高油气采收率，而且可以实现 CO_2 的长期埋存。

但随着实际油田的勘探难度加大，单井开采深度提高，用一般的研究方法很难观测到复杂的地下储层情况。而利用分子模拟工具，可以在分子水平上研究 CO_2 混相驱过程中一些微观现象的微观性质，从而进一步深化石油工作者对地下采油的认识，分子动力学模拟方法的推广与运用也因此受到越来越多石油行业科学研究者的重视[73]。利用分子模拟的方法对分子尺度超临界二氧化碳混相驱以及原油开发中的微观问题展开的深入研究，有利于进一步提高 CO_2 驱采收率，对解决原油开发过程中的基本问题，以及有关科学技术的实践应用都具有重要意义。具体表现在分子模拟能够使微观过程可视化，并给出实践上难以获得或无法得到的在原子水平上的信息，为实际的原油开采研究提供启发或指导。随着分子模拟技术的不断发展以及石油工业研究的不断深入，两者的关系将更加紧密。在将来，分子模拟技术对石油开采过程中各分子间的作用机理、驱替等过程以及石油产品的结构特征等方面的研究将会有更为明显的和不可替代的作用[74]。

参考文献

[1] YAN S，ZHUO L I，JIANG Z，et al. Progress and development trend of unconventional oil and gas geological research[J]. Petroleum Exploration and Development，2017，44（4）：675-685.

[2] SALAHSHOOR S，FAHES M，TEODORIU C. A review on the effect of confinement on phase behavior in tight formations[J]. Journal of Natural Gas Science and Engineering，2018，51：89-103.

[3] DEVEGOWDA D，SAPMANEE K，CIVAN F，et al. Phase behavior of gas condensates in shales due to pore proximity effects：Implications for transport，reserves and well productivity[C]//SPE annual technical conference and exhibition. OnePetro，2012.

[4] LIFTON V A. Microfluidics：an enabling screening technology for enhanced oil recovery（EOR）[J]. Lab on a Chip，2016，16（10）：1777-1796.

[5] 王毅力 . 水处理中的空间限域效应：强化物质传输 [J]. 环境工程学报，2020，14（8）：1991-1992.

[6] 刘壮，汪伟，巨晓洁，等 . 具有限域传质效应的碳基分离膜——从碳纳米管膜到石墨烯膜 [J]. 化工学报，2018，69（1）：166-174.

[7] ZHANG K，JIA N，ZENG F，et al. A new diminishing interface method for determining the minimum miscibility pressures of light oil-CO_2 systems in bulk phase and nanopores[J]. Energy & Fuels，2017，

31（11）：12021-12034.

[8] TEKLU T W，ALHARTHY N，KAZEMI H，et al. Phase behavior and minimum miscibility pressure in nanopores[J]. SPE Reservoir Evaluation & Engineering，2014，17（3）：396-403.

[9] J. C. MELROSE. Applicability of the Kelvin equation to vapor/liquid systems in porous media[J]. Langmuir，1989，5：290-293.

[10] DIGILOV R. Kelvin equation for meniscuses of nanosize dimensions[J]. Langmuir，2000，16(3)：1424-1427.

[11] ROSSI A，PICCININ S，PELLEGRINI V，et al. Nano-scale corrugations in graphene：a density functional theory study of structure，electronic properties and hydrogenation[J]. The Journal of Physical Chemistry C，2015，119（14）：7900-7910.

[12] FAN X F，LIU L，LIN J Y，ET AL. Density functional theory study of finite carbon chains[J]. ACS nano，2009，3（11）：3788-3794.

[13] UDDIN M，COOMBE D，IVORY J. Quantifying physical properties of Weyburn oil via molecular dynamics simulation[J]. Chemical Engineering Journal，2016，302：249-259.

[14] GRZELAK E M，SHEN V K，ERRINGTON J R. Molecular simulation study of anisotropic wetting[J]. Langmuir，2010，26（11）：8274-8281.

[15] AMBROSE R J，HARTMAN R C，DIAZ-CAMPOS M，et al. New pore-scale considerations for shale gas in place calculations[C]//SPE unconventional gas conference. OnePetro，2010.

[16] CHEN X，CAO G，HAN A，et al. Nanoscale fluid transport：size and rate effects[J]. Nano letters，2008，8（9）：2988-2992.

[17] FIRINCIOGLU T，OZKAN E，OZGEN C. Thermodynamics of multiphase flow in unconventional liquids-rich reservoirs[C]//SPE Annual Technical Conference and Exhibition. OnePetro，2012.

[18] KANDA H，MIYAHARA M，HIGASHITANI K. Triple point of Lennard-Jones fluid in slit nanopore：Solidification of critical condensate[J]. The Journal of chemical physics，2004，120（13）：6173-6179.

[19] MOORE E B，DE LA LLAVE E，WELKE K，et al. Freezing，melting and structure of ice in a hydrophilic nanopore[J]. Physical Chemistry Chemical Physics，2010，12（16）：4124-4134.

[20] NOJABAEI B，JOHNS R T，CHU L. Effect of capillary pressure on phase behavior in tight rocks and shales[J]. SPE Reservoir Evaluation & Engineering，2013，16（3）：281-289.

[21] QIAO Y，LIU L，CHEN X. Pressurized liquid in nanopores：A modified Laplace-Young equation[J]. Nano letters，2009，9（3）：984-988.

[22] SHAPIRO A A，POTSCH K，KRISTENSEN J G，et al. Effect of low permeable porous media on behavior of gas condensates[C]//SPE European Petroleum Conference. OnePetro，2000.

[23] HAMADA Y，KOGA K，TANAKA H. Phase equilibria and interfacial tension of fluids confined in narrow pores[J]. The Journal of chemical physics，2007，127（8）：084908.

[24] ZARRAGOICOECHEA G J, KUZ V A. Critical shift of a confined fluid in a nanopore[J]. Fluid phase equilibria, 2004, 220 (1): 7-9.

[25] ZHANG Y, LASHGARI H R, DI Y, et al. Capillary pressure effect on phase behavior of CO_2/hydrocarbons in unconventional reservoirs[J]. Fuel, 2017, 197: 575-582.

[26] SONG Y, SONG Z, FENG D, et al. Phase Behavior of Hydrocarbon Mixture in Shale Nanopores Considering the Effect of Adsorption and Its Induced Critical Shifts[J]. Industrial & Engineering Chemistry Research, 2020, 59 (17): 8374-8382.

[27] WU K, CHEN Z, LI X, et al. Methane storage in nanoporous material at supercritical temperature over a wide range of pressures[J]. Scientific reports, 2016, 6 (1): 1-10.

[28] ZHANG K, JIA N, LI S, et al. Thermodynamic phase behaviour and miscibility of confined fluids in nanopores[J]. Chemical Engineering Journal, 2018, 351: 1115-1128.

[29] MACLEOD D B. On a relation between surface tension and density[J]. Transactions of the Faraday Society, 1923, 19 (7): 38-41.

[30] WEINAUG C F, KATZ D L. Surface tensions of methane-propane mixtures[J]. Industrial & Engineering Chemistry, 1943, 35 (2): 239-246.

[31] PEDERSEN K S, CHRISTENSEN P L, SHAIKH J A, et al. Phase behavior of petroleum reservoir fluids[M]. CRC press, 2006.

[32] PETERSEN E E. Diffusion in a pore of varying cross section[J]. AIChE Journal, 1958, 4 (3): 343-345.

[33] EPSTEIN N. On tortuosity and the tortuosity factor in flow and diffusion through porous media[J]. Chemical engineering science, 1989, 44 (3): 777-779.

[34] COOPER S J, BERTEI A, SHEARING P R, et al. TauFactor: An open-source application for calculating tortuosity factors from tomographic data[J]. SoftwareX, 2016, 5: 203-210.

[35] BACKEBERG N R, IACOVIELLO F, RITTNER M, et al. Quantifying the anisotropy and tortuosity of permeable pathways in clay-rich mudstones using models based on X-ray tomography[J]. Scientific reports, 2017, 7 (1): 1-12.

[36] SHEN L, CHEN Z. Critical review of the impact of tortuosity on diffusion[J]. Chemical Engineering Science, 2007, 62 (14): 3748-3755.

[37] LERMAN A. Geochemical processes. Water and sediment environments[M]. John Wiley and Sons, Inc., 1979.

[38] ULLMAN W J, ALLER R C. Diffusion coefficients in nearshore marine sediments 1[J]. Limnology and Oceanography, 1982, 27 (3): 552-556.

[39] IVERSEN N, JØRGENSEN B B. Diffusion coefficients of sulfate and methane in marine sediments: Influence of porosity[J]. Geochimica et Cosmochimica Acta, 1993, 57 (3): 571-578.

[40] LOW P F. Principles of ion diffusion in clays[J]. Chemistry in the soil environment, 1981, 40: 31-45.

[41] BOUDREAU B P. The diffusive tortuosity of fine-grained unlithified sediments[J]. Geochimica et cosmochimica acta, 1996, 60 (16): 3139-3142.

[42] WEISSBERG H L. Effective diffusion coefficient in porous media[J]. Journal of Applied Physics, 1963, 34 (9): 2636-2639.

[43] BRUGGEMAN V D A G. Berechnung verschiedener physikalischer Konstanten von heterogenen Substanzen. I. Dielektrizitätskonstanten und Leitfähigkeiten der Mischkörper aus isotropen Substanzen[J]. Annalen der physik, 1935, 416 (7): 636-664.

[44] CHEN L, ZHANG L, KANG Q, et al. Nanoscale simulation of shale transport properties using the lattice Boltzmann method: permeability and diffusivity[J]. Scientific reports, 2015, 5 (1): 1-8.

[45] WANG P, LI X, TAO Z, et al. The miscible behaviors and mechanism of $CO_2/CH_4/C_3H_8/N_2$ and crude oil in nanoslits: A molecular dynamics simulation study[J]. Fuel, 2021, 304: 121461.

[46] ZHANG S, HUANG H, SU J, et al. Ultra-deep liquid hydrocarbon exploration potential in cratonic region of the Tarim Basin inferred from gas condensate genesis[J]. Fuel, 2015, 160: 583-595.

[47] XIONG C, YANG S H I, FUJIAN Z, et al. High efficiency reservoir stimulation based on temporary plugging and diverting for deep reservoirs[J]. Petroleum Exploration and Development, 2018, 45 (5): 948-954.

[48] LONGDE S, CAINENG Z, RUKAI Z, et al. Formation, distribution and potential of deep hydrocarbon resources in China[J]. Petroleum Exploration and Development, 2013, 40 (6): 687-695.

[49] ZHU G, MILKOV A V, CHEN F, et al. Non-cracked oil in ultra-deep high-temperature reservoirs in the Tarim basin, China[J]. Marine and Petroleum Geology, 2018, 89: 252-262.

[50] SHEN Y, LV X, GUO S, et al. Effective evaluation of gas migration in deep and ultra-deep tight sandstone reservoirs of Keshen structural belt, Kuqa depression[J]. Journal of Natural Gas Science and Engineering, 2017, 46: 119-131.

[51] XU C, ZOU W, YANG Y, et al. Status and prospects of deep oil and gas resources exploration and development onshore China[J]. Journal of Natural Gas Geoscience, 2018, 3 (1): 11-24.

[52] WAPLES D W. The kinetics of in-reservoir oil destruction and gas formation: constraints from experimental and empirical data, and from thermodynamics[J]. Organic geochemistry, 2000, 31 (6): 553-575.

[53] CHANG Y B, COATS B K, NOLEN J S. A compositional model for CO_2 floods including CO_2 solubility in water[C]//Permian Basin Oil and Gas Recovery Conference. OnePetro, 1996.

[54] YU W, LASHGARI H R, WU K, et al. CO_2 injection for enhanced oil recovery in Bakken tight oil reservoirs[J]. Fuel, 2015, 159: 354-363.

[55] LIU B, LIU W, PAN Z, et al. Supercritical CO_2 Breaking Through a Water Bridge and Enhancing Shale Oil Recovery: A Molecular Dynamics Simulation Study[J]. Energy & Fuels, 2022.

[56] 梁萌，袁海云，杨英，等. CO_2在驱油过程中的作用机理综述 [J]. 石油化工应用，2016，35(6): 1-5.

[57] YANG Z, LI M, PENG B, et al. Dispersion property of CO_2 in oil. 1. Volume expansion of CO_2+ alkane at near critical and supercritical condition of CO_2[J]. Journal of Chemical & Engineering Data, 2012, 57 (3): 882-889.

[58] SIMON R, GRAUE D J. Generalized correlations for predicting solubility, swelling and viscosity behavior of CO_2-crude oil systems[J]. Journal of Petroleum Technology, 1965, 17 (1): 102-106.

[59] LIU B, SHI J, SUN B, et al. Molecular dynamics simulation on volume swelling of CO_2-alkane system[J]. Fuel, 2015, 143: 194-201.

[60] ZHANG J, SEYYEDI M, CLENNELL M B. Molecular dynamics simulation of transport and structural properties of CO_2-alkanes[J]. Energy & Fuels, 2021, 35 (8): 6700-6710.

[61] LIU B, SHI J, WANG M, et al. Reduction in interfacial tension of water-oil interface by supercritical CO_2 in enhanced oil recovery processes studied with molecular dynamics simulation[J]. The Journal of Supercritical Fluids, 2016, 111: 171-178.

[62] FANG T, ZHANG Y, DING B, et al. Static and dynamic behavior of CO_2 enhanced oil recovery in nanoslits: Effects of mineral type and oil components[J]. International Journal of Heat and Mass Transfer, 2020, 153: 119583.

[63] XIONG C, LI S, DING B, et al. Molecular insight into the oil displacement mechanism of gas flooding in deep oil reservoir[J]. Chemical Physics Letters, 2021, 783: 139044.

[64] SEDGHI M, GOUAL L. Molecular dynamics simulations of asphaltene dispersion by limonene and pvac polymer during CO_2 flooding[C]//SPE International Conference and Exhibition on Formation Damage Control. OnePetro, 2016.

[65] HARRIS J G, YUNG K H. Carbon dioxide's liquid-vapor coexistence curve and critical properties as predicted by a simple molecular model[J]. The Journal of Physical Chemistry, 1995, 99 (31): 12021-12024.

[66] CYGAN R T, LIANG J J, KALINICHEV A G. Molecular models of hydroxide, oxyhydroxide, and clay phases and the development of a general force field[J]. The Journal of Physical Chemistry B, 2004, 108 (4): 1255-1266.

[67] JORGENSEN W L, MAXWELL D S, TIRADO-RIVES J. Development and testing of the OPLS all-atom force field on conformational energetics and properties of organic liquids[J]. Journal of the American Chemical Society, 1996, 118 (45): 11225-11236.

[68] HIGASHI H, TAMURA K. Calculation of diffusion coefficient for supercritical carbon dioxide

and carbon dioxide+ naphthalene system by molecular dynamics simulation using EPM2 model[J]. Molecular Simulation, 2010, 36（10）: 772-777.

[69] LI C, PU H, ZHAO J X. Molecular simulation study on the volume swelling and the viscosity reduction of n-alkane/co_2 systems[J]. Industrial & Engineering Chemistry Research, 2019, 58（20）: 8871-8877.

[70] JÁSZ Á, RÁK Á, LADJÁNSZKI I, et al. Classical molecular dynamics on graphics processing unit architectures[J]. Wiley Interdisciplinary Reviews: Computational Molecular Science, 2020, 10（2）: e1444.

[71] 曹斌，高金森，徐春明. 分子模拟技术在石油相关领域的应用[J]. 化学进展，2004，16（2）：291.

第三章　超临界二氧化碳混相驱油特征

受油藏温度和压力条件影响，二氧化碳（CO_2）驱油方式可分为非混相驱替和混相驱替两种方式。非混相驱替方式是指在油藏温度和压力条件下，注入的 CO_2 与原油接触后，不能完全混合形成单相流体，部分 CO_2 溶于原油后使得原油膨胀和黏度降低，改善流动能力的驱油方式。当注入的 CO_2 与原油接触后，改变两相接触带的组成，两种流体间的界面张力消失，能以任意比例一次完全混合形成单相流体或者通过多次接触最终形成单相流体时，称该方式为混相驱替。室内实验及油田开发效果证实，在同等条件下，混相驱替比非混相驱替提高原油采收率效果更显著[1]。

本章主要从微观和宏观两方面阐述超临界二氧化碳混相驱油机理。

第一节　微观混相驱油机理

微观驱油物理模拟是研究微观驱油机理的重要手段，实验技术近年快速发展。微观 CO_2 驱油实验借助直观的观察方式，记录高温高压条件下的 CO_2 驱油过程，研究油、水、气的微观渗流特征及 CO_2 与原油间传质、不同流体间界面膜的动态变化过程等[2-5]。

一、可视的微观观察模拟方法

1. 微观模型的种类

微观模型是微观实验的核心，因研究目的不同而选用不同种类的模型。通常微观模型分为孔隙级的玻璃刻蚀模型和岩心级的填砂模型，具有真实岩石性质的薄片模型正处于发展阶段。

应用最为广泛的模型是玻璃刻蚀模型，即在玻璃表面腐蚀、刻蚀出设计图样，再经过特殊的粘接处理制成的模型。玻璃模型具有自行设计图样的优点，能满足不同的研究目的，如图 3-1（a）所示。由于玻璃模型仍无法模拟真实岩石的孔隙结构、润湿性等特性，因而具有一定相似性的填砂模型也研究中应用［图 3-1（b）］。近年来，可视化真实岩石模型的制作技术也正逐步发展，如图 3-1（c）所示。

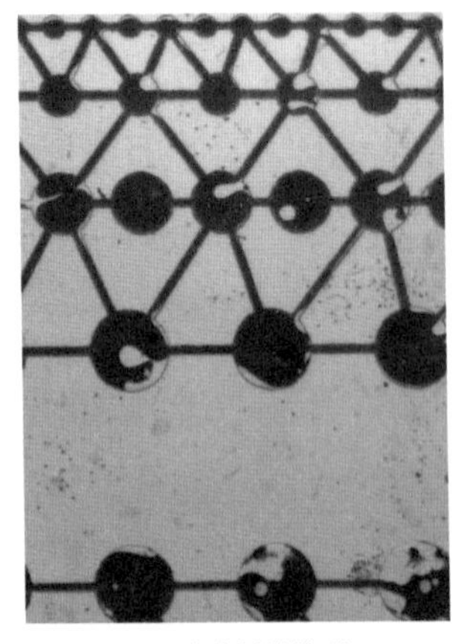
(a) 玻璃刻蚀模型

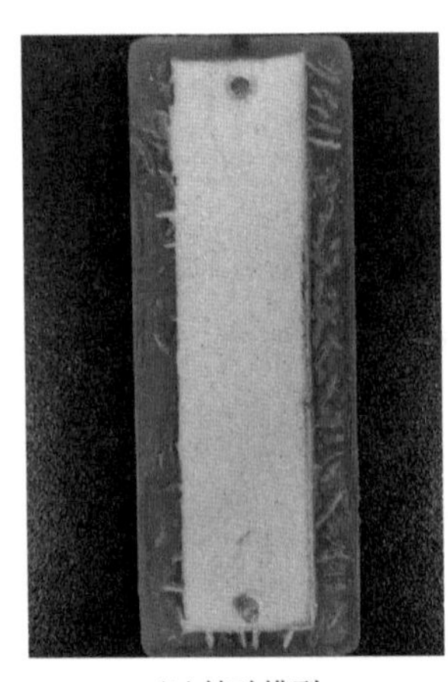
(b) 填砂模型

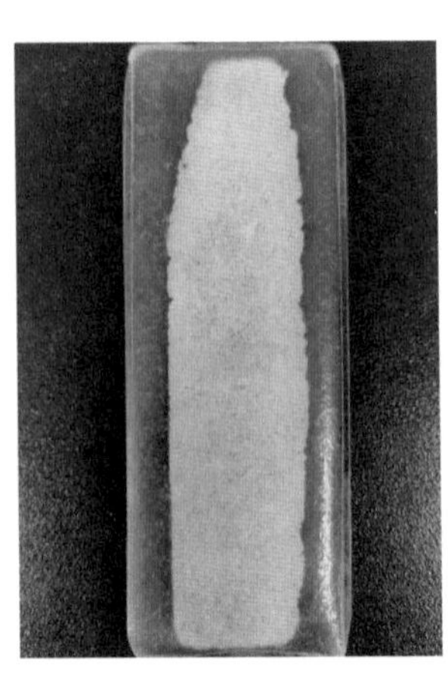
(c) 岩石薄片模型

图 3-1　微观模型种类

2. 实验装置

微观驱油实验装置需具备以下功能：(1) 观察釜体能够承受高温高压；(2) 渗流模型处于围压保护环境；(3) 配备有清晰的观察系统、快速的数据记录系统以及能实现微量控制的流体驱替系统。对 CO_2 驱油实验而言要求装置在密封节点采用耐 CO_2 腐蚀的方式。

1) 装置构成

实验装置通常由动力模块、物理模型模块、信息采集模块、主控模块和辅助设备五部分组成。实验流程如图 3-2 所示。其中：QUZIX 泵、平流泵属于动力模块；玻璃刻蚀模型、环压系统属于物理模型模块；显示系统、摄像系统属于信息采集模块；控制系统属于主控模块；六通阀、恒温系统、多通道阀组、中间容器、过滤器、传输电缆等属于辅助设备。

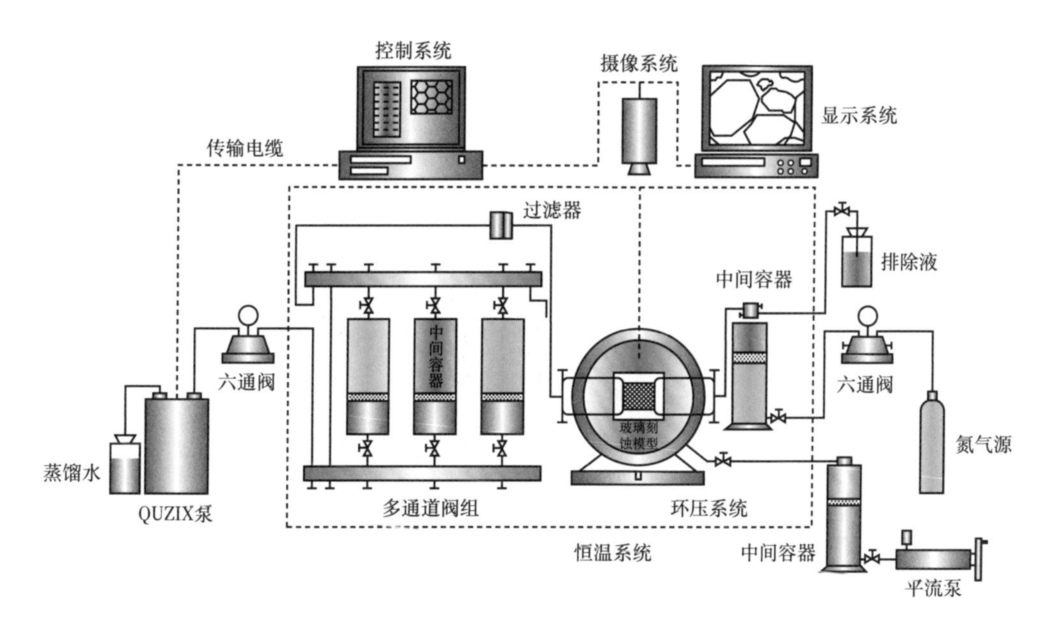

图 3-2 微观实验装置流程示意图

2）装置性能要求

由于 CO_2 驱油的特点，要求实验装置满足以下条件。

（1）温压指标：模型耐压耐温能力不低于 50MPa，90℃；

（2）微观模型：有效观察范围不低于 20mm×20mm，喉道半径为 0.01~0.1mm；

（3）放大性能：光学放大倍数为 1~80 倍，物镜物距不低于 50mm；

（4）图像显示：观察频率不低于 1000 帧 /s；

（5）驱替系统：流量控制精度不低于 $0.0001cm^3/min$。微观实验装置如图 3-3 所示。

3. 二氧化碳微观驱油实验方法

CO_2 驱油与常规水驱油方法在实验设计上有一定相似性，这里简单介绍实验准备及实验步骤。

（1）实验准备。根据原油参数进行模型的选择及实验条件的确定，以地层原油为例说明如下。

① 根据地层条件，选择实验油样、水样、气样；

② 根据油藏孔隙特点，选择微观模型；

③ 由油藏流体渗流条件，确定实验的温度和压力条件；

④ 确定驱替方式，饱和油后水驱，在剩余油分布状态实施 CO_2 驱。

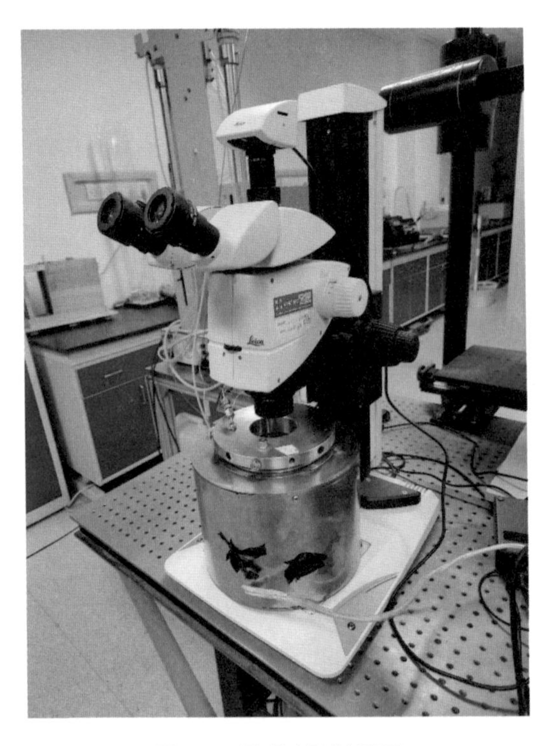

图 3-3　微观实验装置图

（2）实验步骤。通常微观驱油实验包括模型清洗、润湿性处理、饱和水、饱和油以及驱替等步骤，具体步骤如下。

① 模型清洗及润湿性处理：用微量泵以 0.01cm³/min 的流量将二丙醇或酒精注入清洗模型大约 18h。如果实验对模型孔隙表面有润湿性要求，则需要用亲油、亲水试剂进行注入处理表面；

② 饱和水：模型清洗后，用配好的水样以 1cm³/min 的流量驱替二丙醇或酒精。如果要求严格区分流体种类，需要提前对水样染色、过滤；

③ 饱和油及调整到实验的温压条件：饱和油也是造束缚水的过程，以 0.05cm³/min 的流量慢速饱和，并逐渐升压升温至设计值；

④ 驱替：根据实验设计实施驱替过程。

二、压力对二氧化碳驱油效果的影响

采用玻璃刻蚀模型进行实验及分析，其作为最为常见的微观研究模型，特点是可视效果清晰。模型为非均质模型，如图 3-4 所示。

该模型的孔隙和喉道的尺寸是按照设计制作的，共分为 20mm、100mm、200mm、300mm 和 400mm 5 个级别的孔隙空间，各级别孔隙的孔喉比保持一致，如图 3-5 所示。5 个级别孔隙空间的总体积分别为 0.0124mm^3、0.0484mm^3、0.0653mm^3、0.117mm^3 和 0.0803mm^3。

图 3-4 微观孔隙模型设计图

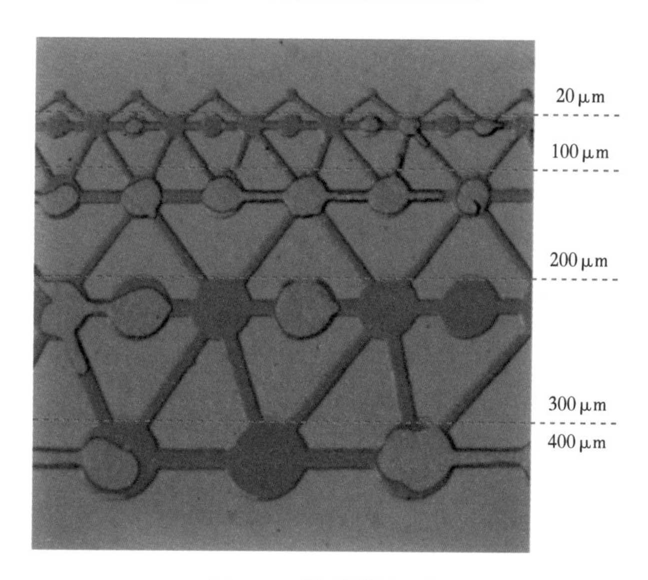

图 3-5 微观模型尺度

1. 压力对二氧化碳—原油界面性质的影响

1）流动条件下的界面分析

在 50℃条件下饱和油，之后分别在不同的驱替压力下，采用 CO_2 驱替，并观察不同驱替压力下 CO_2 与原油接触时 CO_2—油界面及驱油特性的变化规律。该微观 CO_2 驱替实验一共进行了 5 组，实验压力分别为 4.25MPa、6MPa、8.1MPa、9.05MPa 和 10.02MPa，实验结果如图 3-6 至图 3-8 所示。低压条件下（4.25MPa、6MPa 和 8.1MPa），原油与 CO_2 间的界面明显；中压条件下（9.05MPa），原油与 CO_2 间出现一个浅色液体段塞，段塞与原油及段塞与 CO_2 间均存在界面；高压条件下（10.02MPa），原油与 CO_2 间出现一个连续过渡带，界面消失。

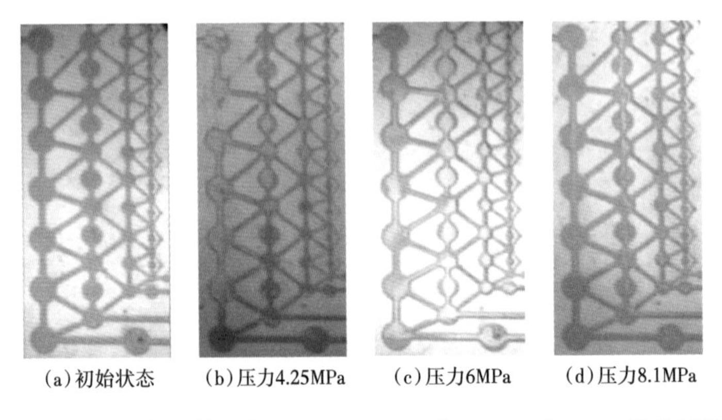

(a) 初始状态　(b) 压力4.25MPa　(c) 压力6MPa　(d) 压力8.1MPa

图 3-6　初始状态、低压状态（4.25MPa、6MPa 和 8.1MPa）CO_2—油体系界面特性

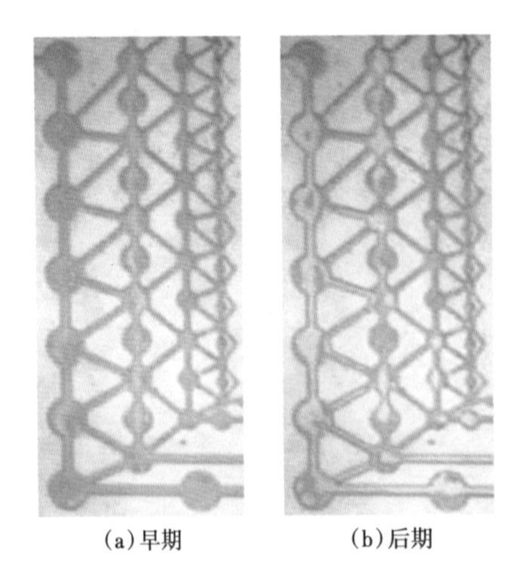

(a) 早期　(b) 后期

图 3-7　中压状态（9.05MPa）CO_2—油体系界面特性

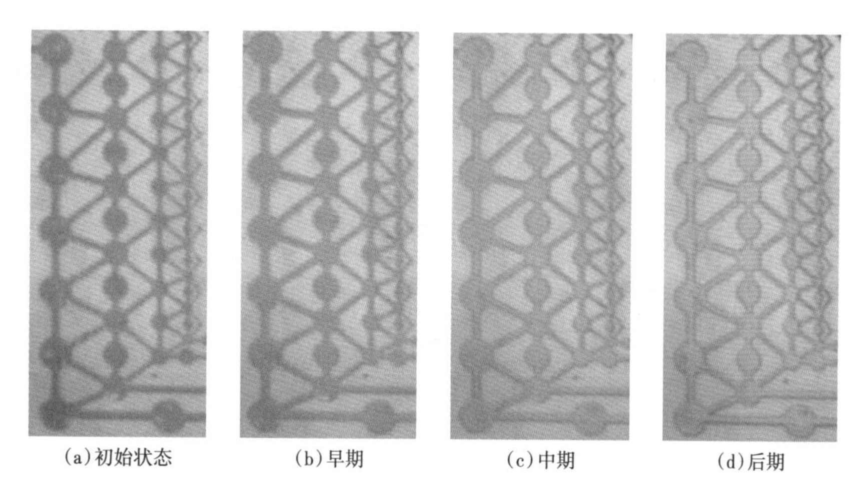

(a)初始状态　(b)早期　(c)中期　(d)后期

图 3-8　高压状态（10.02MPa）CO_2—油体系界面特性

2）静态条件下的界面分析

模型饱和油后，在较低压力下 CO_2 驱替，使 CO_2 在模型中形成连续相，关闭模型出口端，继续注入 CO_2 提高模型内的压力，连续记录模型内原油—CO_2 体系界面特性的变化，直至 CO_2—原油体系的界面消失。在 50℃，从 6MPa 逐步升压连续记录不同压力条件下 CO_2—油体系的界面特性，实验结果如图 3-9 至图 3-11 所示。低压条件下（6.12MPa、7MPa 和 8MPa），原油与 CO_2 间的界面明显；中压条件下（9MPa、9.2MPa 和 9.4MPa），原油的颜色明显变淡，原油容易被以油膜形式剥离；高压条件下（9.5MPa、9.6MPa 和 9.7MPa），原油与 CO_2 间的界面消失，原油分散在 CO_2 中。

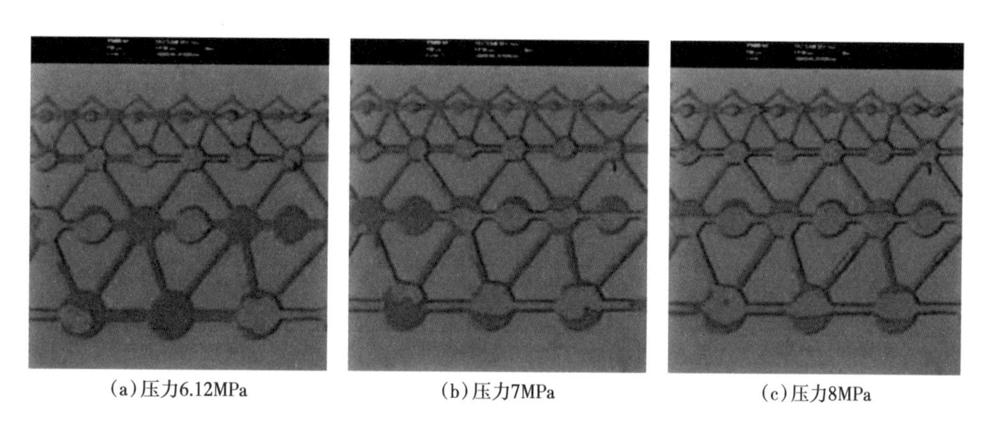

(a)压力6.12MPa　(b)压力7MPa　(c)压力8MPa

图 3-9　低压下（6.12MPa、7MPa 和 8MPa）CO_2—油体系界面特性

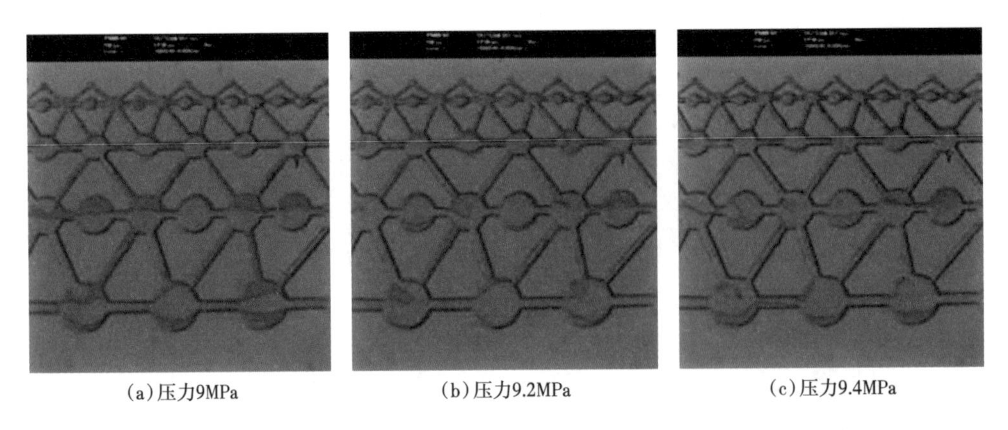

（a）压力9MPa　（b）压力9.2MPa　（c）压力9.4MPa

图 3-10　中压下（9MPa、9.2MPa 和 9.4MPa）CO_2—油体系界面特性

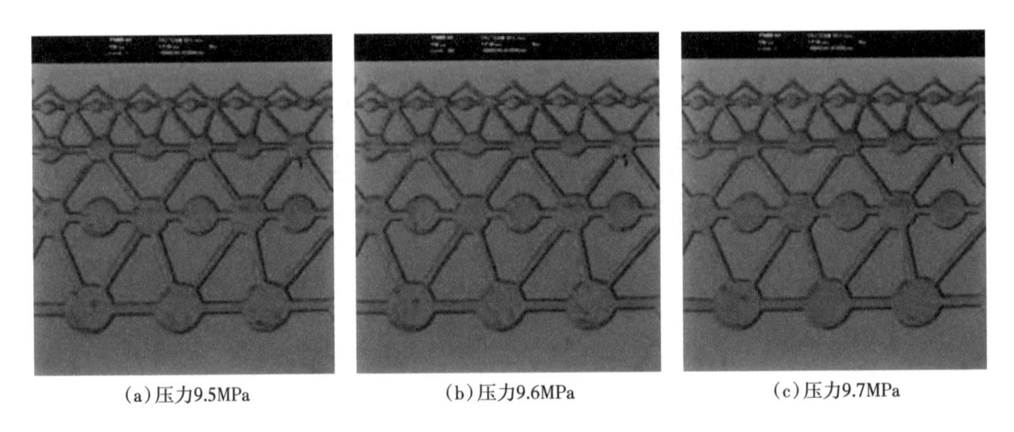

（a）压力9.5MPa　（b）压力9.6MPa　（c）压力9.7MPa

图 3-11　高压下（9.5MPa、9.6MPa 和 9.7MPa）CO_2—油体系界面特性

2. 毛细管力对二氧化碳—原油作用的影响

毛细管力是控制多孔介质中油、气、水分布的重要因素。由毛细管力公式 $p_c = \frac{2\sigma\cos\theta}{r}$ 可知，界面张力、孔径大小是影响毛细管力大小的两大关键因素。当不考虑润湿角 θ 的变化时，毛细管力 p_c 与界面张力 σ 呈正相关关系，与孔喉半径 r 呈负相关关系。在特定的油藏温度压力下，CO_2—原油体系的界面张力（0~25mN/m）明显小于油水的界面张力（约 30mN/m），这使得 CO_2 驱油过程中 CO_2 的注入阻力明显低于水驱油过程中水的注入阻力，这对于油田开发过程是十分有利的。但我国大多数油藏非均质性强，渗流通道孔径大小差异大，毛细

管力的存在使得 CO_2 进入不同级别孔隙的能力出现差异，CO_2 驱过程无法波及相对较小孔隙中的原油。这种差异会随着 CO_2—原油体系界面张力的减小而减小，当 CO_2—原油体系达到混相状态，即界面张力为 0 时，CO_2 进入不同级别孔隙的能力差异消失，CO_2 可以同等进入不同级别的孔隙中并驱替原油，此时 CO_2 驱油可以获得最高的提高采收率效果[6-10]。

如图 3-12 所示，当压力超过 9.5MPa 时，CO_2—油体系出现混相特征，油呈雾状膜状进入 CO_2 中。如图 3-13 和图 3-14 所示，大孔隙首先出现混相特征，随着压力的升高，孔隙由大到小逐步完成混相，但混相压力的增加幅度不大。如 50℃ 时 20mm 孔隙出现混相的压力较 400mm 孔隙大概高出 0.2MPa 左右。这主要是由于当 CO_2—油体系的界面张力降到较低水平（约 1.5mN/m 以下）时，作为凝聚相的油分子间的相互作用相对较弱，油容易被 CO_2 逐层剥离，CO_2 流速越快，油被剥离程度越大。与小孔隙相比，大孔隙中 CO_2 的流速更快，CO_2 对油的剥离作用越强，因而大孔隙中的油在与 CO_2 完全混相之前就已被采出，而小孔隙中的油需达到更接近混相状态才能被采出。依据此规律可以得知，在多孔介质中测得的混相压力要略低于利用界面张力数据外推得到的混相压力。

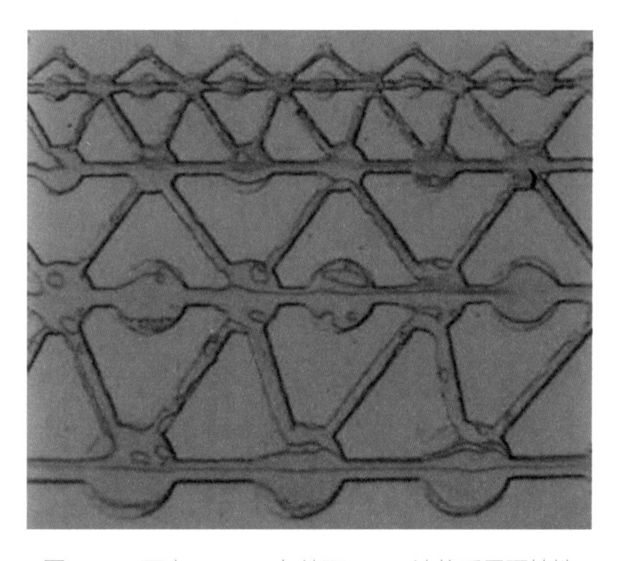

图 3-12　压力 9.6MPa 条件下 CO_2—油体系界面特性

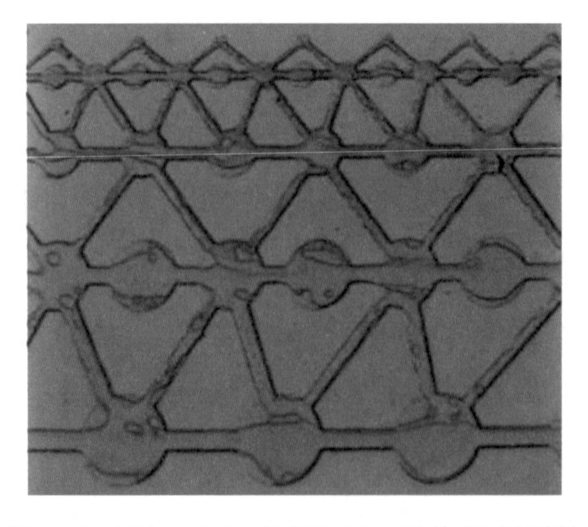

图 3-13　压力 9.7MPa 条件下 CO_2—油体系界面特性

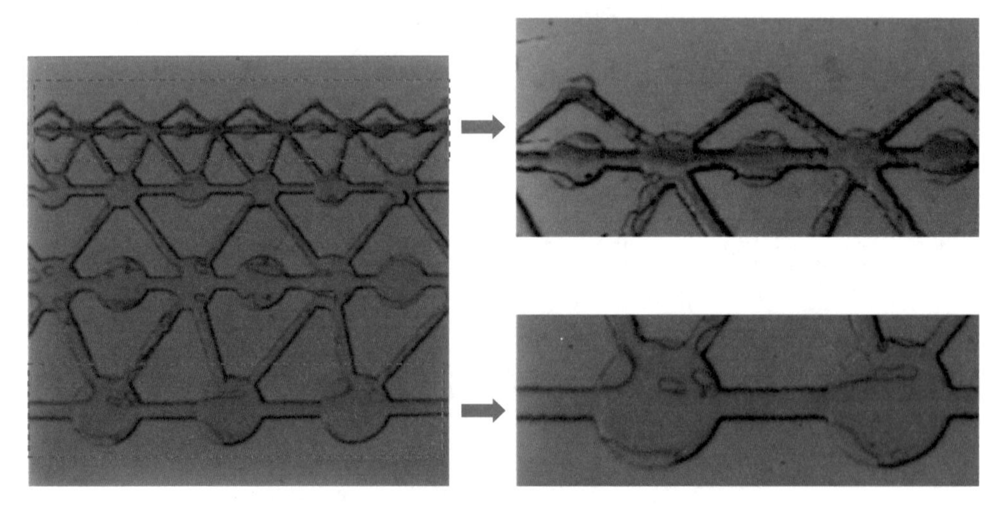

图 3-14　压力 9.8MPa 条件下 CO_2—油体系界面特性

在不同压力下界面特性的观察实验中，利用高速摄像系统记录下的 CO_2 与油的分布图像，统计不同界面张力条件下不同级别孔隙中的原油含量，计算不同级别孔隙的原油采出程度，统计结果如图 3-15 和图 3-16 所示。

如图 3-15 所示，当界面张力大于 1.5mN/m 时，不同级别孔隙中原油的采出程度变化不大，尺度越大的孔隙的采出程度越高：400μm 孔隙的采出程度可以达到 60% 左右，而 20μm 孔隙中的原油几乎没有动用；当界面张力小于 1.5mN/m

时，不同级别孔隙中原油的采出程度快速上升，尺度越小的孔隙的采出程度上升速度越快。如图 3-16 所示，原油的整体采出程度随界面张力的变化曲线存在明显的拐点，即当界面张力大于 1.5mN/m 时，采出程度随界面张力减小的增加幅度较小，而当界面张力小于 1.5mN/m 时，采出程度随界面张力减小的增加幅度快速增加。

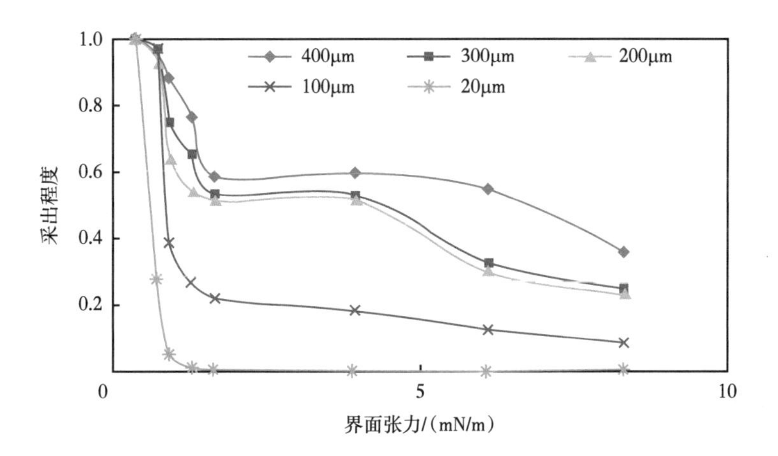

图 3-15　不同界面张力下不同级别孔隙的采出程度

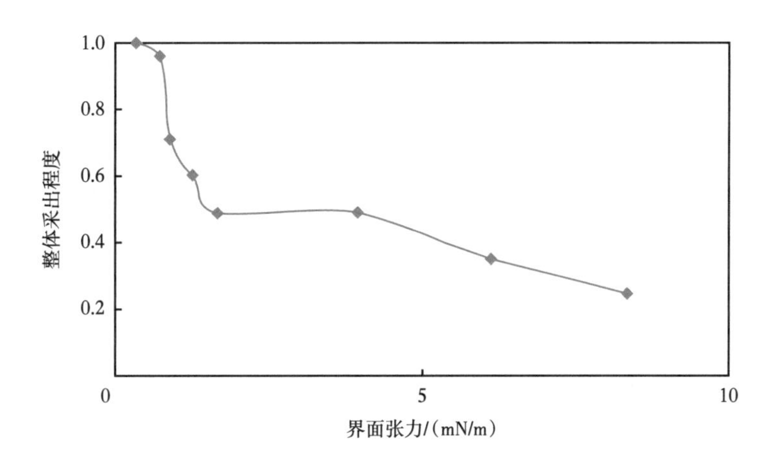

图 3-16　不同界面张力下原油的总采出程度

3. 非混相 / 混相条件下的二氧化碳驱替特征

1）非混相条件

在温度 50℃、压力 5MPa 条件下进行水驱后 CO_2 非混相驱替的研究。水驱

后的 CO_2 驱油过程如图 3-17 所示。前期驱动水影响 CO_2 的运移，驱油效果差，如图 3-17（a）和图 3-17（b）所示。CO_2 驱替前缘达到后，驱油效果显现，起到剥离油膜作用，吸附在壁面的剩余油逐渐随 CO_2 进入孔道［图 3-17（c）］。除驱替作用外，非混相条件下，CO_2 与原油也显示了组分交换现象，部分孔隙的吸附油膜颜色变淡［图 3-17（d）］。对比最终剩余油形态，可以发现，非混相条件下，水驱后的 CO_2 驱油仍非常有效。

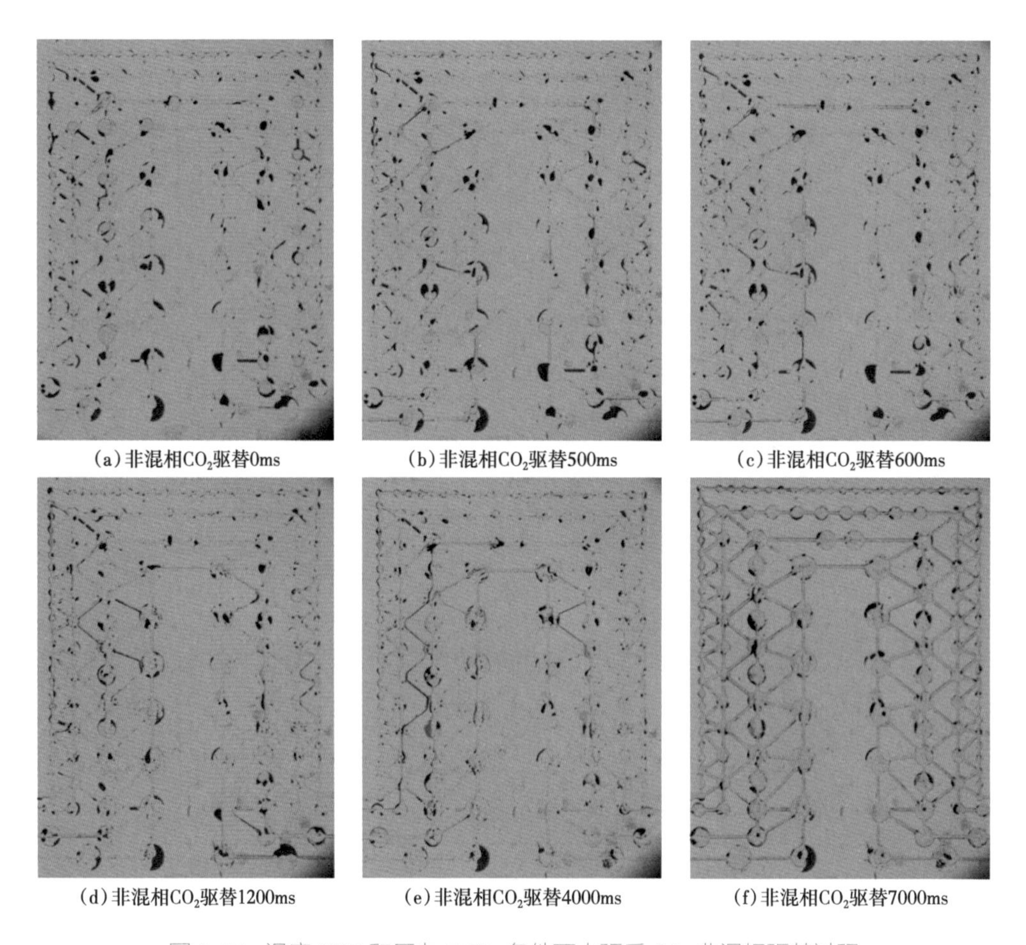

图 3-17　温度 50℃ 和压力 5MPa 条件下水驱后 CO_2 非混相驱替过程

CO_2 驱油过程的局部放大效果如图 3-18 所示。可见，剩余油大部分吸附于壁面，大孔隙边缘较大，小孔隙驱替程度高，这与冲刷效率有关。

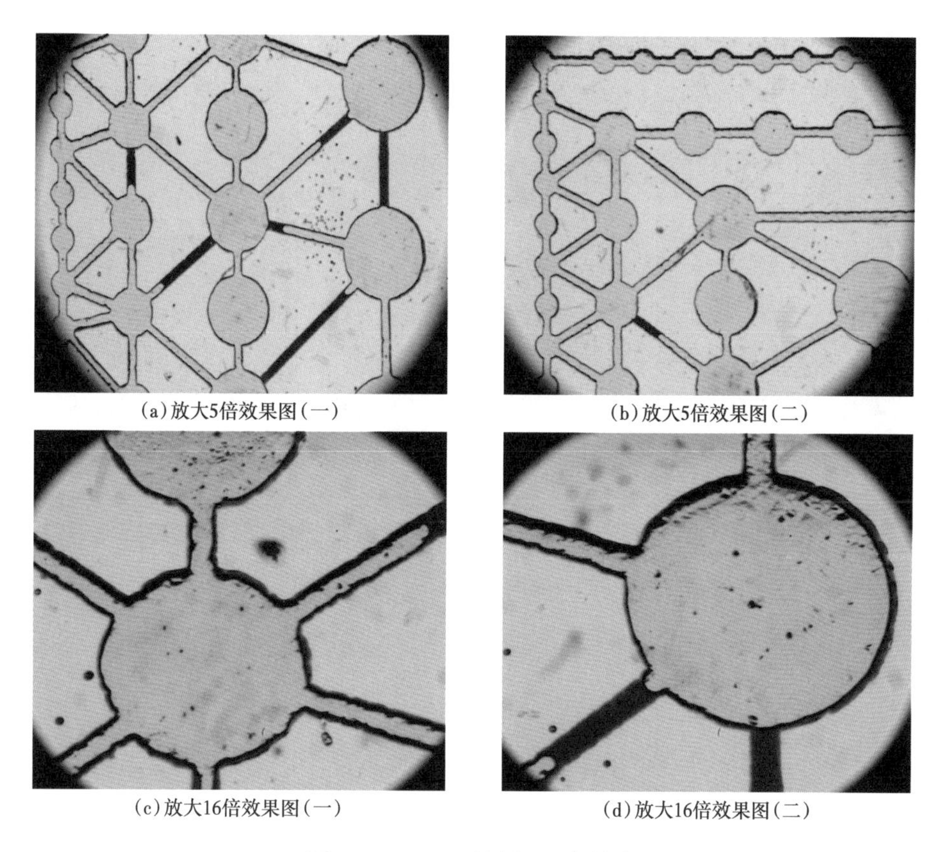
(a)放大5倍效果图(一)　(b)放大5倍效果图(二)
(c)放大16倍效果图(一)　(d)放大16倍效果图(二)

图 3-18　CO_2 驱油过程局部放大

2)混相条件

在温度 50℃、压力 11~12MPa 条件下进行水驱后 CO_2 混相驱替的研究。水驱后的 CO_2 驱油过程如图 3-19 所示。前期驱动水影响 CO_2 的运移，驱油效果差，如图 3-19(a)和图 3-19(b)所示。混相条件下 CO_2 前缘在到达玻璃刻蚀模型有效观察区域前，已经和管线内、阀门等吸附的少量原油发生作用，携带一同流动[图 3-19(c)]。可以发现，由于 CO_2 与原油组分交换，该油相颜色很浅。混相条件下，CO_2 与原油组分交换是驱替过程的主要现象，图像特点是剩余油颜色逐渐变淡，对比相隔较长时间的图像可发现差异。对比最终剩余油形态，可以发现，混相条件下，水驱后的 CO_2 驱油效率极高。

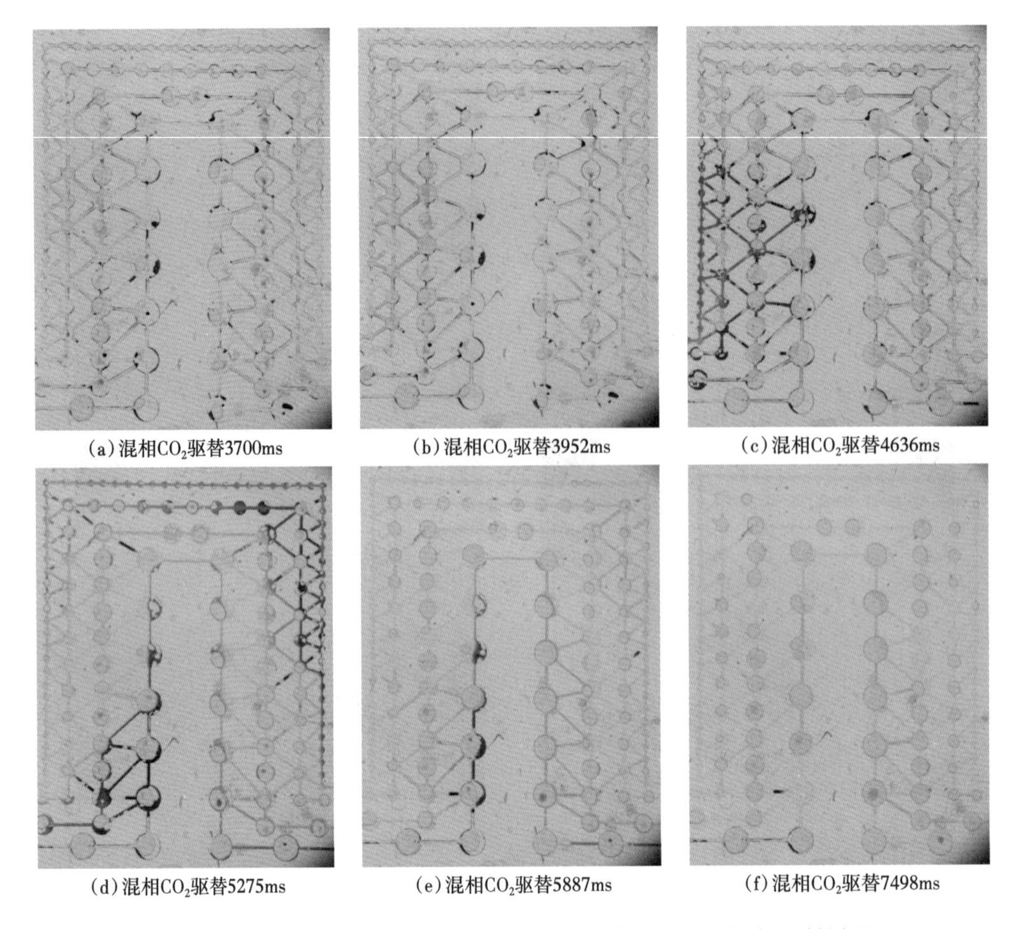

图 3-19　温度 50℃和压力 11~12MPa 条件下水驱后 CO_2 混相驱替过程

三、非均质和均质模型中二氧化碳驱油特征

石英砂粒界面性质及形状与真实岩石接近，利用石英砂粒充填的填砂模型能清晰观察到流体界面移动，有利于注气条件下气液渗流特征、界面作用过程以及注气速度等参数对驱油效率的影响的研究[2-5]。

填砂模型如图 3-20 所示，长度为 9cm，厚度为 2mm，充填物为不添加胶结物的不同粒径混合后的石英砂。填砂模型分为均质模型和非均质模型。非均质模型采用等距离、不同压力压制的方式制作，形成渗透率有差异的条带状非均质填砂模型。远观整体的模型情况如图 3-20（a）所示，可以看到，模型中的纵向条纹是不同条带的交界线；近观表面孔隙局部如图 3-20（b）所示，砂粒的形状和流体状态可以被清晰地观察。

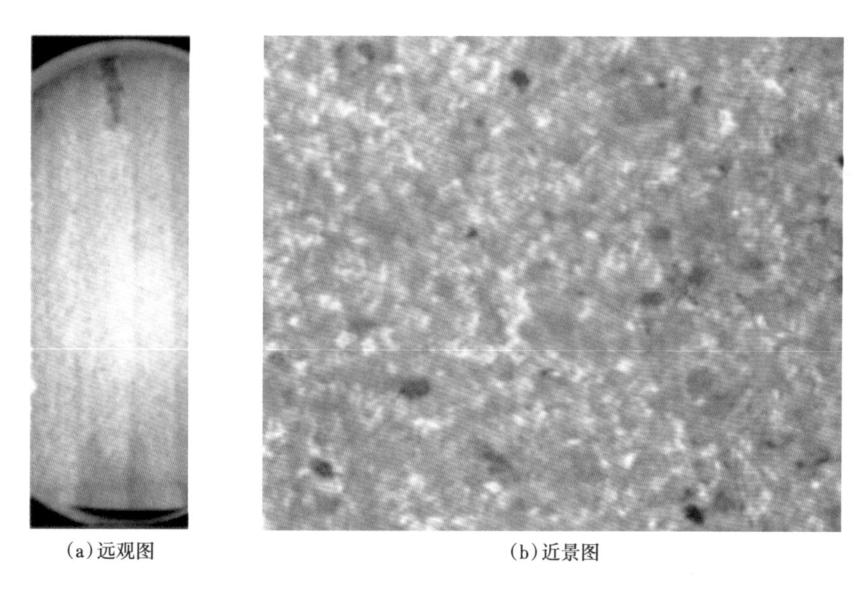

图 3-20　非均质填砂模型

1. 均质模型中二氧化碳驱油特征的影响

在温度 50℃、压力 1.5MPa 的实验条件下，CO_2 与油是非混相状态。由于气体和液体对光线的折射能力存在明显差异，因而模型内气液界面非常明显。液体与岩石较明亮，对应为白色；气体受多界面的折射，较暗，对应为黑色。为便于观察，减少油水相在观察上的相互干扰，实验不引入水介质。模型由底部饱和油，之后由顶部注气底部产出。实验重点研究驱替速度对 CO_2 驱油效果的影响。实验共设计了 8 个驱替速度：$0.0020cm^3/min$、$0.010cm^3/min$、$0.050cm^3/min$、$0.10cm^3/min$、$0.20cm^3/min$、$0.40cm^3/min$、$0.80cm^3/min$ 和 $2.0cm^3/min$。其中，$0.050cm^3/min$ 和 $0.1cm^3/min$ 与油藏实际开发的驱替速度一致。

CO_2 驱替的渗流过程中，顶部显示出指进。在 CO_2 与油相重力分异的作用下，CO_2 逐渐布满顶部并继续向下均匀推进。如图 3-21 所示，驱替速度为 $0.002cm^3/min$ 时，气体指进现象获得了较好地控制。

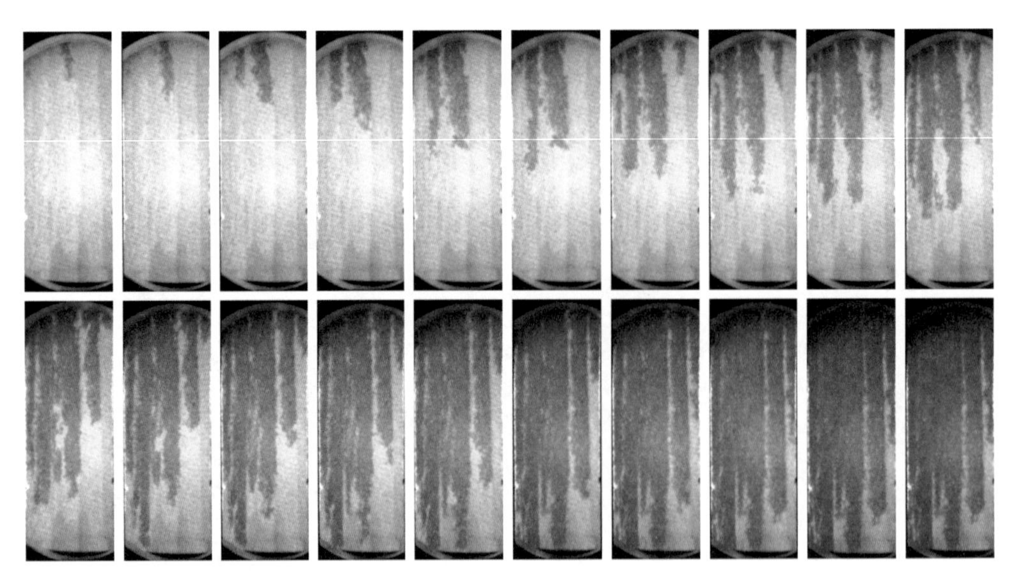

图 3-21　CO_2 前缘界面的推进过程（温度 50℃、压力 1.5MPa）

如图 3-22 所示，从左到右驱替速度分别为 0.002cm³/min、0.01cm³/min、0.05cm³/min、0.1cm³/min、0.2cm³/min、0.4cm³/min、0.8cm³/min 和 2.0cm³/min。可以发现，随着驱替速度增加，初期指进现象逐渐加强，重力分异作用相对减

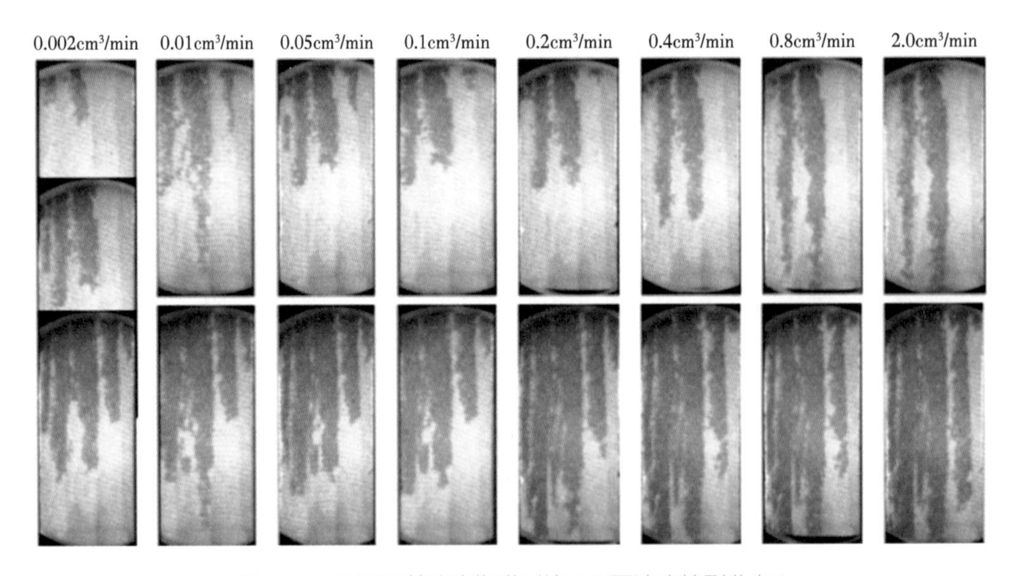

图 3-22　不同驱替速度指进对比（不同速度按列分布）

弱。中后期，CO_2 在重力分异作用下波及面积逐渐增大，指进前缘控制在产出端之前。通过实验结果分析可以发现，模型长度增加将有效抑制指进现象对采出程度的影响，对厚度较薄的油层应采取慢速注入的方式进行。

2. 非均质模型中二氧化碳驱油特征的影响

非均质模型依据三层反韵律方式制作，各层渗透率值由填砂粒径及压制程度调节，上层、中层、下层渗透率比值为 4∶2∶1。模型为圆形，填砂厚度为 5mm，在无围压条件下，能承受 2MPa 流体压力。与较薄的模型相比，该模型孔隙空间大幅增加，能反映出气体在层内的调整过程。

如图 3-23 所示，反韵律模型的饱和油方式由模型下方注入煤油，顶部采出。为观察到饱和效果，观察过程中需不断降低光源强度。灯光强度分为 4 级，级别高，光强大。在填砂未饱和油初期，灯光强度最大，为 4 级。随着煤油的饱和，饱和部分图像亮度增强，煤油进入中间层时，图像对比不明显，降低光强后，对比增强，饱和效果更明显。如图 3-23（a）所示，光强级别为 3 级；如图 3-23（b）所示，光强级别自左向右依次为 3 级、2 级、1 级、1 级。饱和过程中有如下特点：（1）油相界面清晰；（2）在每层孔隙内先均匀沿大孔隙分布，表现为界面向上平移；后缓慢充填小孔隙，表现为透明度逐渐加强。

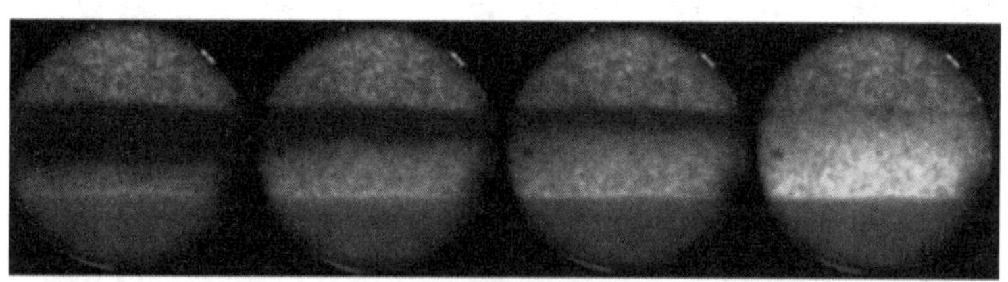

(a) 饱和油过程（光强为3级）

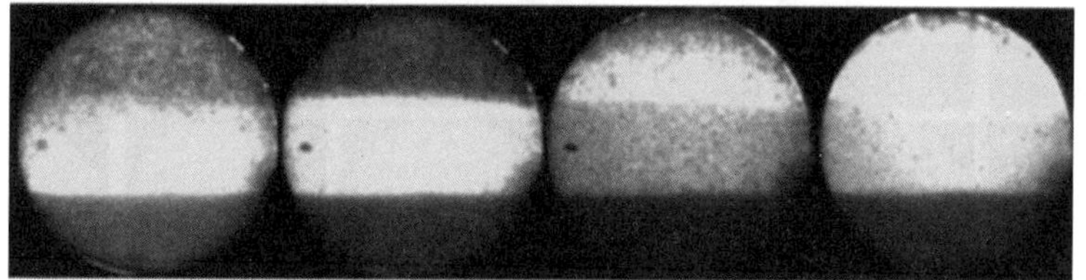

(b) 饱和油过程（从左至右光强分别为：3级、2级、1级、1级）

图 3-23　饱和油过程（光强降低）

饱和过程结束后，CO_2 驱替过程开始。气体由上至下驱替，驱替速度为 0.1cm^3/min，注采压差为 0.13MPa。驱替过程如图 3-24 所示，图像按照时间顺序，从左至右，从上到下。随着注气时间，光强级别逐渐加强，其中 1 至 14 幅 2 级，15 至 17 幅 3 级，18 至 24 幅 4 级。由驱替实验结果可以发现，反韵律非均质模型表现出气体重力作用过程，其有如下特点。(1)重力分异作用明显，集中在单一层内进行：1 至 7 幅图像显示气体逐渐充满上层，第 8 幅图像则显示在一段时间内，气体暂缓向中层的渗流而是以充满上层孔隙为主，气体的重力分异作用，使气体逐步进入尚充满油的孔隙内，提高了波及体积。相邻两层的渗透率差异越大，这种现象越明显。(2)重力分异作用逐层进行：经过一段时间的调整后，气体开始进入较低渗透率的中层(第 9 幅图像为起始点)，到第 17 幅图像时气体到达中层底部，进入重力作用为主的调整阶段，提高光强级别后的图像，使这个现象更为清晰。到第 21 幅图像时，调整作用基本完成。(3)当遇到明显阻力，且有优势通道(裂缝)存在时，分异作用效果不理想。低层距离出

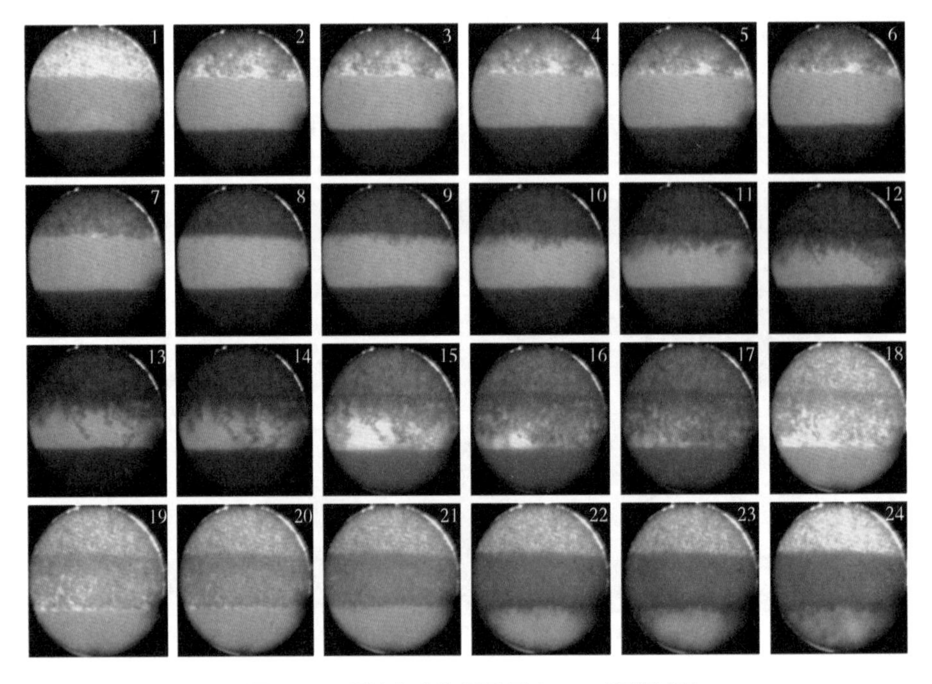

图 3-24 反韵律非均质模型中 CO_2 驱替过程

口近和渗透率较低两个原因，导致气体指进现象出现（第24幅图像），破坏了重力作用的调整能力。

同时，如图3-25所示，驱替实验结果证明，在驱替过程中存在最为优化的驱替速度值（即 v_c），该最优值是采出程度和采油速度的最优结合。需要指出的是，反韵律非均质模型实验结果具有与均质模型相同的变化规律，但是均质模型的采出程度只与驱替速度有关，而韵律模型还与分层的渗透率相关。

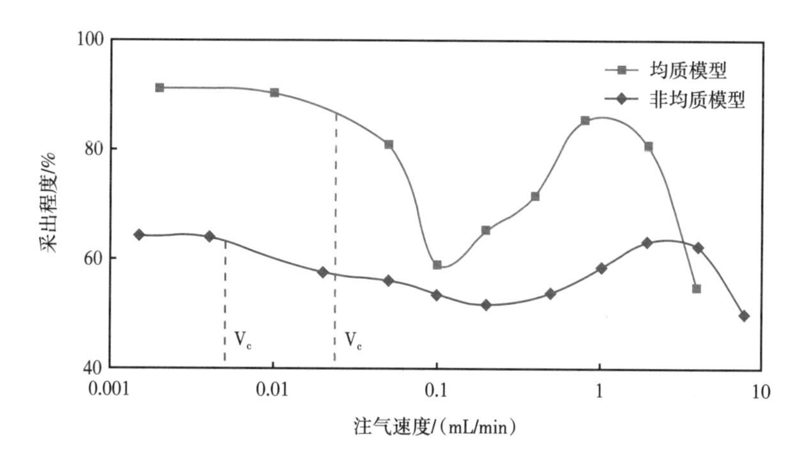

图3-25　驱替速度对两种模型影响差异对比

3. 非混相 / 混相条件下的二氧化碳驱油特征

根据渗流压力的不同，分析不同相态条件下开展 CO_2 驱油的渗流特征。温度50℃的混相压力是8.5MPa，驱替压力1.5MPa的实验为非混相条件，驱替压力10MPa为混相条件。

由均质填砂模型实验可知：（1）非混相条件下，气液重力分异作用有利于纵向驱替前缘的调整。初期注入气沿优势通道指进，随后由于重力分异作用，前缘得到调整，波及体积逐渐扩大；（2）混相条件下，实验现象与前述玻璃刻蚀模型的实验结果一致。即：消除气液界面，均相驱替，能大幅度提高采收率（图3-26）。

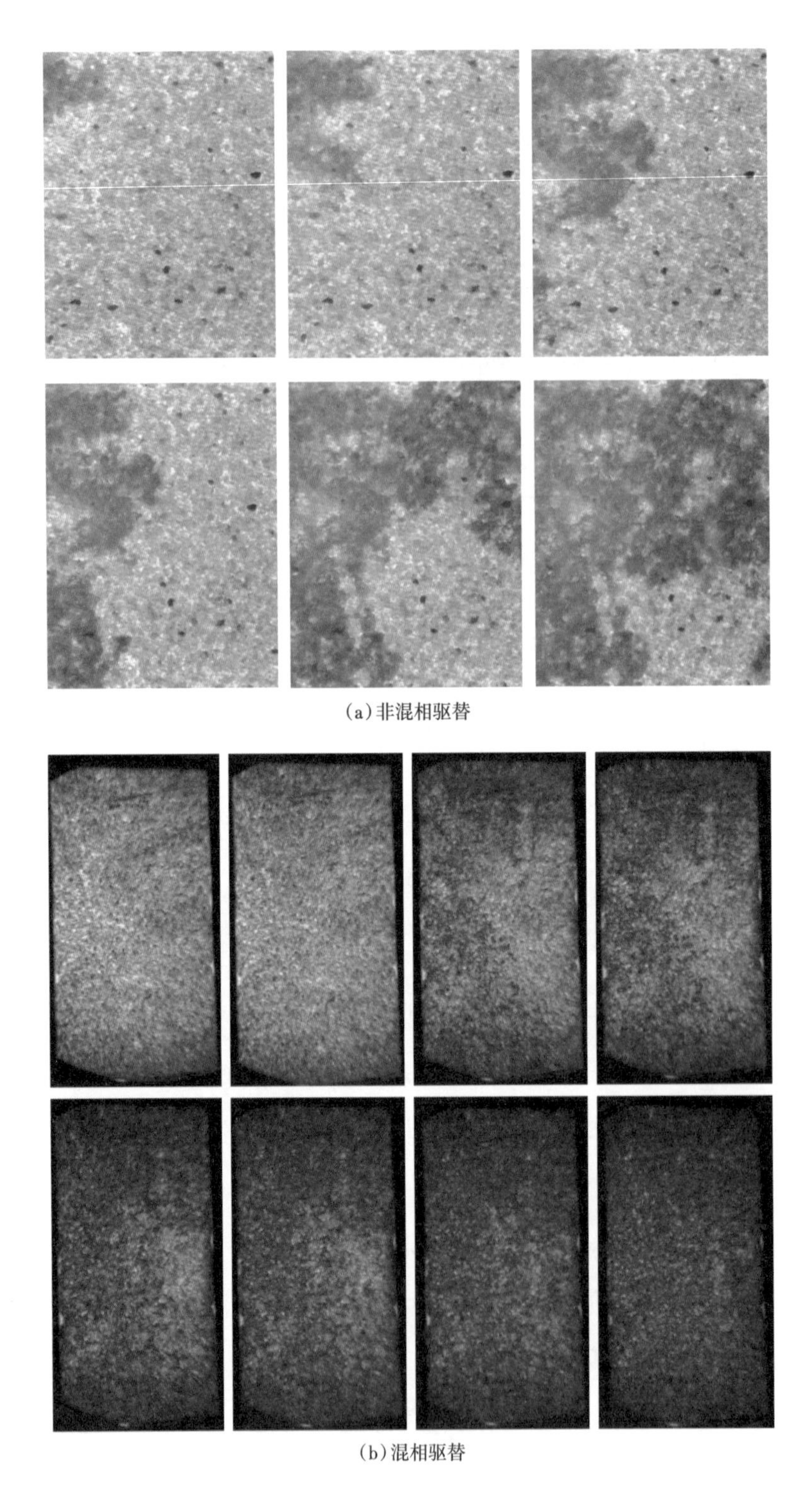

(a)非混相驱替

(b)混相驱替

图 3-26 非混相/混相条件下的 CO_2 驱替特征

四、低渗透岩石可视模型中二氧化碳驱油机理

超薄砂岩模型保留全部的岩石信息，流体在孔隙内的流动过程也将与油藏内的流动更为接近，有利于研究孔隙介质中气液体系渗流时真实的相态特点。超薄砂岩模型的有效长度为 9cm，厚度为 0.2mm。该模型可以在强光源辅助下显微观察流体在孔隙空间的渗流过程，记录速度为 125~1000 帧 /s，放大倍数最高为 80 倍。观察效果如图 3-27 所示。

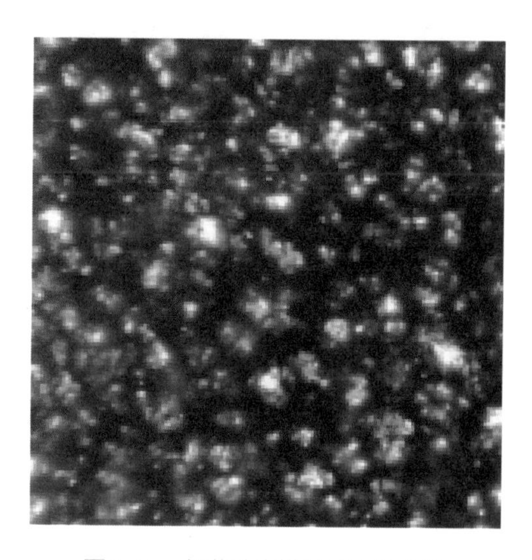

图 3-27　超薄砂岩模型的观察效果

1. 非混相条件二氧化碳驱油

实验所用的岩石薄片的渗透率为 10mD。界面张力测试显示温度 50℃ 时 CO_2 与该实验油样 MMP 为 7.2MPa，注入压力 2.2MPa 时为非混相条件。

如图 3-28 所示，整体驱替过程中，CO_2 呈气态，相对于玻璃模型气相和油相界面不明显。CO_2 由模型顶部注入后，缓慢稳定地向下驱油，气油界面移动不明显；远观时，以油的颜色变浅为主，图像变暗，说明气体占据孔隙空间。与填砂模型对比，采出速度相同的条件下，填砂模型内 CO_2 具有较强的指进现象，而真实模型的孔隙内没有明显的指进现象，说明真实的砂岩孔隙结构具有较强的渗流阻力，且调整了气体渗流方向。

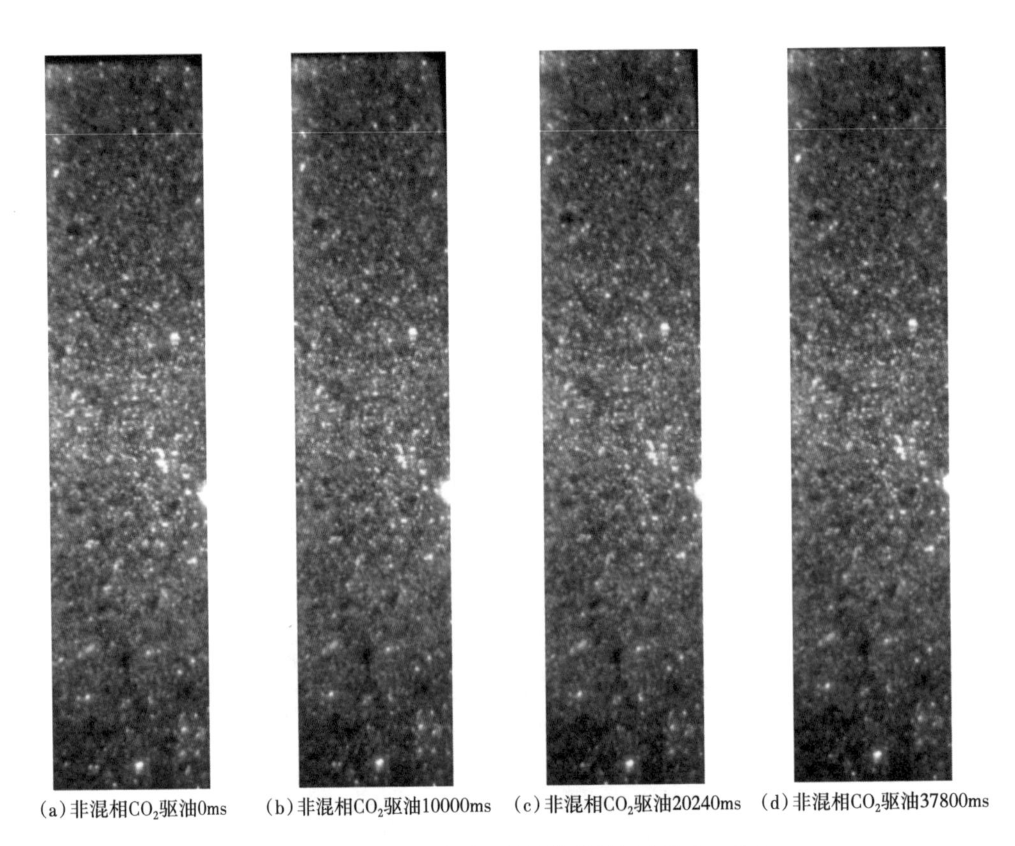

图 3-28　CO_2 驱替过程整体模型效果（放大 5 倍）

如图 3-29 所示，将局部驱替过程放大 10 倍后可以发现，饱和油初期的油相分布是零星状分散在孔隙内，而填砂模型内油相几乎是浸泡砂粒的状态，真实岩石模型与填砂模型内的油相分布差异显著。驱替时，CO_2 沿孔径内部孔隙喉道缓慢向右下方驱油，剩余油残留较多。该面积内采出程度近 50%。

如图 3-30 所示，将 CO_2 在孔隙内渗流过程放大 80 倍后可以发现，CO_2 与固相砂粒作用，并在底层孔隙驱油的过程观察到孔隙内油滴逐渐减小，反映了 CO_2 流动过程中的携带现象，而非段塞似驱替。

如图 3-31 所示，将孔隙内气泡运动的过程放大 80 倍后可以发现，该压力条件下，CO_2 为气体，气油界面清晰。气泡逐渐变形由顶部孔隙进入底部空间，反映了模型孔道的非平面特性。

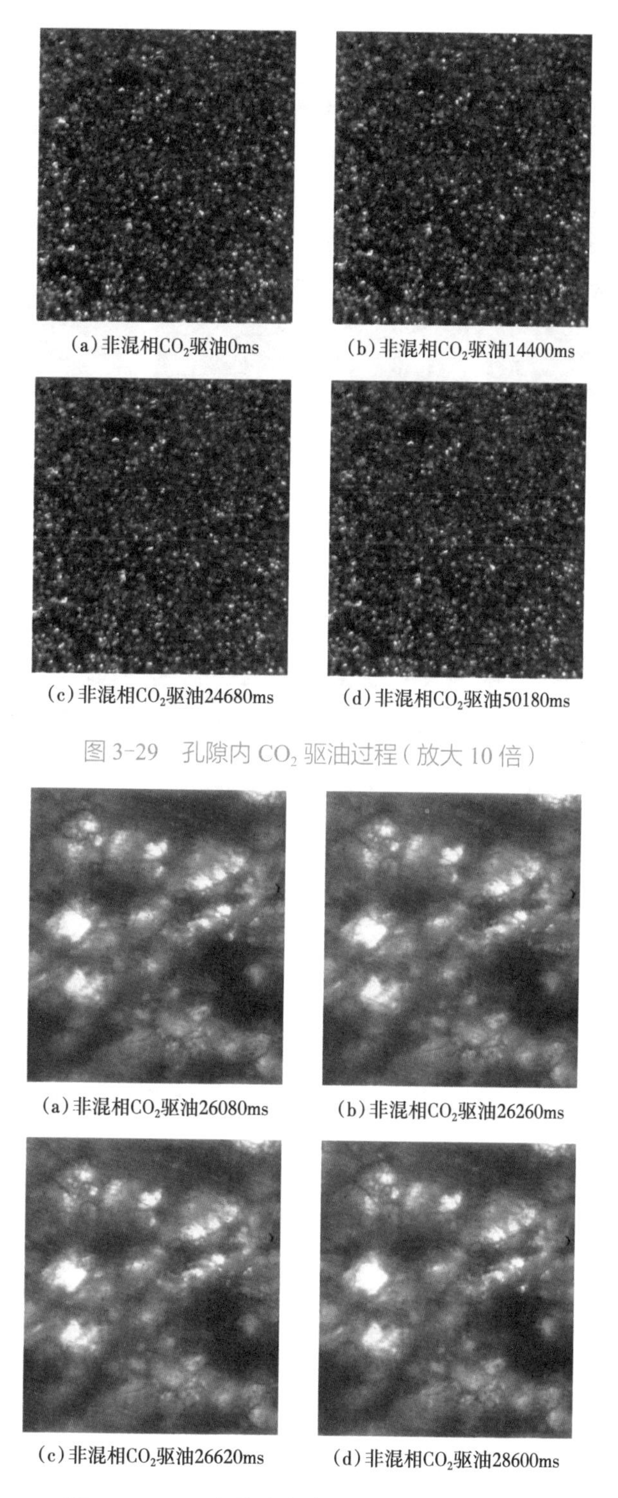

(a)非混相CO_2驱油0ms　(b)非混相CO_2驱油14400ms

(c)非混相CO_2驱油24680ms　(d)非混相CO_2驱油50180ms

图 3-29　孔隙内 CO_2 驱油过程(放大 10 倍)

(a)非混相CO_2驱油26080ms　(b)非混相CO_2驱油26260ms

(c)非混相CO_2驱油26620ms　(d)非混相CO_2驱油28600ms

图 3-30　CO_2 在孔隙内渗流现象(放大 80 倍)

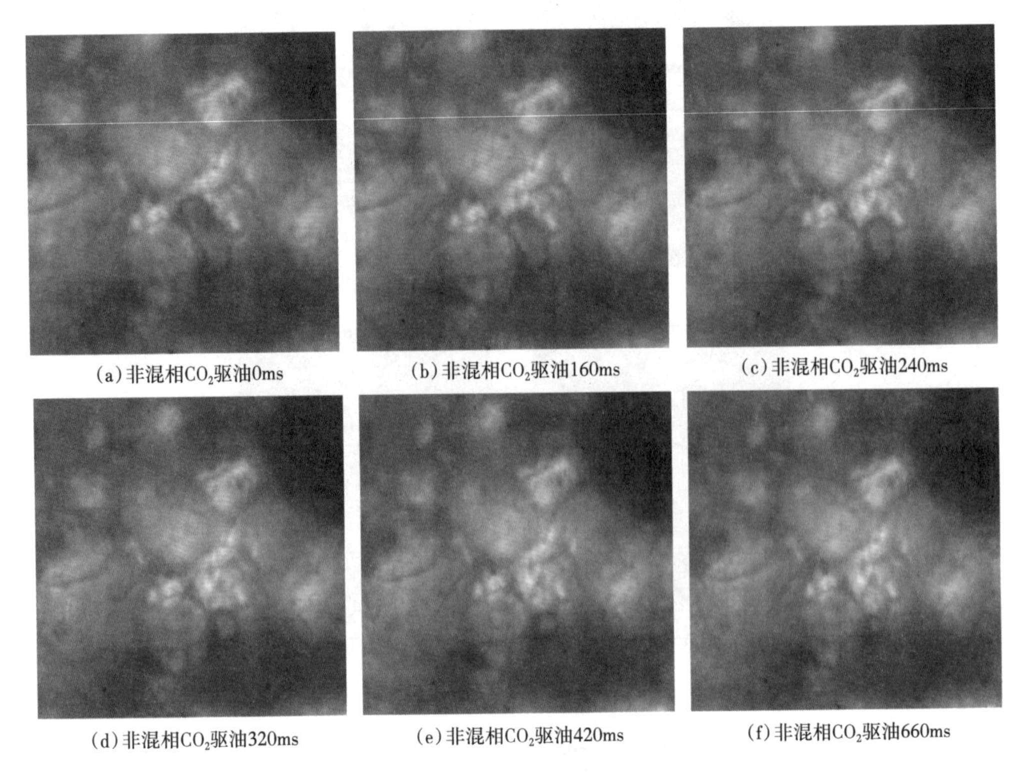

图 3-31　孔隙内小气泡流动

2. 混相条件二氧化碳驱油过程

如图 3-32 所示，通过观察温度为 50℃、注入压力为 7.8MPa 条件下的混相 CO_2 驱油过程中油相的变化过程可以发现，初始饱和油仍是分散状态。由开采后期与初期图像对比可知，油相被驱替效果很好，采出程度高于非混相条件。

如图 3-33 所示，将驱替过程中的局部放大 50 倍可以发现，驱替方向为自左上至右下。CO_2 通过组分交换及驱替两种方式将孔隙中的油逐渐驱出，组分交换表现为油相的逐渐变淡；驱替表现为逐渐变淡的混相液体缓慢移动。混相条件下，由于没有界面张力的阻碍，CO_2 驱油效率显著提高。适当控制 CO_2 注入速度，能使组分交换过程更充分，能持续提高 CO_2 波及面积。

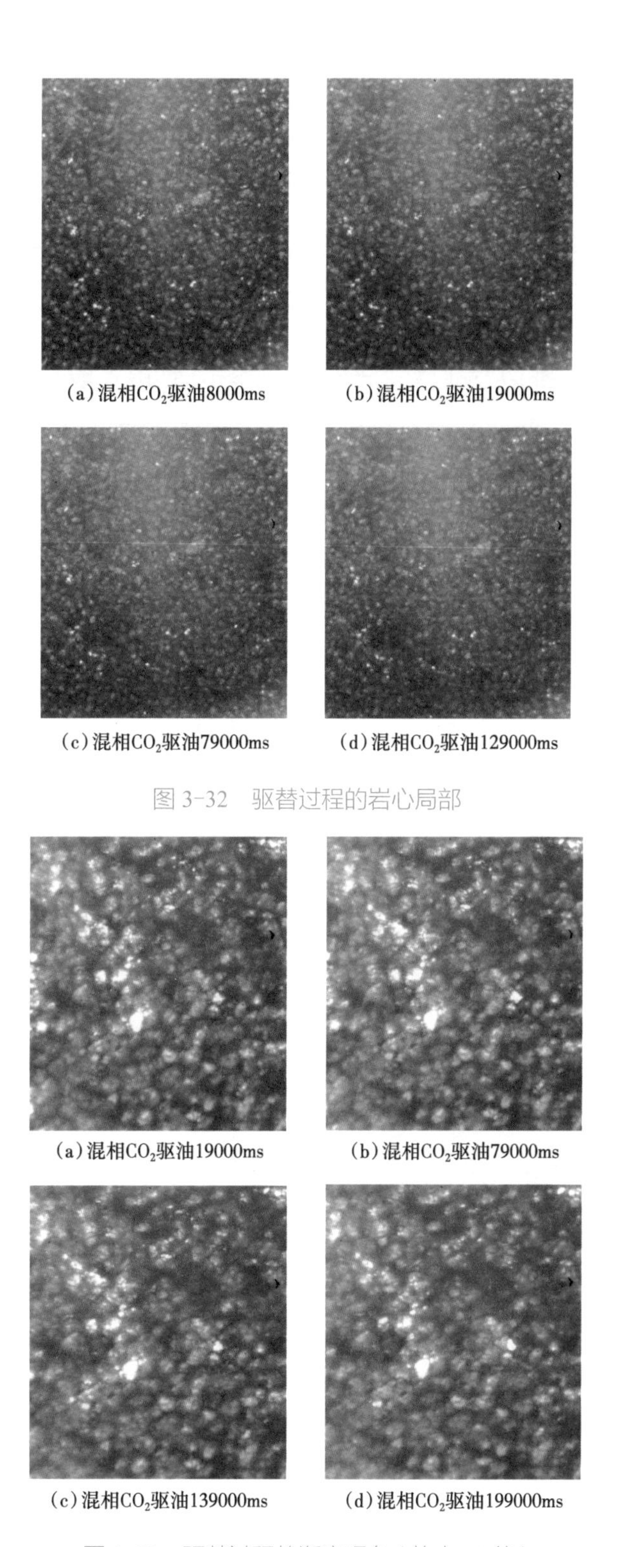

（a）混相CO_2驱油8000ms （b）混相CO_2驱油19000ms

（c）混相CO_2驱油79000ms （d）混相CO_2驱油129000ms

图 3-32　驱替过程的岩心局部

（a）混相CO_2驱油19000ms （b）混相CO_2驱油79000ms

（c）混相CO_2驱油139000ms （d）混相CO_2驱油199000ms

图 3-33　驱替过程的渐变现象（放大 50 倍）

第二节　宏观多维混相驱油机理

一、一维混相驱油机理

目前宏观一维 CO_2 混相驱油机理相关研究的实验主要分为两种，分别为短岩心 CO_2 混相驱油实验和长岩心 CO_2 混相驱油实验。两种实验可以通过开展不同的一维 CO_2 混相驱油实验（改变注采方式、注入速度、段塞比、温压条件等），对比速度、压力、压差等关键参数对驱油效果的影响及机理进行分析。本节将通过介绍上述相关实验的实验原理及装置、实验方法以及实验分析，进而对宏观一维 CO_2 混相驱油机理进行介绍。

1. 实验原理及装置

1）短岩心二氧化碳混相驱油实验

短岩心 CO_2 驱油实验即利用水、CO_2 等驱替介质对安装在用于模拟地层温压条件的岩心夹持器中的岩心进行驱替实验，通过改变注入介质、注采方式、注入速度、段塞比、温压条件等，对比不同情况下的注采速度、压力、压差、产液量、气油比以及含水率等关键参数，进而对 CO_2 混相驱油实验的驱油效果影响及机理进行分析。短岩心 CO_2 混相驱油实验的优点是：（1）实验流程较为简单；（2）实验采用短岩心，实验所需时间相对较短。但其缺点是：（1）所用岩心较短，不能较好地对真实的地层条件进行模拟；（2）流体的注入采出量较低，对计量设备的测量精度要求相对较高，实验误差受计量设备精度和死体积等因素影响较大；（3）只能模拟单个维度地层条件下 CO_2 混相驱油的情况，所得出的结论同真实地层状况存在一定的差距。

短岩心 CO_2 混相驱油实验装置如图 3-34 所示，一般主要由手动计量泵、高压恒压恒速泵、气体流量计、恒温箱、高压岩心夹持器和油气分离器等组成。该套实验装置能够模拟压力最高为 50MPa、温度最高为 120℃ 的地层条件。

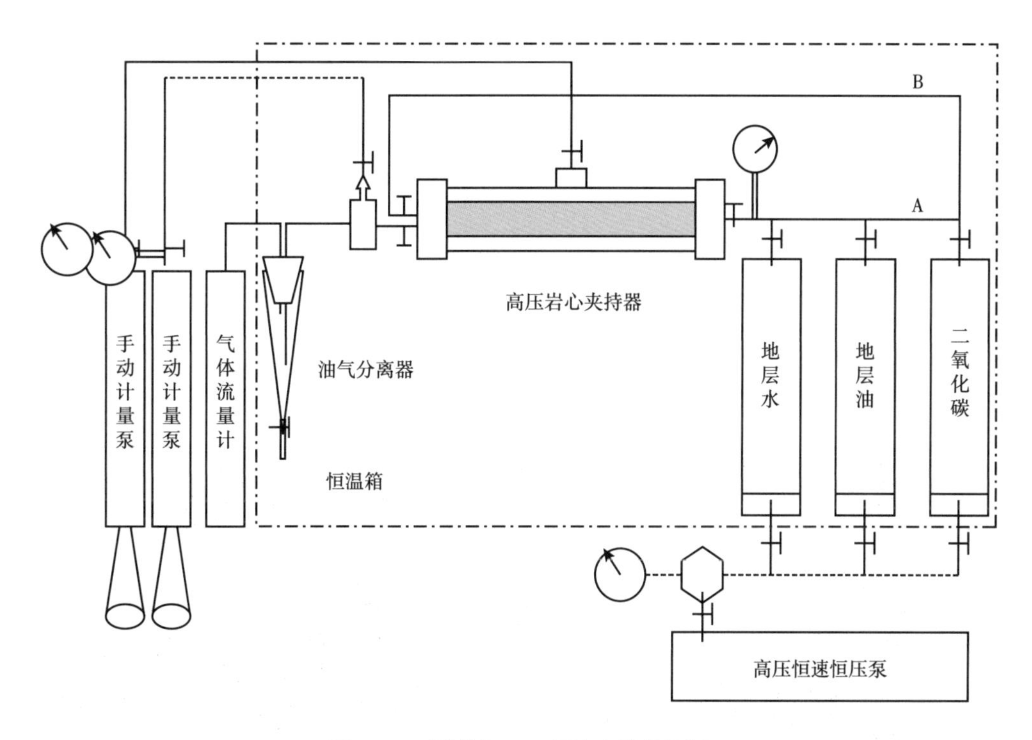

图 3-34　短岩心 CO_2 驱油实验装置图

2）长岩心二氧化碳混相驱油实验

长岩心 CO_2 驱油实验的实验原理同短岩心类似。但和短岩心 CO_2 混相驱油实验相比，其优点是：（1）所采用的岩心较长，能够更加真实准确地模拟流体在地层中的流动状态，在实验过程中还可以实时监测长岩心不同位置的压力大小，进而对驱替过程中的压力分布有一个更好的认识；（2）长岩心驱替实验的流体注入采出量较高，对计量装置的精度要求相对较低，实验误差相对较小；（3）长岩心驱替实验既可以使用真实地层岩心作为实验对象，也可以使用人造岩心进行实验，对地层非均质性进行一定的模拟。但其缺点是：（1）实验流程较为复杂，死体积相对较大；（2）实验设备较大，操作相对较为困难；（3）由于实验所采用的岩心较长，故驱替实验所需要的时间也相对较长；（4）虽然可以采用不同渗透率的非均质岩心，但是不能像细管驱替那样排除黏性指进、重力分离以及非均质等因素造成的影响。

长岩心 CO_2 混相驱油实验所需的实验装置同短岩心 CO_2 混相驱油实验所需装置较为类似，但不同的是长岩心 CO_2 混相驱油实验所采用的岩心夹持器为带有压力传感器以及加温装置的长岩心夹持器，能够实现对压力的实时监测及对驱替前缘的跟踪。同时夹持器支撑四向调位，在轴向 360°/ 水平 ±90° 调节，模拟油藏倾角。其实验装置如图 3-35 所示。该套实验装置能够模拟压力最高为 100MPa、温度最高为 180℃ 的地层条件，传压介质为蒸馏水，采用无汞活塞式增压方式给实验流体加压。

图 3-35　分散体系驱替的长岩心装置图

2. 实验方法

1）短岩心二氧化碳混相驱油实验

短岩心 CO_2 混相驱油实验步骤如下：

（1）将实验所用的岩心进行洗油，并放入烘箱烘干；

（2）利用相关仪器测定岩心的基本参数（质量、长度、直径、气测孔隙度、渗透率等）；

（3）将岩心夹持器中胶桶外注入蒸馏水用于加载围压；

（4）将岩心利用热缩套固定好后装入岩心夹持器，并加载一定的围压；

（5）将岩心模型抽真空 24h，并将实验所用的流体和岩心夹持器一起放入恒温箱中进行系统升温；

（6）饱和地层水，得到岩心的孔隙度，并在饱和地层水后逐渐将压力提升到地层条件；

（7）饱和油造束缚水，得到岩心的烃类孔隙体积（简称 HCPV），并老化一段时间；

（8）调节回压泵至地层条件；

（9）进行短岩心 CO_2 混相驱油实验，每隔一段时间收集并计量产出液量，记录泵读数、注入压力、围压和回压的变化，实验至不再产油结束；

（10）重复步骤（1）~步骤（9）进行下一组实验。

2）长岩心二氧化碳混相驱油实验

长岩心 CO_2 混相驱油实验步骤如下：

（1）将实验所用的岩心进行洗油，并放入烘箱烘干；

（2）当实验采用真实短岩心时，利用相关仪器测定岩心的基本参数（质量、长度、直径、气测孔隙度、渗透率等）；

（3）将岩心夹持器中胶筒外注入蒸馏水用于加载围压；

（4）水平摆放夹持器，连接流程，确保无漏点；

（5）将按顺序排列好的若干短岩心或人造岩心利用热缩套固定好后装入岩心夹持器，并加载一定的围压和轴压；

（6）将岩心模型抽真空 24h，并利用长岩心夹持器进行系统升温，同时将实验所用的流体放入恒温箱中升温，稳定 6~8h；

（7）饱和地层水，期间进行水测渗透率测试，在饱和地层水后逐渐将压力提升到地层条件，计量饱和水总量并计算岩心孔隙度；

（8）饱和油造束缚水，期间进行油测渗透率测试，在饱和油后计量饱和油总量，并计算含油饱和度，并老化一段时间；

（9）调节回压泵至地层条件；

（10）进行长岩心 CO_2 混相驱油实验，每隔一段时间收集并计量产出液量，记录泵读数、注入压力、围压和回压的变化，实验至不再产油结束；

（11）重复步骤（1）~步骤（10）进行下一组实验。

3. 长岩心二氧化碳混相驱油实验分析

前人已对短岩心实验做了诸多研究，在此不再详细介绍。以姬源油田黄三区块为例，针对长庆油田特低—超低渗透油藏的流体及储层特点，在选定的姬源油田黄 3 区块地层温度、压力条件下，利用长岩心驱替实验探索驱替方式及 CO_2 注入时机对驱替压差、驱油效率等参数的影响规律，认识特低—超低渗透油藏水驱后储层 CO_2 注入特征，对比黄 3 试验区均质与裂缝性储层 CO_2 驱油效率和运移规律，为试验区提高进一步提高采收率提供依据。

1）原始岩心水驱转二氧化碳驱

本组实验水和 CO_2 注入速度为 0.05cm³/min，驱替过程中的驱油效率、产出液含水率、气油比、驱替压差变化曲线如图 3-36 至图 3-38 所示。

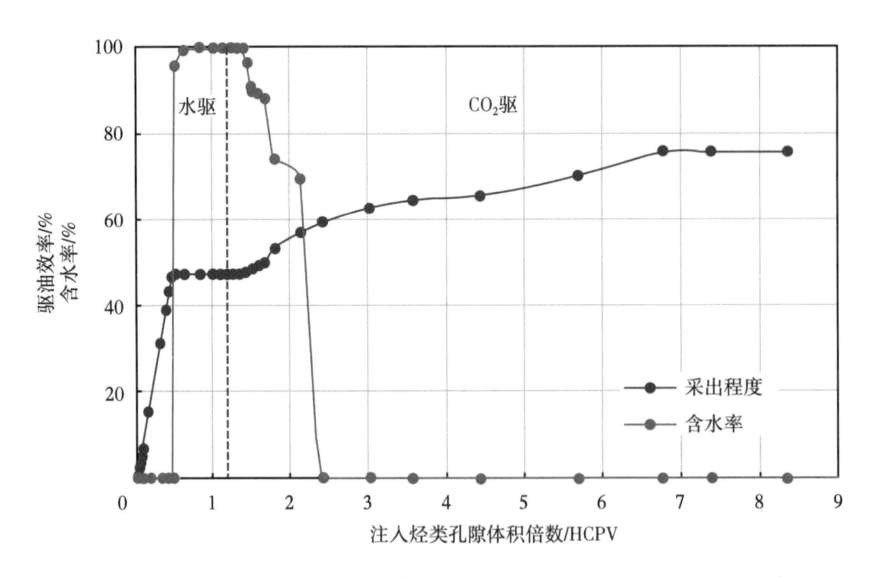

图 3-36　驱油效率、含水率随注入量变化曲线（基质、注入速度 0.05cm³/min）

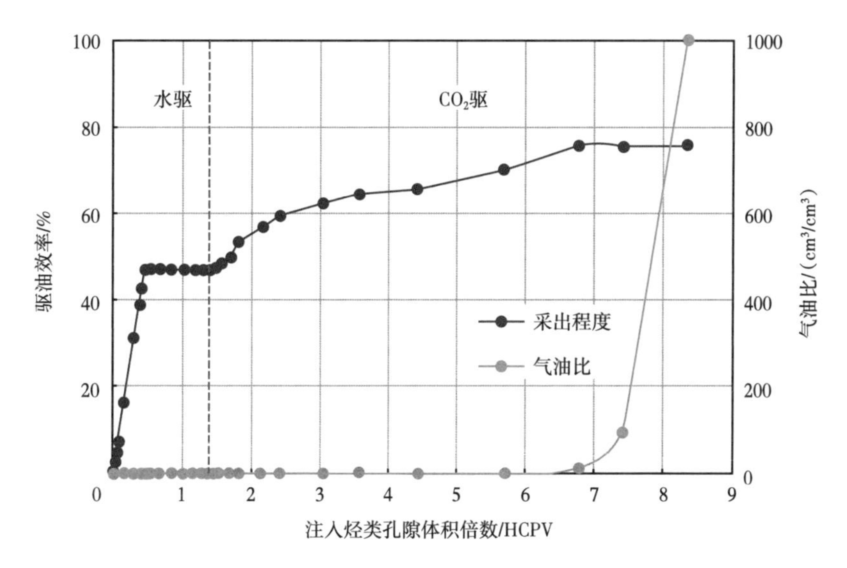

图 3-37　驱油效率、气油比随注入量变化曲线（基质、注入速度 $0.05cm^3/min$）

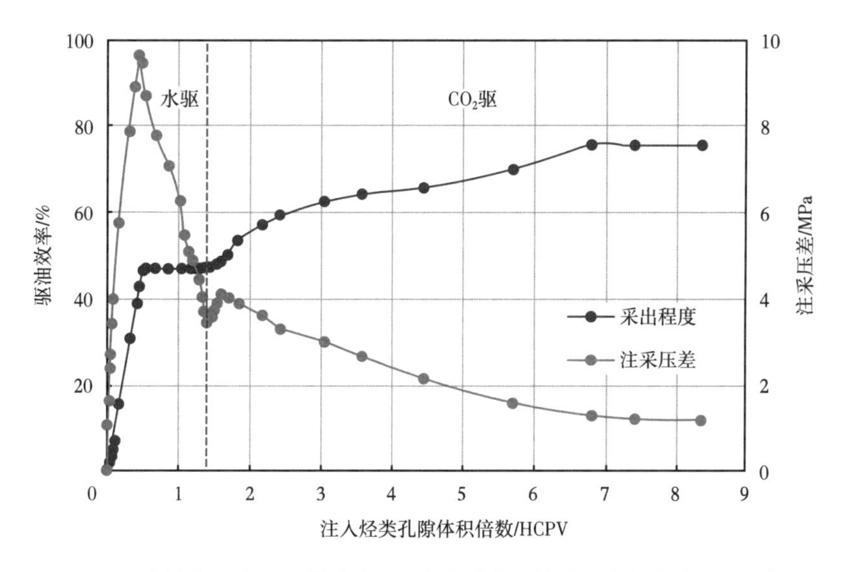

图 3-38　驱油效率、注采压差随注入量变化曲线（基质、注入速度 $0.05cm^3/min$）

从驱油效率和产液含水率变化曲线看，水驱 0.531HCPV 时注入水突破，突破后产出液中含水快速升高，而产油则急剧减少，突破点的驱油效率为 47.02%。持续注水 1.0589HCPV 后基本不再产油，此时驱油效率为 47.12%。

从水驱的驱替压差（长岩心进、出口端的压力差）曲线的变化趋势看，虽然水驱的速度很低（3.0cm^3/h），但当注入水注入特低渗透岩心时，注入压力很快上升，注采压差随注水量的增加而持续快速增大，直到注入水在岩心出口端突破后，驱替压差的增大趋势才趋缓，但没有明显下降，水驱过程中的最大驱替压差为9.64MPa。实验结果说明，超低渗透岩心注水驱油，水的注入极为困难，注入能力随注水量增加持续下降。

CO_2 驱开始阶段产出油很少，产液含水高于98%；注气0.4HCPV后产油增多，同时产液含水快速减少；注气0.623HCPV发生 CO_2 气突破，突破后产油逐渐减少，气油比迅速上升。注入 CO_2 气突破时的驱油效率为49.81%，注气7.28HCPV（总注入8.34HCPV）后的最终驱油效率为75.77%，比水驱高28.65%。

2）岩心造缝后水驱转二氧化碳驱

本组实验水和 CO_2 注入速度为0.05cm^3/min，驱替过程中的累计采出程度、产出液含水率、气油比、驱替压差变化曲线如图3-39至图3-41所示。

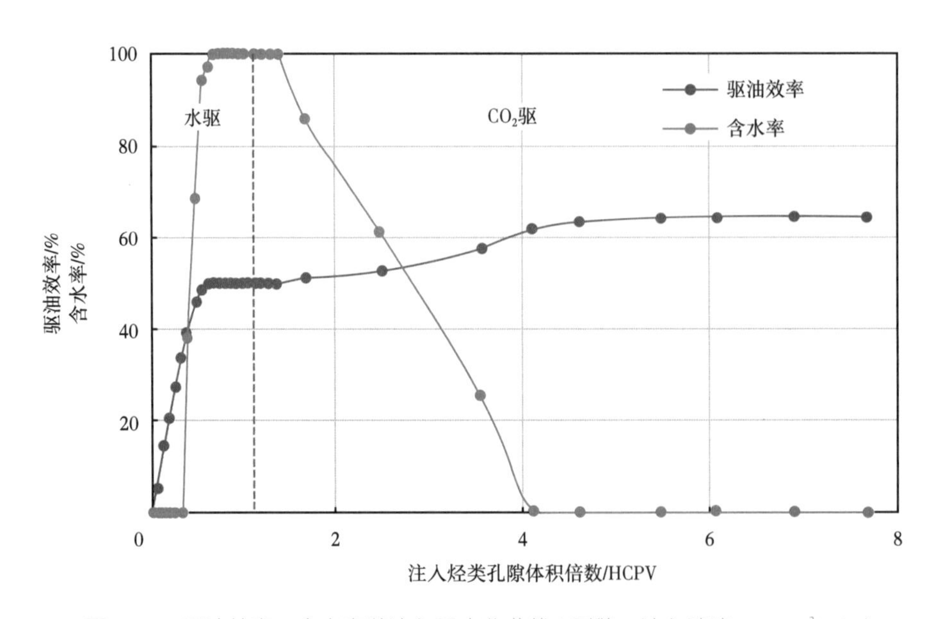

图3-39　驱油效率、含水率随注入量变化曲线（裂缝、注入速度0.05cm^3/min）

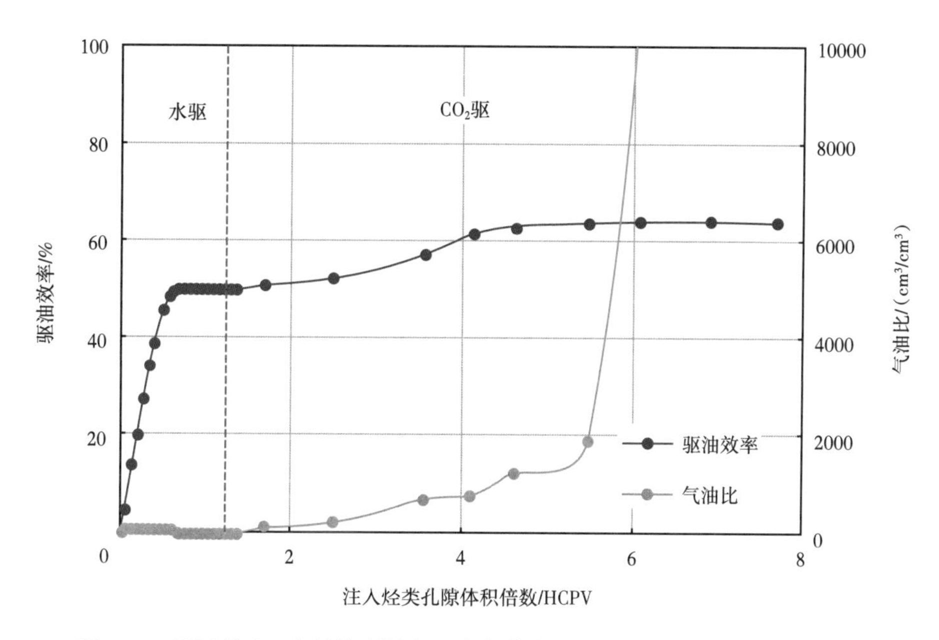

图 3-40　驱油效率、气油比随注入量变化曲线（裂缝、注入速度 $0.05cm^3/min$）

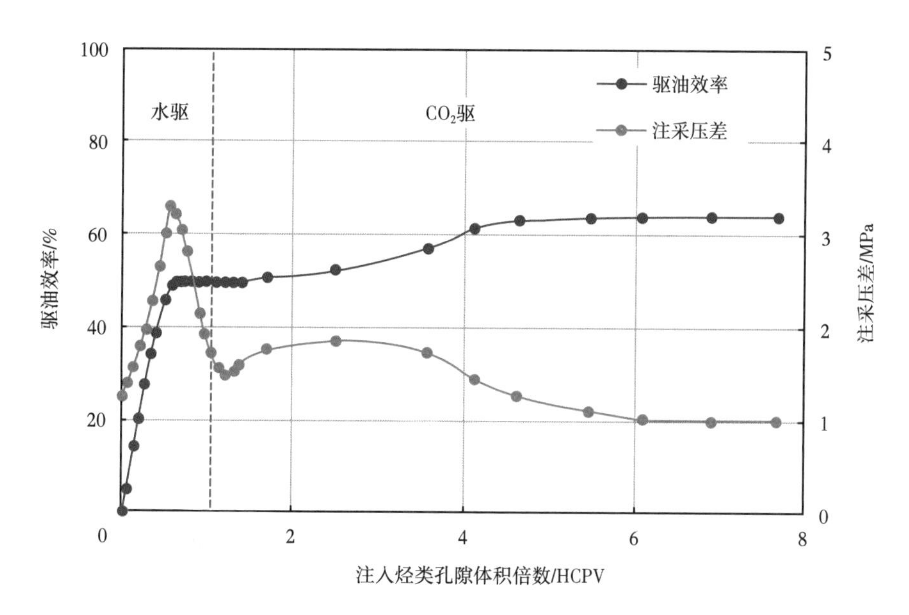

图 3-41　驱油效率、注采压差随注入量变化曲线（裂缝、注入速度 $0.05cm^3/min$）

从驱油效率和产液含水率变化曲线看，水驱 0.4HCPV 时注入水突破，突破后产出液中含水快速升高，而产油则急剧减少，突破点的驱油效率为 38.83%。持续注水 1.10HCPV 后基本不再产油，此时驱油效率为 49.65%。

从水驱的驱替压差（长岩心进、出口端的压力差）曲线的变化趋势看，受到岩心裂缝的影响，最大注采压差较基质岩心水驱大幅下降，仅为3.3MPa，证明裂缝的存在增加了水的注入能力。

CO_2驱开始阶段产出油很少，产液含水高于98%；注气0.59HCPV发生CO_2气突破，突破后产油逐渐减少，气油比迅速上升。注入CO_2气突破时的驱油效率为50.79%，注气6.59HCPV（总注入7.69HCPV）后的最终驱油效率为63.98%，比水驱高14.33%。

3）岩心造缝后水驱转二氧化碳驱（增加注入速度）

本组实验水和CO_2注入速度为0.1cm³/min，驱替过程中的累计采出程度、产出液含水率、气油比、驱替压差变化曲线如图3-42至图3-44所示。

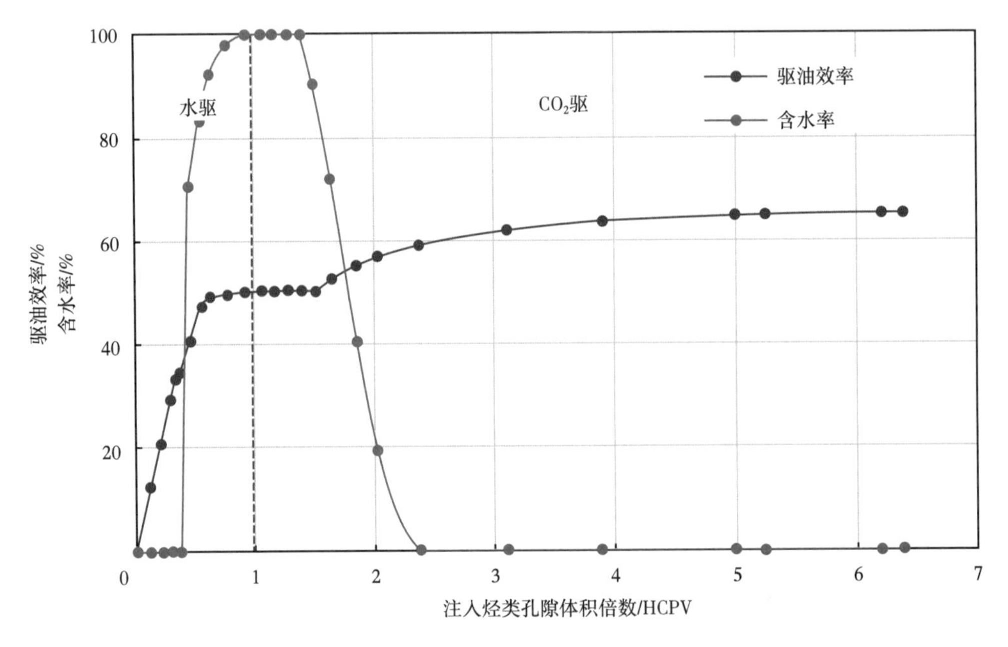

图3-42　驱油效率、含水率随注入量变化曲线（裂缝、注入速度0.1cm³/min）

从驱油效率和产液含水率变化曲线看，水驱0.45HCPV时注入水突破，突破后产出液中含水快速升高，而产油则急剧减少，突破点的驱油效率为40.87%。持续注水1.07HCPV后基本不再产油，此时驱油效率为50.34%。

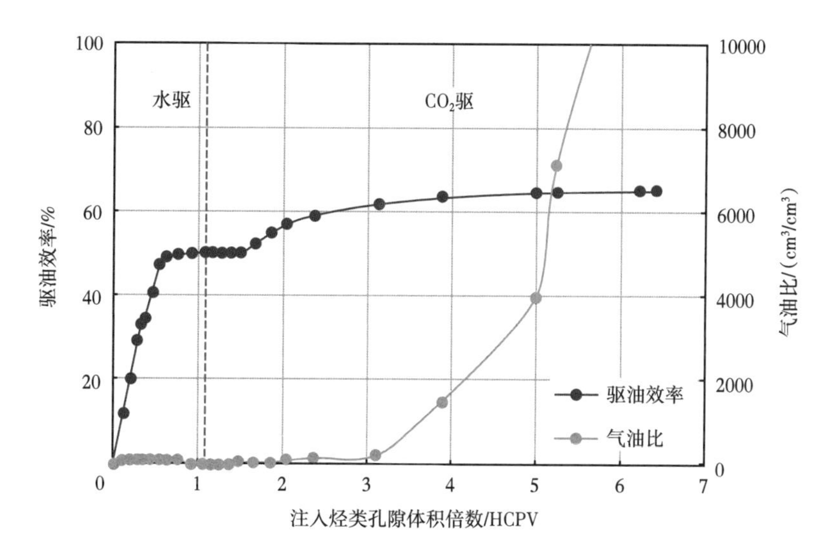

图 3-43　驱油效率、气油比随注入量变化曲线（裂缝、注入速度 0.1cm³/min）

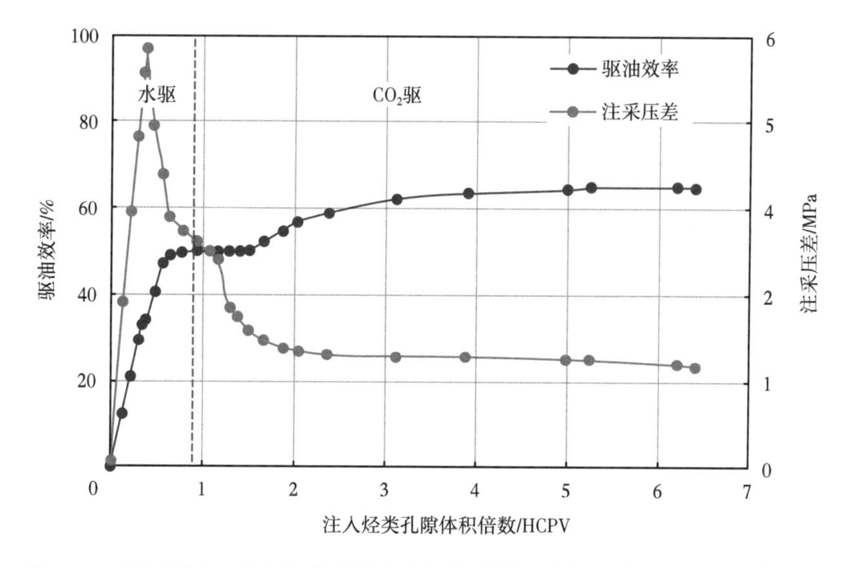

图 3-44　驱油效率、注采压差随注入量变化曲线（裂缝、注入速度 0.1cm³/min）

从水驱的驱替压差（长岩心进、出口端的压力差）曲线的变化趋势看，增加注入速度，最大注采压差较低速水驱大幅上升，为 5.83MPa，表明超低渗透岩心中即使存在裂缝，注采压差随注入速度增加大幅增加。

CO_2 驱开始阶段产出油很少，产液含水高于 98%；注气 0.79HCPV 发生 CO_2 气突破，突破后产油逐渐减少，气油比迅速上升。注入 CO_2 气突破时的驱油效率为 54.84%，注气 5.32HCPV（总注入 6.39HCPV）后的最终驱油效率为 65.51%，比水驱高 15.17%。

二、二维混相驱油机理

目前宏观二维 CO_2 混相驱油机理相关研究的实验主要分为两种，分别为二维可视化填砂模型驱油实验和二维高温高压大模型混相驱油实验。两种实验可以通过开展不同二维 CO_2 混相驱驱油实验（改变注采方式、非均质特征、注入速度、温压条件等），对比驱油过程中波及面积、剩余油分布特征等关键参数，评价不同注入方式条件下的驱替效率和驱替特征，分析二维超临界二氧化碳混相驱油的驱油机理。本小节将通过介绍上述相关实验的实验原理及装置、实验方法以及实验分析，进而对宏观二维 CO_2 混相驱油机理进行介绍。

1. 实验原理及装置

1）二维可视化填砂模型二氧化碳混相驱油实验

二维可视化填砂模型 CO_2 驱油实验，即利用 CO_2 等驱替介质对人工制作的用于模拟地层的填砂模型进行驱替实验，通过改变模型的非均质特征以及开发特征（注入介质、注采方式、注入速度、注入位置、段塞比、温压条件等），利用高速摄像机全程跟踪监测整个驱替过程中驱替前缘、混相带、油气分布、波及体积等的变化，同时对比不同情况下的注采速度、压力、压差、产液量、气油比等关键参数，进而对 CO_2 混相驱油实验的驱油效果影响及机理进行分析。二维可视化填砂模型 CO_2 混相驱油实验的优点是：（1）实验流程较为简单，驱替相对较为容易，实验所需时间相对较短；（2）实验采用二维模型，可以通过改变注采的位置以及地层岩石的非均质特征（低渗透 / 超低渗透、裂缝、隔夹层等）等因素进行模拟；（3）实验所采用可视化的方式，驱替过程中的油气分布清晰可见，可以全程对驱替过程中的驱替前缘、混相带、油气分布、波及体积等变化进行跟踪监测。但其缺点是：（1）填砂模型前期制作较为困难，模型的制作周期较长；（2）由于采用可视化的方式，因此实验所用的填砂模型对温度压力的耐受程度较低，不能模拟过高温压的地层条件。

二维可视化填砂模型 CO_2 混相驱油实验的实验装置一般主要由 ISCO 泵、中间容器、二维可视模型、高速相机、回压调节器、计量瓶、气体流量计、数字压力表、截止阀、三通、恒温空气浴、等组成（图 3-45）。该套实验装置能够模拟压力最高为 20MPa、温度最高为 100℃ 的地层条件。

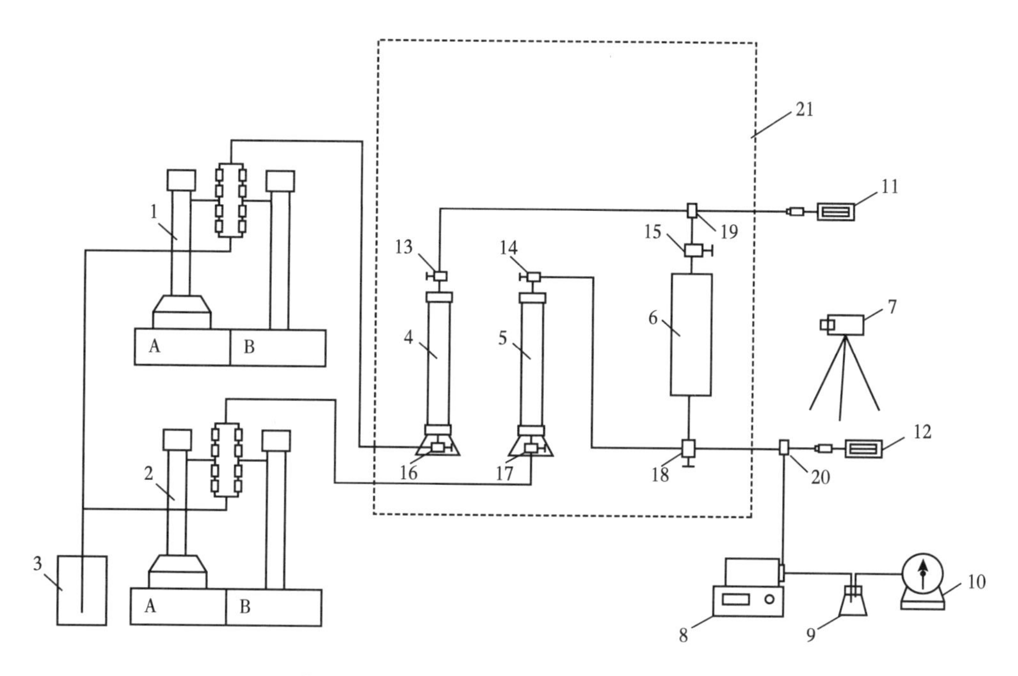

图 3-45　二维可视化填砂模型实验装置图

1，2—ISCO 泵；3—蒸馏水；4—CO_2 中间容器；5—地层油 / 地层水中间容器；6—二维可视模型；7—高速相机；8—回压调节器；9—计量瓶；10—气体流量计；11，12—数字压力表；13，14，15，16，17，18—截止阀；19，20—三通；21—恒温空气浴

2）二维高温高压大模型二氧化碳混相驱油实验

二维高温高压大模型 CO_2 混相驱油实验，即利用水、CO_2 等驱替介质对利用环氧树脂封装好的大岩石模型或人造岩石模型进行驱替实验，通过改变模型的非均质特征以及开发特征（注入介质、注采方式、注入速度、注入位置、段

塞比、温压条件等），利用压力传感器、电阻率传感器以及超声波等方式全程跟踪监测整个驱替过程中波及前缘、油气分布等的变化，同时对比不同情况下的注采速度、压力、压差、产液量、气油比、含水率等关键参数，进而对 CO_2 混相驱油实验的驱油效果影响及机理进行分析。二维高温高压大模型 CO_2 混相驱油实验的优点是：（1）实验能够承受较高的温度和压力，能够真实还原地层温压条件；（2）实验采用二维模型，可以通过改变注采的位置以及地层岩石的非均质特征（低渗透 / 超低渗透、裂缝、隔夹层等）等因素进行模拟。但其缺点是：（1）实验仪器较为大型，在实验操作方面较为困难；（2）实验所使用的模型多为露头岩石或人造岩石，且尺寸较大，进而导致实验周期较长，单次实验耗时较高；（3）虽然采用传感器对油气分布进行跟踪，但只能通过布置的测点进行粗略监测，精度较低。

二维高温高压大模型 CO_2 混相驱油实验的实验装置一般主要由 RUSKA 泵、ISCO 泵、储液瓶、中间容器、外模型、内模型、回压泵、控制柜、流量计、压力表、气瓶、真空泵、主控机、显示器、超声波设备以及传感器（压力、电阻率）等组成，其实验装置如图 3-46 所示。该套实验流程能够模拟压力最高为 20MPa、温度最高为 100℃ 的地层条件，传压介质为蒸馏水，采用无汞活塞式增压方式给实验流体加压。模型模拟尺寸最大为 500mm×500mm×200mm，能够实现最多 50 点压差的实时跟踪，同时采用超声波设备，最多实现 50 点油、气、水饱和度的实时跟踪。

2. 实验方法

1）二维可视化填砂模型二氧化碳混相驱油实验

二维可视化填砂模型 CO_2 混相驱油实验步骤如下：

（1）调试设备，对二维可视化填砂模型进行试压、试温；

（2）如果不是第一次实验，则利用甲醇对模型进行驱替，清洗模型中的水；

（3）如果不是第一次实验，则利用石油醚对模型进行驱替，清洗模型中的油；

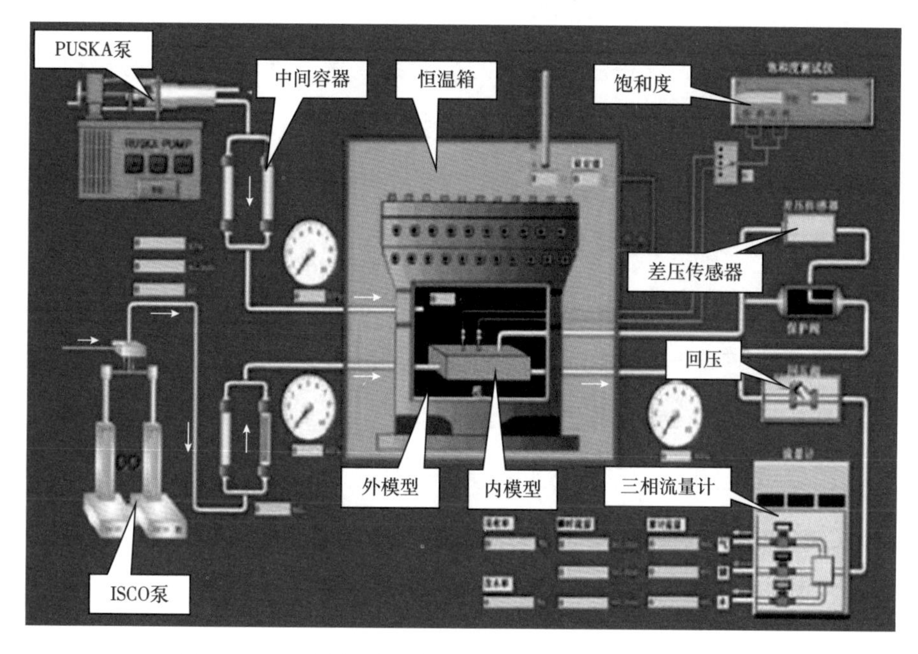

图 3-46　二维高温高压大模型 CO_2 混相驱油实验装置图

（4）利用氮气将模型中的甲醇和石油醚吹干；

（5）根据实验方案连接实验流程，将整个流程进行抽真空操作；

（6）饱和水，记录二维可视化模型孔隙体积；

（7）饱和油，造束缚水，记录 HCPV，并老化一段时间；

（8）进行二维可视化填砂模型 CO_2 混相驱油实验并设定相机的拍照间隔，同时每隔一段时间收集并计量产出液量和气量、记录注采压力和压差的变化，实验至不再产油为止；

（9）重复步骤（1）~ 步骤（8）进行下一组实验。

2）二维高温高压大模型二氧化碳混相驱油实验

二维高温高压大模型 CO_2 混相驱油实验步骤如下：

（1）将岩心模型在室温条件下干燥数天，然后对岩心模型进行抽真空 6~8h，在抽真空之后，逐渐将围压提升到地层条件；

（2）在岩心抽真空之后，注入模拟地层水直至饱和，通过饱和水的体积计算得到岩心模型的孔隙体积和孔隙度；

（3）在饱和水之后，将温度、压力提升至高温高压条件下，将模拟油注入岩心模型中直至模型基本不再出水，这一步的目的是使岩心模型油饱和并造束缚水，并记录 HCPV；

（4）调节回压泵至地层条件；

（5）进行二维高温高压大模型 CO_2 混相驱油实验并实时采集超声波、传感器中的数据，同时每隔一段时间收集并计量产出液量，记录泵读数、注入压力、围压和回压的变化，实验至不再产油结束；

（6）重复步骤（1）～步骤（5）进行下一组实验。

3. 实验分析

1）二维可视化填砂模型二氧化碳混相驱油实验

以国内油田某区块为例，针对目的区块储层发育特征，设计制备了二维可视含隔夹层的双层强非均质模型。为深入研究非均质储层下 CO_2 混相驱波及规律，以目的区块实际生产开发所选择的注采方式组合为基础，在有效地模拟目标区块实际温压条件下 CO_2—原油混相特征下，通过在靠近隔夹层位置的高渗透层和低渗透层顶部统注、远离隔夹层位置的高渗透层底部单采的方式，利用二维可视含隔夹层的双层强非均质模型驱替实验探索渗透率对 CO_2 驱波及效率、波及特征的影响，深入认识在隔夹层较发育的非均质油藏储层 CO_2 混相驱油的波及特征和运移规律，为试验区提高进一步提高采收率提供依据。驱替过程中采集的图像如图 3-47 所示，驱替过程中采收率、气油比变化曲线如图 3-48 和图 3-49 所示。

根据实验结果可以发现，在驱替初期阶段—气突破前，受储层吸气能力和重力分异作用共同影响，高渗透层油气界面快速变化，原油动用程度较好。低渗透层油气运移速度及界面变化较慢。该过程采油速度较高，采收率呈快速增长趋势。当产油速率增至最高值（$1.38cm^3/min$）且气油比从零变化时，高渗透层实现气突破，此时高渗透层已超一半的油层被有效地驱替完全，仅在

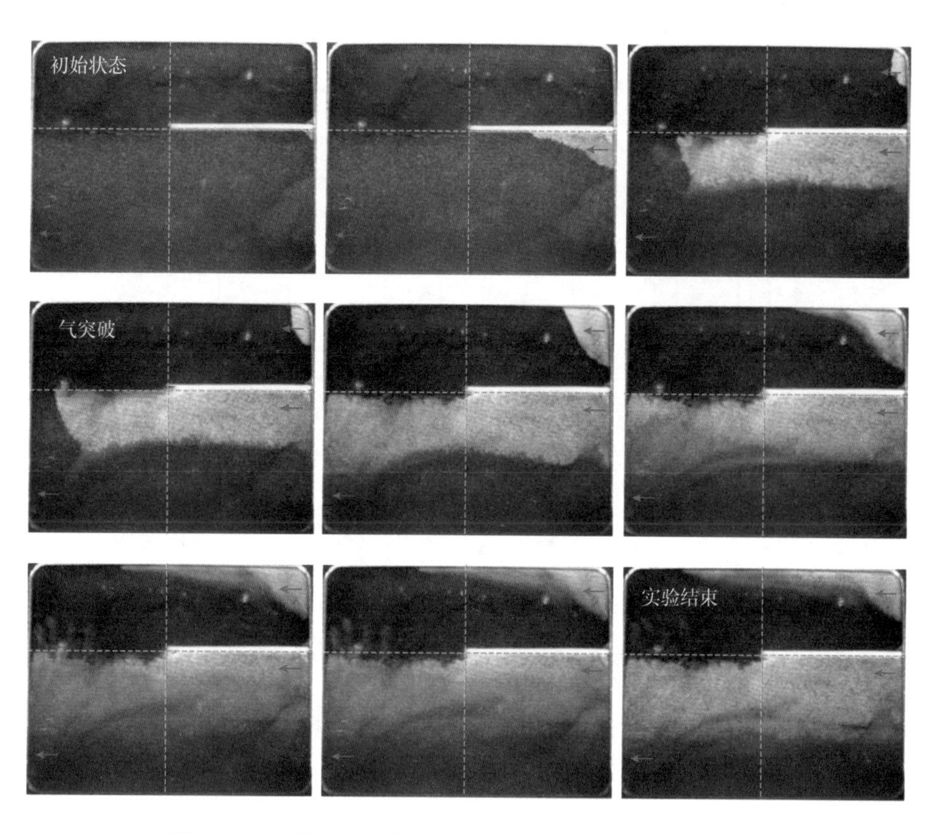

图 3-47　二维 CO_2 混相驱实验过程不同阶段油气运移照片

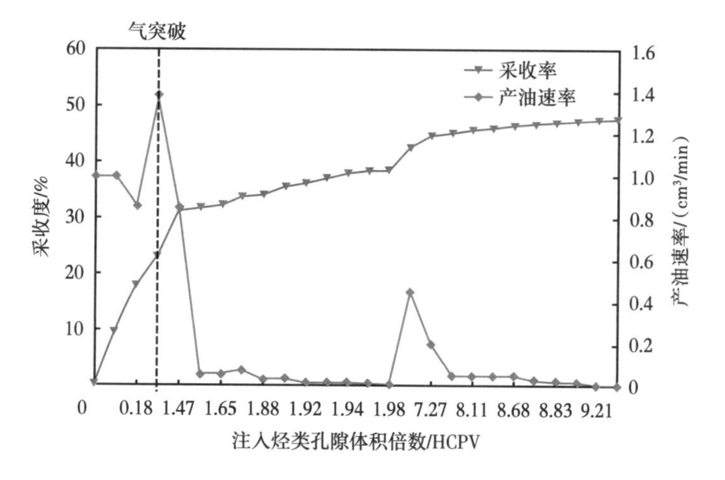

图 3-48　二维 CO_2 混相驱实验累计注入烃类孔隙体积倍数（HCPV）与采收率及产油速率的关系

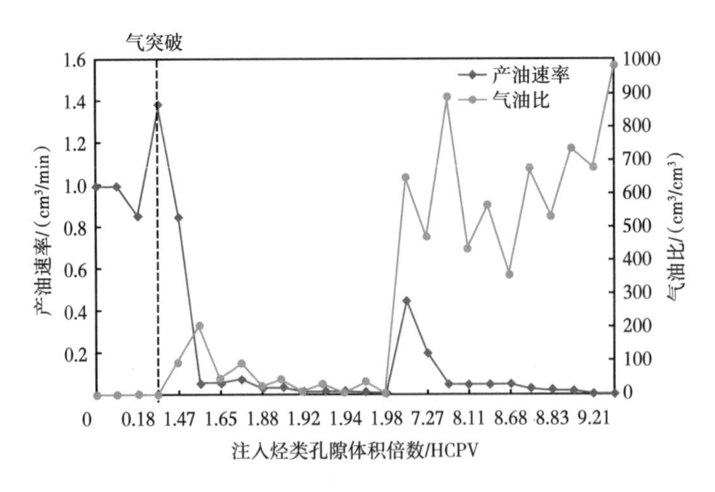

图 3-49　二维 CO_2 混相驱实验累计注入烃类孔隙体积倍数（HCPV）与气油比及产油速率的关系

底部非驱替范围内存在一定面积的剩余油分布。相比之下，低渗透层存在大量剩余油滞留。但在混相驱的优势下，非隔夹层遮挡作用下的低渗透层左侧的底部油层，可与高渗透层 CO_2 接触进行互溶传质形成混相带，并进一步被 CO_2 运移至高渗透层产出。气突破后，驱替范围内的剩余油量较少，整体驱替动力减弱，驱替方式发生变化，以混相传质为主。高渗透层和低渗透层的剩余油均与 CO_2 充分接触进行互溶传质，形成混相特征明显且分布范围逐渐扩大的混相带。该过程产油速率及气油比呈波动下降趋势，采收率缓慢增长。随着气体的不断注入，驱替压差逐渐增强，最终高渗透层空间内混相带被 CO_2 迅速携带产出，低渗透层油气运移界面也发生变化。产油速率迅速增长后降低，气油比呈波动增长趋势发展，采收率一时猛增后呈缓慢增长趋势，直至实验结束，最终采收率为 49.84%。

2）二维高温高压大模型二氧化碳混相驱油实验

以姬源油田黄 3 区块为例，针对长庆油田特低—超低渗透油藏的流体及储层特点，在选定的姬源油田黄 3 区块地层温度、压力条件下，利用二维低渗透非均质平板大岩石模型驱替实验探索渗透率、裂缝、高渗透带的对水驱和 CO_2 驱波及效率影响，深入认识特低—超低渗透裂缝和高渗透带油藏水驱后储层

CO_2 波及特征和运移规律，为试验区进一步提高采收率提供依据。

（1）水驱后转 CO_2 驱。驱替过程中的累计采出程度、产出液含水率、气油比、驱替压差变化曲线如图 3-50 和图 3-51 所示。

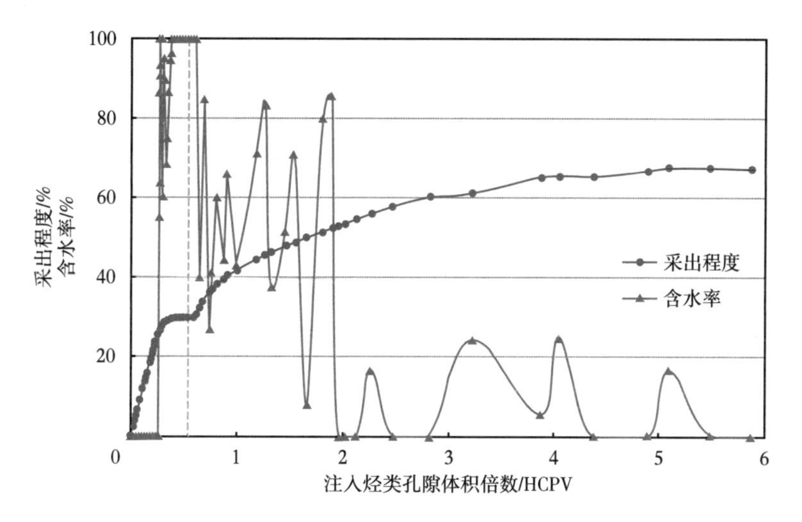

图 3-50　驱油效率、含水率随注入量变化曲线

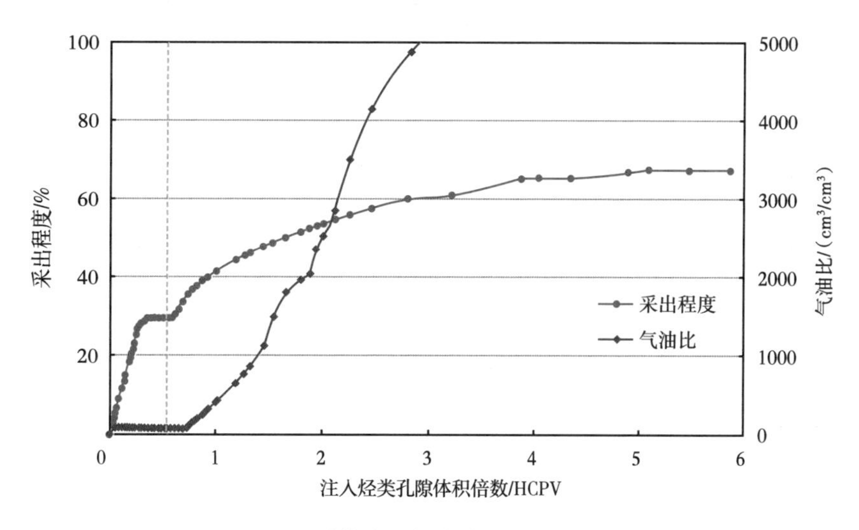

图 3-51　驱油效率、气油比随注入量变化曲线

可以发现，水驱采收率为 29.8%，后续 CO_2 驱在水驱基础上大幅度提高原油采收率 40%，总采收率达到 69.8%。CO_2 驱替过程中气水界面张力降低，可

能驱动了部分束缚水。水驱和 CO_2 驱过程的油水界面及气液界面如图 3-52 和图 3-53 所示。

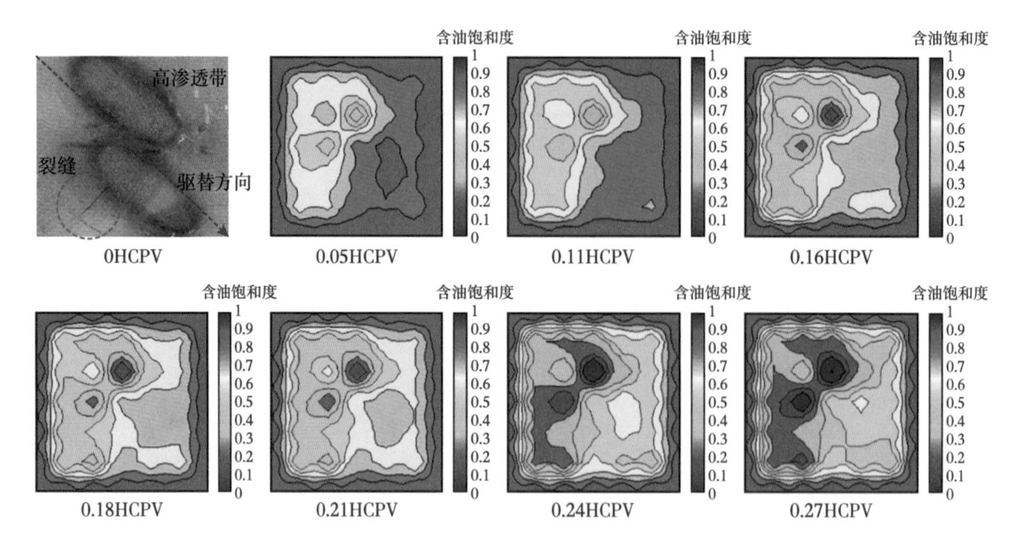

图 3-52　水驱波及过程含油饱和度场图

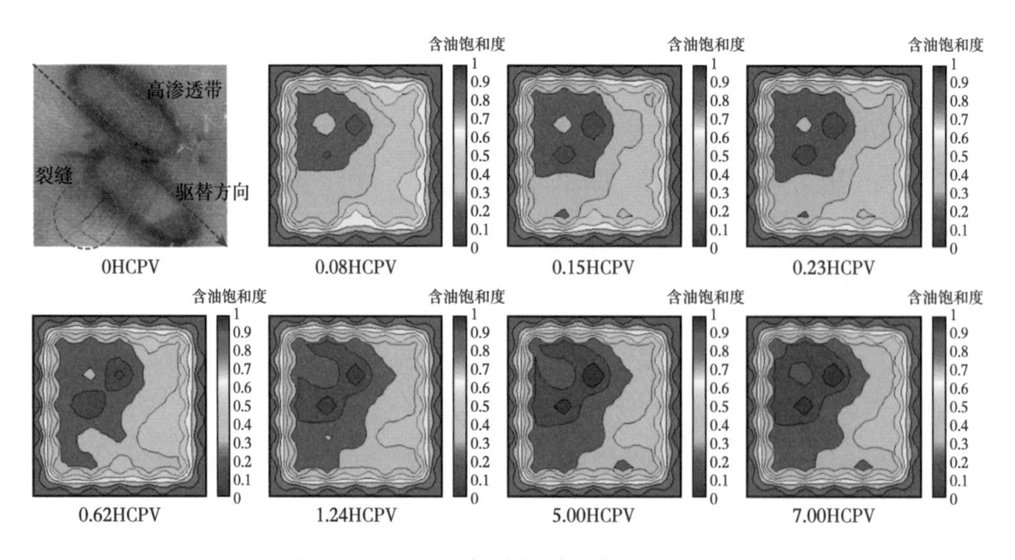

图 3-53　CO_2 驱波及过程含油饱和度场图

根据实验结果分析可以得知，注入水首先沿裂缝发育部位运移，随后进入高渗透区，低渗透区运移缓慢。水驱后 CO_2 混相驱过程中，注气突破前 CO_2 驱替前缘运移相对水驱更加均匀，一定程度上消除了裂缝和高渗透带的影响；注入气突破后在裂缝和高渗透带的影响下有气串现象，但仍能产油。

（2）水驱转 CO_2 驱再转水气交替注入。驱替过程中的累计采出程度、产出液含水率、气油比、驱替压差变化曲线如图 3-54 和图 3-55 所示。

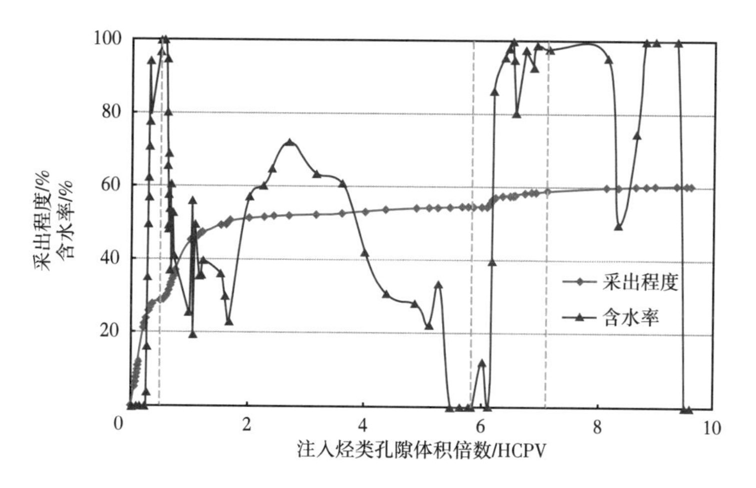

图 3-54　采出程度、含水率随注入量变化曲线

通过第一组实验，判断气窜通道渗流能力增强，水驱采出程度小幅降低，为 28.91%。CO_2 驱过程中气窜严重，仅比水驱提高采收率 25.7%，CO_2 驱后的采收率为 54.61%。针对该模型，受到裂缝和高渗透带的影响，水气交替注入无法大幅提高采收率，最终仅提高采收率 5.24%，总采收率仅为 60.41%。

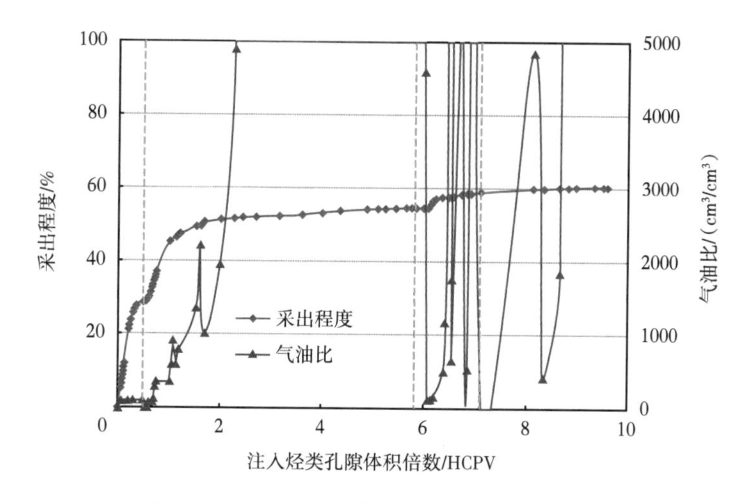

图 3-55　采出程度、气油比随注入量变化曲线

三、三维混相驱油机理

目前宏观三维 CO_2 混相驱油机理相关研究的实验主要分为两种，分别为三维可视化填砂模型驱油实验和三维大模型混相驱油实验。两种实验可以通过开展不同二维 CO_2 混相驱驱油实验（改变井网井距特征、非均质特征、注采方式、注入速度、温压条件等），对比驱油过程中气驱前缘、油气界面以及油气水饱和度变化等关键参数，分析三维超临界二氧化碳混相驱油机理。本小节将通过介绍上述相关实验的实验原理及装置、实验方法以及实验分析，进而对宏观三维 CO_2 混相驱油机理进行介绍。

1. 实验原理及装置

1）三维可视化填砂模型二氧化碳混相驱油实验

三维可视化填砂模型 CO_2 驱油实验，即利用水、CO_2 等驱替介质对人工制作的用于模拟地层的填砂模型进行驱替实验，通过改变模型的非均质特征以及开发特征（井网井距特征、注入介质、注采方式、注入速度、注入位置、段塞比、温压条件等），利用高速摄像机全程跟踪监测三维模型各个可视面整个驱替过程中驱替前缘、混相带、油气分布、波及体积等的变化，同时对比不同情况下的注采速度、压力、压差、产液量、气油比、含水率等关键参数，进而对 CO_2 混相驱油实验的驱油效果影响及机理进行分析。三维可视化填砂模型 CO_2 混相驱油实验的优点是：（1）实验流程较为简单，驱替相对较为容易，实验所需时间相对较短；（2）实验采用三维模型，可以通过改变井网井距特征、注采的位置以及地层岩石的非均质特征（低渗透 / 超低渗透、裂缝、隔夹层等）等因素进行模拟，更接近与地层实际条件；（3）实验所采用可视化的方式，驱替过程中的油气分布清晰可见，可以全程对驱替过程中的驱替前缘、混相带、油气分布、波及体积等变化进行跟踪监测。但其缺点是：（1）填砂模型前期制作较为困难，模型的制作周期较长；（2）由于采用可视化的方式，因此实验所用的填砂模型对温度压力的耐受程度较低，不能模拟过高温压的地层条件。

三维可视化填砂模型 CO_2 混相驱油实验的实验流程与实验装置同二维可视

化填砂模型 CO_2 混相驱油实验较为相似，唯一的不同便是所采用的填砂模型为三维可视化填砂模型，模型如图 3-56 所示。该套实验流程能够模拟压力最高为 20MPa、温度最高为 150℃ 的地层条件。

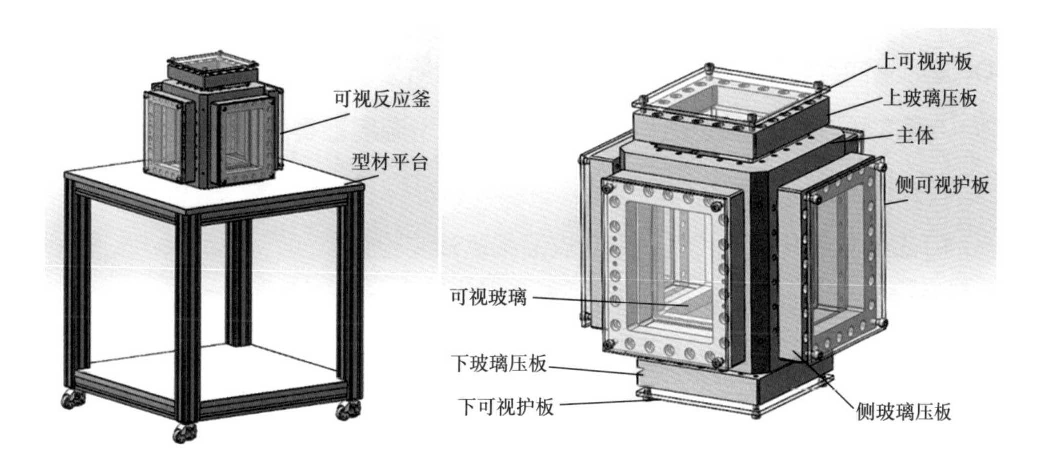

图 3-56　三维可视化填砂模型

2）三维高温高压大模型二氧化碳混相驱油实验

三维高温高压大模型 CO_2 混相驱油实验，即利用水、CO_2 等驱替介质对利用环氧树脂封装好的大岩石模型或人造岩石模型进行驱替实验，通过改变模型的非均质特征以及开发特征（井网井距特征、注入介质、注采方式、注入速度、注入位置、段塞比、温压条件等），利用压力传感器、电阻率传感器以及超声波等方式全程跟踪监测整个驱替过程中波及前缘、油气分布等的变化，同时对比不同情况下的注采速度、压力、压差、产液量、气油比、含水率等关键参数，进而对 CO_2 混相驱油实验的驱油效果影响及机理进行分析。三维高温高压大模型 CO_2 混相驱油实验的优点是：（1）实验能够承受较高的温度和压力，能够真实还原地层温压条件；（2）实验采用三维模型，可以通过改变井网井距特征、注采的位置以及地层岩石的非均质特征（低渗透 / 超低渗透、裂缝、隔夹层等）等因素进行模拟，更接近与地层实际条件。但其缺点是：（1）实验仪器较为大型，在实验操作方面较为困难；（2）实验所使用的模型多为露头岩石或人造岩石，且尺寸较大，导致实验周期较长，单次实验耗时较高；（3）虽然采用传感器对油气分布进行跟踪，但只能通过布置的测点进行粗略监测，精度较低。

三维高温高压大模型 CO_2 混相驱油实验的实验装置同二维高温高压大模型 CO_2 混相驱油实验较为相似，唯一的不同便是所采用的岩心模型为三维岩心模型。该套实验流程能够模拟压力最高为50MPa、温度最高为180℃的地层条件。

2. 实验方法

1）三维可视化填砂模型二氧化碳混相驱油实验

三维可视化填砂模型 CO_2 混相驱油实验步骤如下：

（1）调试设备，对三维可视化填砂模型进行试压、试温；

（2）如果不是第一次实验，则利用甲醇对模型进行驱替，清洗模型中的水；

（3）如果不是第一次实验，则利用石油醚对模型进行驱替，清洗模型中的油；

（4）利用氮气将模型中的甲醇和石油醚吹干；

（5）根据实验方案连接实验流程，将整个流程进行抽真空操作；

（6）饱和水，记录三维可视化模型孔隙体积；

（7）饱和油，造束缚水，记录HCPV，并老化一段时间；

（8）进行三维可视化填砂模型 CO_2 混相驱油实验并设定相机的拍照间隔，同时每隔一段时间收集并计量产出液量和气量、记录注采压力和压差的变化，实验至不再产油为止；

（9）重复步骤（1）~步骤（8）进行下一组实验。

2）三维高温高压大模型二氧化碳混相驱油实验

三维高温高压大模型 CO_2 混相驱油实验步骤如下：

（1）将岩心模型在室温条件下干燥数天，然后对岩心模型进行抽真空6~8h，在抽真空之后，逐渐将围压提升到地层条件；

（2）在岩心抽真空之后，注入模拟地层水直至饱和，通过饱和水的体积计算得到岩心模型的孔隙体积和孔隙度；

（3）在饱和水之后，将温度、压力提升至高温高压条件下，将模拟油注入岩心模型中直至模型基本不再出水，这一步的目的是使岩心模型油饱和并造束缚水，并记录 HCPV；

（4）调节回压泵至地层条件；

（5）进行三维高温高压大模型 CO_2 混相驱油实验并实时采集超声波、传感器中的数据，同时每隔一段时间收集并计量产出液量，记录泵读数、注入压力、围压和回压的变化，实验至不再产油结束；

（6）重复步骤（1）~ 步骤（5）进行下一组实验。

3. 实验分析

根据油田某区块的储层非均质特征，设计并制备了三维可视化填砂三层非均质模型，其中上层、中层、下层分别为低渗透层、中渗透层、高渗透层。模型的可视面共有四个，分别模拟了仅受纵向非均质影响的储层、受裂缝影响的纵向非均质储层、受砾岩影响的纵向非均质储层以及受隔夹层影响的纵向非均质储层。为了深入研究各种非均质特征对于 CO_2 混相驱波及特征以及规律的影响，以目的区块实际生产开发所选择的重力驱替为基础，在有效模拟目标区块实际温压条件下 CO_2—原油混相特征下，开展在模型顶部中心注入、底部中心采出的 CO_2 混相重力驱实验。通过观察三维可视化填砂三层非均质模型四个可视区域的波及特征，探索储层非均质性对 CO_2 驱波及效率、波及特征的影响，深入认识在非均质油藏储层 CO_2 重力混相驱油的波及特征和运移规律，为试验区提高进一步提高采收率提供依据。

驱替过程中采集的图像如图 3-57 所示，驱替过程中采收率、气油比变化曲线如图 3-58 和图 3-59 所示。

在驱替初期阶段一气突破前，顶部低渗透层和中部中渗透层内部的原油大部分被采出，重力分异以及混相作用较为明显，可以在驱替过程中明显观察到，CO_2 从上到下依次对储层进行波及，即使驱替过程中有部分 CO_2 形成优势通道

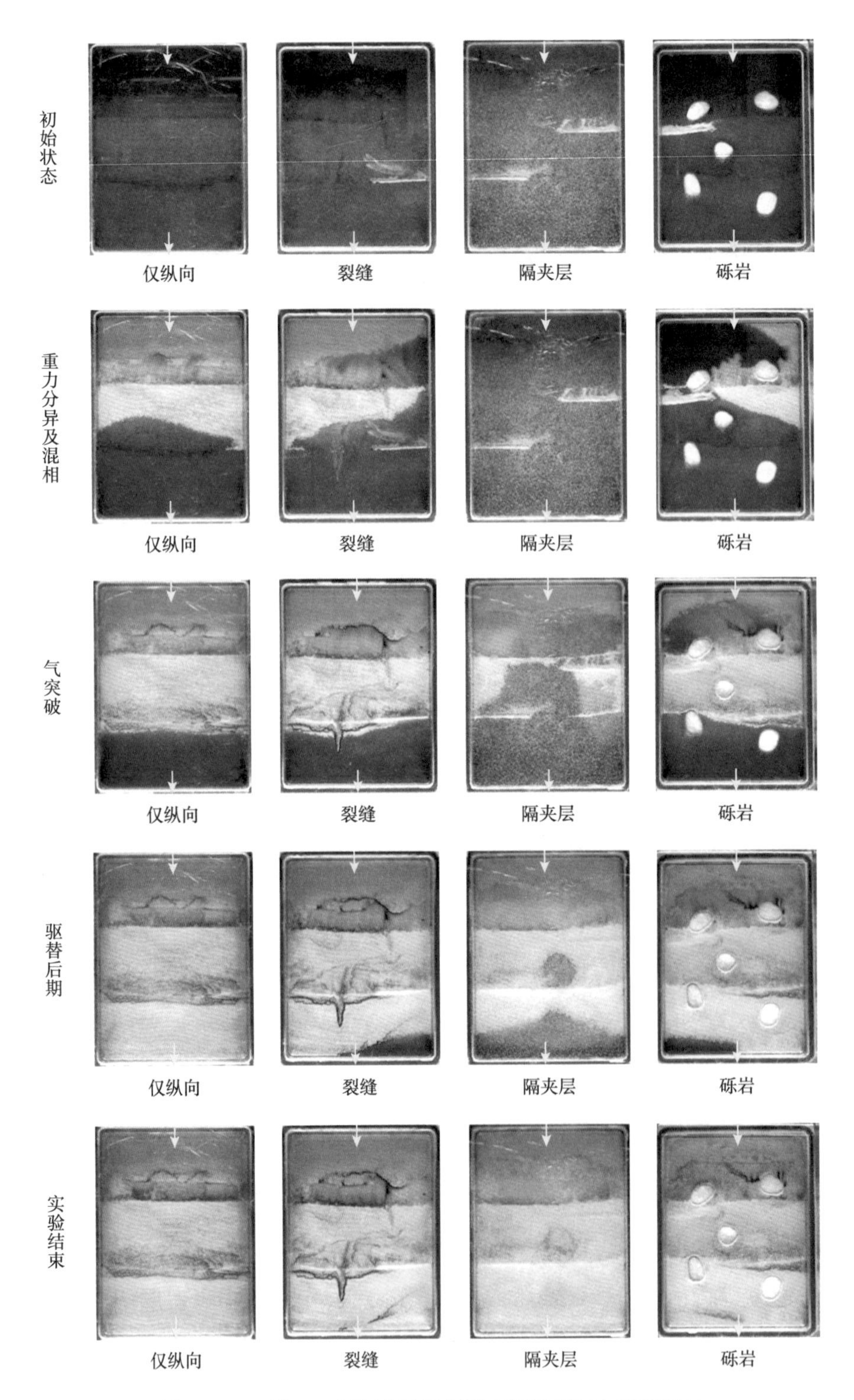

图 3-57 二维 CO_2 混相驱实验过程不同阶段油气运移照片

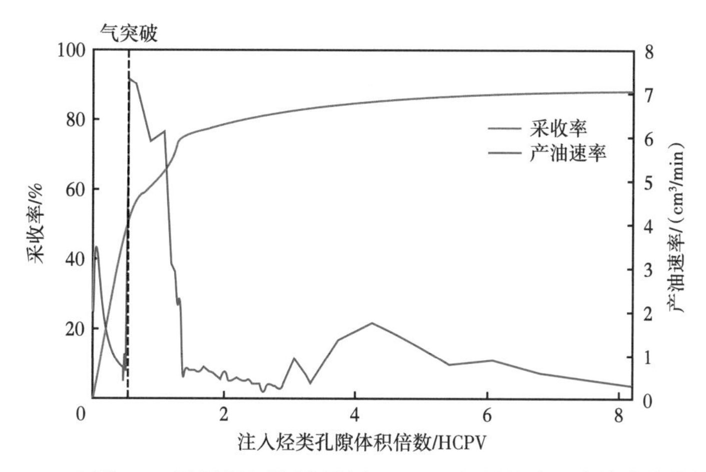

图 3-58　三维 CO_2 混相驱实验累计注入 HCPV 与采收率及产油速率的关系

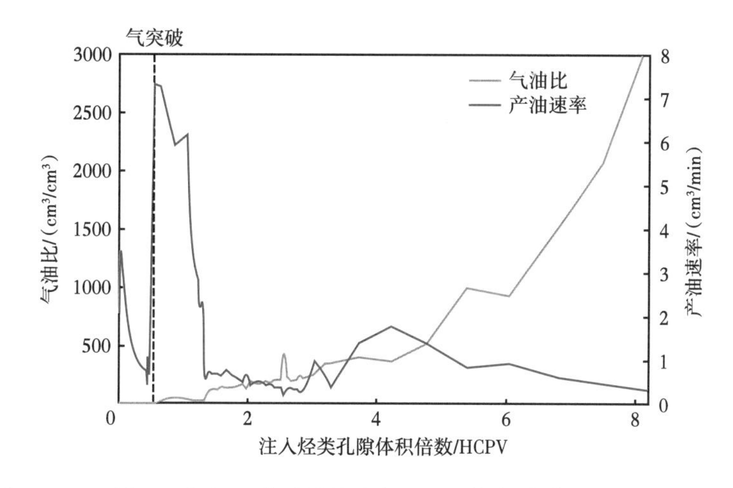

图 3-59　三维 CO_2 混相驱实验累计注入 HCPV 与气油比及产油速率的关系

优先波及中部中渗透层，但由于密度原因最终又向低渗透层反向驱替，同时与上部低渗透层的剩余油发生混相将其采出，在短时间内使采收率迅速上升至52.81%，原油动用程度较好。但与此同时，非均质特征对 CO_2 的波及影响较大，仅受到纵向非均质影响的区域以及具有裂缝非均质特征的区域在 CO_2 重力驱替以及裂缝导流的作用下，优先被波及且波及速度较快，而具有砾岩以及隔夹层非均质特征的区域由于渗流阻力较大，则迟迟没有被波及且波及速度较慢。其中隔夹层对波及速度的影响最大，气突破时靠近隔夹层的区域，顶部低渗透层以及中部中渗透层仍有大部分原油没有被波及。气突破后，气油比逐渐增加，采收率增速逐渐放缓，驱替方式以混相传质为主。各层的剩余油均与 CO_2 充分接触进行互溶传质，形成混相特征明显且分布范围逐渐扩大的混相带。虽然非均质特征对 CO_2 驱替前期的波及影响较大，但随着传质作用的发生，本来没有被波及的原油也与 CO_2 形成混相带，逐步被开采出来，直至实验结束，最终采收率为 88.25%。

参考文献

[1] 陈兴隆，秦积舜 . 孔隙介质中 CO_2 非混相驱替的渗流特性 [J]. 辽宁工程技术大学学报（自然科学版），2009，28（S1）：85-88.

[2] 陈兴隆，秦积舜，张可 .CO_2—原油体系混相状态的渗流特性 [J]. 地球科学（中国地质大学学报），2009，34（5）：806-810.

[3] 杨正明，唐立根，张硕，等 . 特低渗透油藏 CO_2 微观驱油机理研究 [C]//2011 International Conference on Machine Intelligence（ICMI 2011 V4）. 2011：72-76.

[4] 沈平平，江怀友，陈永武，等 .CO_2 注入技术提高采收率研究 [J]. 特种油气藏，2007（3）：1-4，11，104.

[5] 路向伟，路佩丽 . 利用 CO_2 非混相驱提高采收率的机理及应用现状 [J]. 石油地质与工程，2007（2）：58-61.

[6] 张硕，杨平，叶礼友，等 . 核磁共振在低渗透油藏气驱渗流机理研究中的应用 [J]. 工程地球物理学报，2009，6（6）：675-680.

[7] SONG Y，YANG W，WANG D，et al. Magnetic resonance imaging analysis on the in-situ mixing zone of CO_2 miscible displacement flows in porous media[J]. Journal of Applied Physics，2014，115（24）：244904.

[8] ZHU C，SHENG J J，ETTEHADTAVAKKOL A，et al. Numerical and Experimental Study of Enhanced Shale-Oil Recovery by CO_2 Miscible Displacement with NMR[J]. Energy & Fuels，2019，34（2）：1524-1536.

[9] EL-HOSHOUDY A N，DESOUKY S. CO_2 miscible flooding for enhanced oil recovery[J]. Carbon capture，utilization and sequestration，2018，79.

[10] BUI L H，TSAU J S，WILLHITE G P. Laboratory investigations of CO_2 near-miscible application in Arbuckle reservoir[C]//SPE improved oil recovery symposium. OnePetro，2010.

[11] CUI M，WANG R，LV C，et al. Research on microscopic oil displacement mechanism of CO_2 EOR in extra-high water cut reservoirs[J]. Journal of Petroleum Science and Engineering，2017，154：315-321.

第四章　超临界二氧化碳混相驱油过程中的固相沉积特征

在注二氧化碳（CO_2）采油作业中，随着 CO_2 注入储层，油藏流体的组成及体系的热力学条件会发生改变，使原油中的石蜡、沥青质、胶质等固体组分不稳定，会造成注气过程中的有机固相沉积问题。有机固相沉淀吸附于地层岩石表面，使渗透率降低、润湿性反转，造成地层伤害；有机固相沉积还会致使井筒、分离设备、运输管线以及加工设备发生堵塞，给石油生产带来严重的影响和危害。国外的生产实践表明，气驱（尤其是 CO_2 驱油）过程中容易引发地层原油中的沥青质、胶质以及石蜡等重有机固溶物的沉淀，可能造成各类堵塞，使注采能力下降，大大降低注气采油效率。

第一节　石蜡有机沉积特征

一、石蜡的化学组成及结构

在地下烃类流体体系中，无论是自然的产物还是化工过程中的分馏物，石蜡均是由重质烃类化合物组成。在形成的石蜡中，石蜡以正构烷烃为主，含有极少的异构烷烃、芳香烃、环烷烃。由于其异构烷烃、芳香烃、环烷烃极少，导致石蜡的晶体结构不是由它们决定的。

油气烃类中的蜡质均是烃类化合物形成的固态物质。目前对于蜡质的定义为蜡是由 90%~92% 的正构烷烃、7%~8% 的异构烷烃以及 1%~2% 的环烷烃构成的固态烃类混合物，其含碳原子数均大于 16。蜡的基本分子结构如图 4-1 所示，碳原子均呈现之字形排列，亚甲基 C—C 键的键角约 112°，C—C 键的键长为 0.153nm。C—H 键的键长约为 0.11nm[1]。烷烃单体和烷烃混合物在低于熔点的温度范围内均为晶体结构[2]。目前的研究多集中于正构烷烃，对异构烷烃的研究远不及正构烷烃，对于结构更加复杂的环烷烃及其混合物只是一些推测[3]。

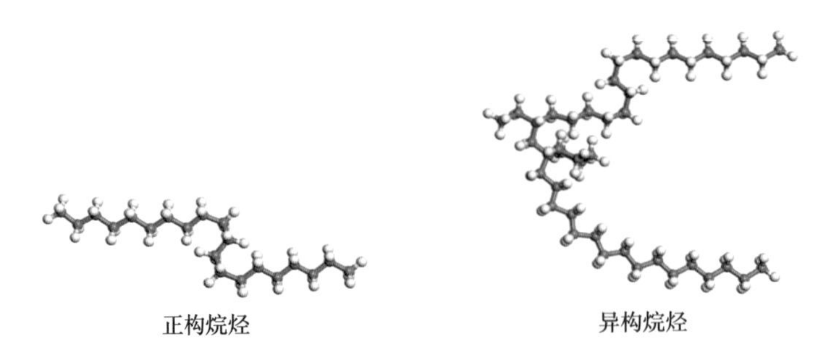

图 4-1　蜡质的基本分子结构式

在原油中，蜡质因其烃源岩中石蜡的沉积环境和内部结构不相同，分别为粗晶蜡、微晶蜡，甚至包括非晶蜡形态。蜡晶碳数分布一般介于 16~70 之间，多为高分子烷烃组成。

1. 微晶蜡

微晶蜡主要指的是 C_{30}—C_{60} 的多种饱和烃的混合物，构成主要为长链异构烷烃，以及少量大分子正构烷烃和环状烷烃。其分子结构更加复杂，分子量更大，分子量为 470~780。微晶蜡常常与沥青质共存，其可与 C_{16} 以下的油质结构形成更强的复合力，馏程末端产物熔点为 62~90℃。在原油中析出的微晶蜡的形状主要为针形，晶型细小，与原油中的液态组分的结合力强，可形成凝胶。

2. 粗晶蜡

根据粗晶蜡碳链结构，粗晶蜡主要是指 C_{16}—C_{30} 的直链正构烷烃，它的少量支链位于碳链末端，有异构烷烃、更少量的带长侧链的环状烃类、极少量芳香烃。其中正构烷烃的质量分数为 90%~92%，异构烷烃的质量分数为 7%~8%，环状烃类和个别芳香烃的质量分数为 1%~2%。在常温下粗晶蜡呈固态，碳原子数为 16~30，密度为 0.85~0.95g/cm^3，平均分子量为 360~430，熔点范围为 40~65℃，其馏程温度为 300~460℃，主要存在于 500℃ 以下的馏分中，少数可达 500℃。如图 4-2 所示，与微晶蜡形貌不同，粗晶蜡在地表条件下一般为深黄色的固态，表面较为光滑，和井筒中析出的石蜡颜色接近。在原油中析出的粗晶蜡的形状主要为片形，只含有少量针形结晶，这类晶体的体积 / 表面积比值较小，易于形成三维网状结构，将液态的原油包裹在其中形成凝胶，使得原油的流动性变差，甚至使其失去流动性。

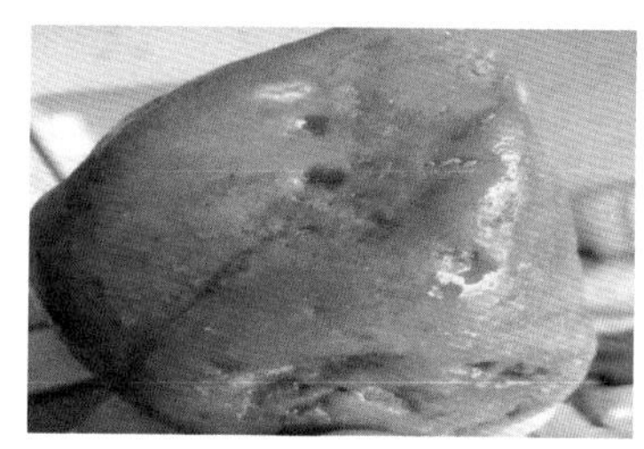
(a)粗晶蜡

(b)微晶蜡

图 4-2　粗晶蜡与微晶蜡形貌对比

3. 微晶蜡和粗晶蜡的比较

原油中的蜡质是构成有机固相沉积物的主要成分之一，典型的原油蜡质沉积物由约 60% 的粗晶蜡和 10% 的微晶蜡组成，此外，不定形蜡是微晶蜡和原油的混合物[4]。表 4-1 列出了粗晶蜡和微晶蜡的主要性质参数[5]。从表中可以看出，粗晶蜡相对于微晶蜡其正构烷烃含量较高，环烷烃和异构烷烃含量较低，粗晶蜡主要分布在较轻质 C_{18}—C_{36} 组分，而微晶蜡为 C_{30}—C_{60} 重质组分，粗晶蜡分子量、平均碳原子数，熔点范围存在条件都普遍低于微晶蜡。

表 4-1　粗晶蜡和微晶蜡的比较

主要特征		粗晶蜡	微晶蜡
组成	正构烷烃 /%	80~90	0~15
	异构烷烃 /%	2~15	15~30
	环烷烃 /%	2~8	65~75
	典型碳数分布	C_{18}—C_{36}	C_{30}—C_{60}
化学结构		(1)主要是直链分子，包含少量支链分子，个别有芳香烃； (2)支链靠近末端	大部分为支链分子，少部分为直链分子 支链在碳链的任何位置
分子量		350~420	500~800

续表

主要特征	粗晶蜡	微晶蜡
平均分子的碳原子数	26~30	41~50
熔点范围 /℃	40~70	60~90
结晶度范围 /%	80~90	50~65
完好晶型的形成条件	从溶液中或熔融下均可	只从溶剂中才能形成完美晶形
存在条件	大都在中等馏程的馏分中，一般馏程温度为 300~460℃，少数可达 500℃	（1）常常与沥青质共同存在； （2）对 C_{16} 以下的油质组分具有更大的亲和力； （3）高馏程产物

二、石蜡沉积影响因素

影响石蜡沉积的主要因素有温度、压力、流体组成，此外，有时还考虑水和矿化度、固体颗粒以及流速等因素对石蜡沉积的影响。

1. 温度和压力对石蜡沉积的影响

石蜡原油中分离出来的主要原因是溶解度的降低，而温度和压力的变化、体系组成的变化都可能引起溶解度的改变。一般用浊点和倾点来描述石蜡在原油中的溶解能力。浊点是指液相中开始析出石蜡时的温度，它和析蜡点实质上是一个温度点，实验测定的析蜡点一般是最高的原油析蜡点，它高于实际的结蜡点。温度降低会导致石蜡在溶液中的溶解度降低，从而使得石蜡析出。温度降低，可能导致液相中轻质组分的损失，从而重质组分增加，这会使石蜡沉积的趋势更加明显。

井筒中温度降低的主要原因有：（1）突然降压所引起的气体膨胀和焦耳—汤普森冷却效应；（2）井筒周围温度较低，导致井筒内流体温度低；（3）轻质组分蒸发出来带走流体热能。

当流体压力较大（大于泡点或露点压力）的时候，原油或凝析气中的轻质组分尚未挥发掉，轻质组分较多石蜡析出速度下降；但当压力较小（小于泡点或露点压力）的时候，轻质组分从原油中挥发出来导致油组分变重，溶解石蜡的能力降低，石蜡析出。

Brown 等通过实验测试研究了在不同压力、组分的条件下对石蜡析蜡点的影响，结果表明，压力越高，单脱油的析蜡点温度越高；而溶解气油样（含轻质组分）则相反，压力越高时其析蜡点温度越低，主要原因是因为随着压力的增加，溶解的轻质组分含量越高。

导致石蜡沉积的因素还有压力和温度。温度直接控制石蜡沉积，压力本身对石蜡溶解度的影响很小，但会改变体系在相图上的位置，从而控制了流体的组成。地层和生产井筒中压力的骤然降低通常是发生石蜡沉积的前兆。

2. 流体组成对石蜡沉积的影响

石蜡固相沉积最主要的内在因素是油气体系中组成含量的变化，针对石蜡沉积组成的差异导致在不同体系中多相平衡。同时石蜡的蜡晶体系也很容易影响，在压力相同的条件下，直链烃类含量越高，其石蜡析蜡温度（简称 WAT）越高，而其支链对石蜡结核不稳定性有促进的效果。

1）轻质组分的影响

原油中 C_7—C_{20} 溶解石蜡的能力要强于 C_3—C_6、而 C_1—C_2 相对较弱。也就是说，随着原油中 C_7—C_{20} 的增加，原油的溶蜡能力会增强；随着 C_3—C_6 的增加，原油的溶蜡能力也会增强，但并不明显；而 C_1—C_2 的增加则可能使原油的溶蜡能力降低。用相似相容原理可以很好地解释这一点。

此外，低溶解性气体还可以有效地降低石蜡的沉积。一般说来，石蜡的沉积温度随着原油中溶解气量的增加而降低。易溶解的气体比不易溶解的气体更容易使石蜡沉积温度降低。因此，随着地层原油中轻质烷烃含量的增加，石蜡沉积温度将会降低。

2）重质组分的影响

原油中含有不同程度的胶质、沥青质等重质组分，研究表明，随着原油中胶质含量的增加，石蜡的沉积温度降低。胶质通过吸附于石蜡晶体的表面来阻止结晶的进行。沥青质是胶质的进一步聚合物，是分子量较高的极性化合物，它不溶于油而是以颗粒状分散于油中，可成为石蜡结晶的核心，对石蜡的结晶起着分散作用，对石蜡的沉积起着抑制作用。但当原油中含有胶质、沥青质时，蜡结晶会分散得更均匀和致密，与胶质结合更紧密，使管壁上沉积的蜡强度更高。即使原油温度高于油管内析蜡点，石蜡处于未析出状态但由于有沥青，仍然会使黏度表现异常，导致出现为结构性流体。黏度的增加不利于蜡分子的径向扩散，具有抑制石蜡沉积的作用。

3. 石蜡沉积其他因素

石蜡的沉淀过程是热力学可逆过程。石蜡的沉积常常和沥青质沉积相互关联。在油田生产中影响石蜡沉积的因素有许多，除了上述提到的温度、压力与流体组成之外，目前被大多数专家学者广为接受的影响因素主要有 3 个方面：(1) 成核物质：沥青质、地层岩石颗粒以及设备腐蚀产物等都能作为成核物质有利于石蜡结晶沉积；(2) 剪切环境：低剪切环境（层流）有利于石蜡沉积；(3) 其他因素：如石蜡的分子量、油水比、pH 值等对石蜡沉积也有影响。

三、二氧化碳驱油过程中的石蜡沉积规律及机理分析

对四个典型 CO_2 驱油区块注 CO_2 过程中石蜡沉积条件及规律进行分析，分别将红 87-2、黑 59、黑 79 和乾安 I 四个区块的地层油，在各自的地层温度和原始地层压力下与 CO_2 充分接触后，对 4 个区块的 CO_2—地层油体系进行蜡沉积测试，没有发现蜡沉积现象。实验结果表明，四个区块如果在各自的原始地层压力条件下进行 CO_2 驱，不会在地层中产生蜡沉积。

针对含蜡量最高的红 87-2 地层油，开展了石蜡沉积实验，研究了 CO_2—地层油体系蜡沉积趋势，确定了 CO_2 驱油过程中蜡的沉积条件。CO_2 与红 87-2 地层油反向多次接触后的 WAT 数据见表 4-2，WAT 随油气接触次数的变化曲线如图 4-3 所示。

表 4-2　CO_2—红 87-2 地层油体系反向多次接触后的 WAT

CO_2 与地层油反向接触次数	平衡油相 WAT/℃	
	21.2MPa（原始地层压力）	30MPa
0	52.4	56.7
2	50.8	78.4
4	53.4	85.9
6	55.0	93.5
8	55.2	88.8

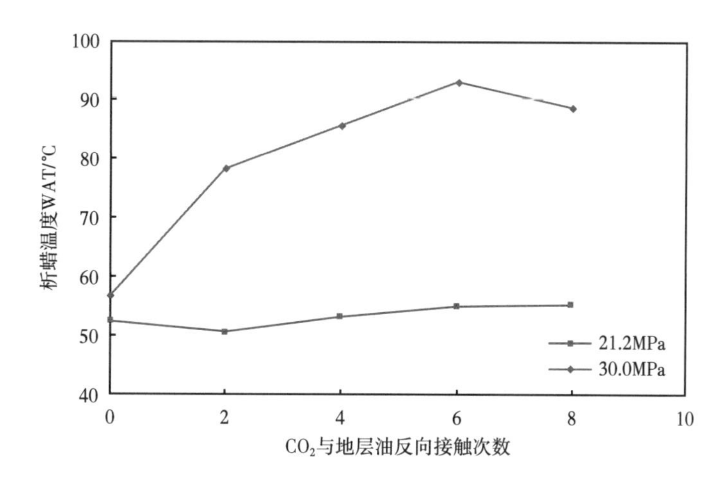

图 4-3　CO_2 与红 87-2 地层油反向多次接触后油相 WAT 变化趋势

实验结果表明，CO_2 与地层油反向多次接触后，油相 WAT 升高，其升高的幅度随体系压力的增高而增大。在原始地层压力 21.2MPa 压力下 CO_2 与地层油反向多次接触后，油相 WAT 呈小幅增高趋势，经过 8 次反向接触后油相 WAT 为 55.2℃，略高于地层油原始 WAT（52.4℃），远低于地层温度 101.6℃；在 30MPa 高压下，CO_2 与地层油反向多次接触后，油相 WAT 呈大幅度增高趋势，而经过 8 次反向接触后油相 WAT 又趋于稳定，经过 8 次反向接触后油相 WAT 为 88.8℃，远高于 30MPa 下地层油原始 WAT（56.7℃），但仍低于地层温度 101.6℃。说明红 87-2 井区无论是在地层压力下进行 CO_2 驱，还是在 30MPa

的高压下进行 CO_2 驱，都不会在地层原油中产生的石蜡沉淀。

红 87-2 地层油与 CO_2 反向多次接触 8 次后，平衡油相从 21.2MPa 衰竭到 5MPa，在不同衰竭压力下测试的油相 WAT 数据见表 4-3，WAT 随衰竭压力的变化曲线如图 4-4 所示。实验结果表明，CO_2—地层油体系的油相 WAT 随衰竭压力的降低而升高，体系压力从 21.2MPa 衰竭到 5MPa 时，油相 WAT 由 55.2℃ 升高到 57.7℃，虽然高于原始地层油的 WAT（52.4℃），但远低于地层温度 101.6℃，说明红 87-2 井区 CO_2 驱油，不会在产油井近井地层和井筒底部产生石蜡沉淀。

表 4-3　CO_2 与地层油体系反向 8 次接触后衰竭降压油相 WAT 数据

衰竭压力 /MPa	平衡油相 WAT/℃
21.20	55.2
15.00	55.6
10.00	56.2
5.00	57.7

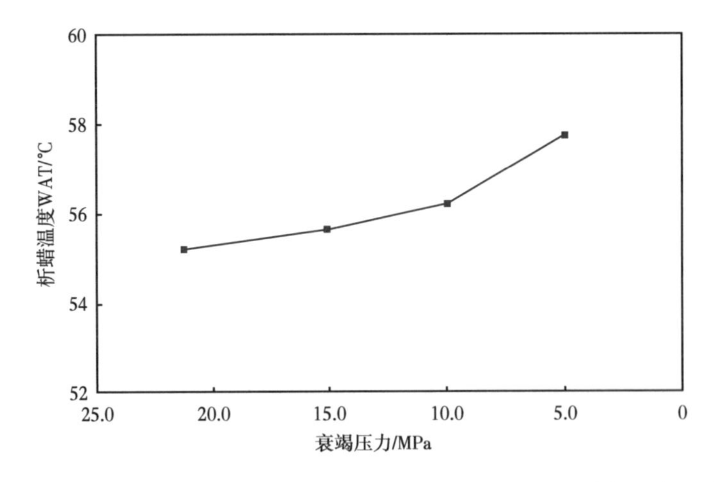

图 4-4　CO_2 与红 87-2 地层油体系反向 8 次接触后油相 WAT 随衰竭压力的变化曲线

按照溶液和相平衡理论，地层原油中的石蜡沉淀主要是由于原油组成、温度以及压力等因素发生变化，改变了体系相间热力学平衡条件，降低了蜡组分的溶解度，从而达到或低于析蜡点，形成石蜡结晶沉淀。在稳定条件下，低碳数的轻烃组分能够维持重质的石蜡组分在地层原油中的稳定性，而轻烃组分的减少会降低原油对石蜡的溶解能力，有利于石蜡沉淀。在 CO_2 驱油过程中，CO_2 对地层油中的轻烃组分有较强的抽提作用，在油气过渡带的后缘，经过反向多次接触蒸发抽提后，油中的轻烃组分减少降低了石蜡的溶解能力，使 WAT 有所升高。体系压力升高，CO_2 对地层油中轻烃组分的抽提作用增强，油中轻烃组分含量更低，使 WAT 升高幅度增大。同样，某一压力下 CO_2 与地层油动态接触后形成 CO_2—地层油体系，当体系压力下降使油中溶解的 CO_2 等轻组分逸出，也会致使 WAT 有所升高。

第二节　胶质沥青质有机沉积特征

沥青质是不溶于低分子正构烷烃而溶于苯或甲苯的石油重组分物质，它是石油中分子量最大、极性最强的非烃组分。注 CO_2 开发过程中，CO_2 容易破坏沥青质胶束稳定性，发生沥青质沉淀。目前，对沥青质沉积研究主要通过实验方法获得沥青质沉淀的条件以及沉积后对储层的影响。

一、沥青质的组成与分子结构

沥青质的组成、结构以及存在的形态一直存在争议，迄今为止，沥青质的组分、组成、化学结构以及分子量仍未达成统一的结论。沥青质物化性质的复杂性大大限制了对原油开采过程中沥青质的沉积的研究。

沥青质是由含有氧、氮、硫元素、结构复杂的碳氢化合物和含多种少量金属元素和非金属元素的碳氢衍生物所组成的化合物，是原油中分子量最大的结构。沥青质可以溶解于苯、二硫化碳以及三氯甲烷，但不能在石油醚和乙醇中溶解。早期将沥青质定义为不溶于石油醚而溶于苯的石油组分，现代将沥青质定义为不溶于正构烷烃但溶于苯的石油组分。正构烷烃的分子量越大，对沥青质的溶解能力越强，故可据此将沥青质分为正戊烷沥青质、正己烷沥青质和正庚烷沥青质三种。

沥青质的 C、H 含量不会发生较大变化，但杂原子含量变化较大。胶质和沥青质中包含了原油中绝大多数的杂原子，这些杂原子虽然和 C、H 相比含量不高，但对石油的黏度、溶解度、分子量、界面张力、化学反应性能等性质却有很大的影响。

Mckay 等[6]系统地研究了重质石油组分的组成，发现杂原子含量随着馏分的变重和极性的增加而增加。沥青质分子的多官能团特性使得按单个官能团特征分离沥青质难以实现。杂原子官能团通常具有化学反应特性，因而通常用化学分析的方法来研究沥青质中杂原子的分布和形态。

1. 沥青质中的氧

沥青质中氧的存在是导致沥青质具有表面活性的主要因素。沥青质中氧的含量主要取决于沥青质的来源及经历的变化等。由于空气中的氧很容易吸附到沥青质上与其进行结合，因此沥青质中的氧含量极易发生变化，导致很难确定沥青质中氧的存在形态和分布。石油馏分的研究表明，石油中的含氧化合物主要以酸性的酸和酚等含氧物质为主，但也有少量的氧可能存在于醇、醚、酮、醛、环氧化合物等结构中。

2. 沥青质中的氮

石油中的氮大部分富集在胶质和沥青质中，而且绝大部分以五元环吡咯型或六元环吡啶型氮的形式存在[7]。沥青质的热反应研究表明其中绝大部分的氮处于具有较高热稳定性的杂环芳香环结构中[6]。Kirtley 等[8]用 X 射线吸收近边结构技术研究了沥青质中氮的配位环境，结果表明其中吡啶类氮为 37%，吡咯类氮为 63%，没有非环状的饱和胺类氮。

3. 沥青质中的硫

硫可能是原油中含量最丰富的杂原子，这些含硫化合物会严重影响石油产品的使用性能，并且造成严重的环境污染。石油中大部分的硫都集中在胶质和沥青质中。石油中已发现的硫类型包括元素硫、硫化氢、硫醇、硫醚、多硫化物、环状硫醚、噻类化合物等。

4. 沥青质中的金属

胶质和沥青质组分中包含了石油中 90% 以上的金属。可以用各种元素分析方法对石油中金属元素的分布进行定量表征，但是绝大部分金属的存在状态均为未知。

通常采用平均分子结构模式表示沥青质的分子结构，当前广泛采用的结构示意图是晏德福提出的，如图 4-5 至图 4-7 所示 [5, 8]。沥青质的结构千变万化，随着对沥青质的深入研究，研究人员又先后提出了其他一些分子模型，

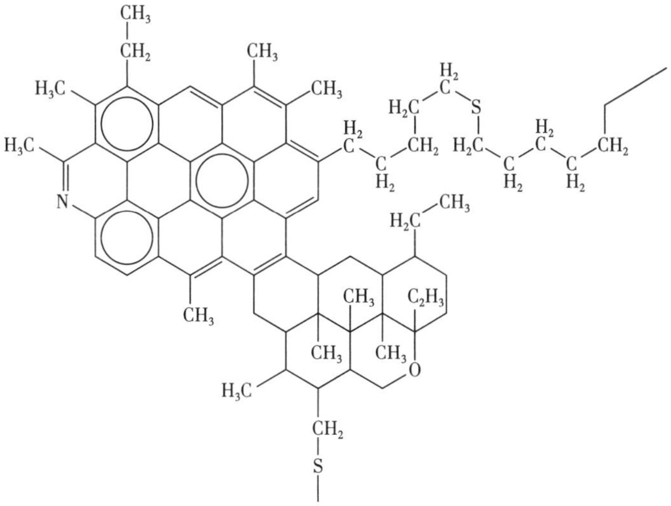

图 4-5　沥青质的平均分子结构

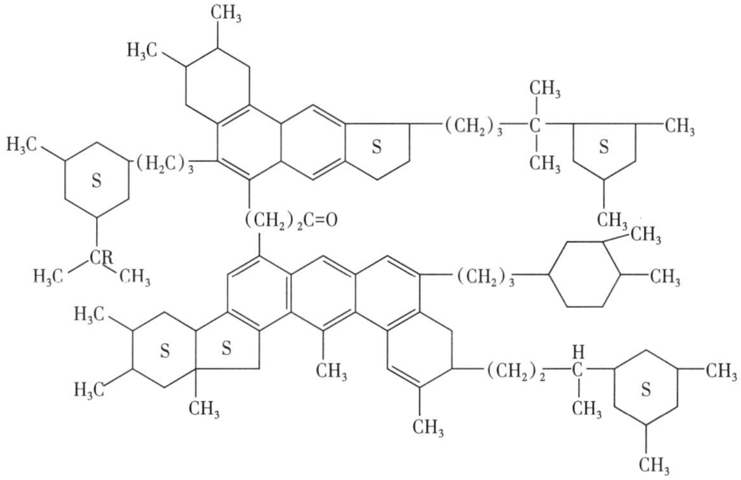

图 4-6　低分子量沥青质的分子结构

包括低分子量的沥青质 $C_{76}H_{150}S_{0.07}N_{0.06}O_{0.8}$、中等分子量的沥青质实验分子式 $C_{124}H_{194}S_{0.2}N_{0.18}O_{0.6}$ 以及高分子量沥青质实验分子式 $C_{274}H_{362}S_{1.4}N_{1.3}O_{2.7}$。

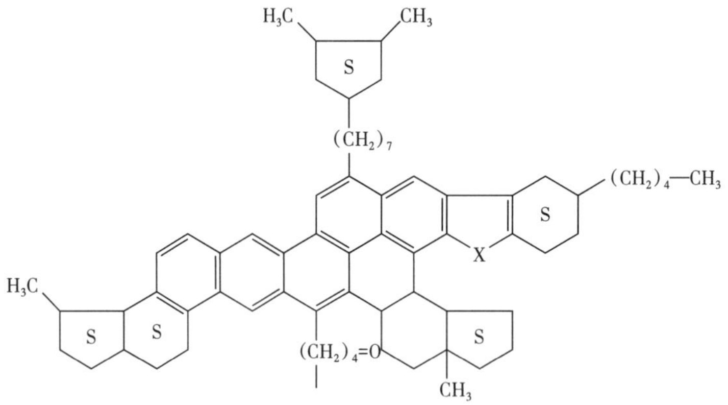

图 4-7　中分子量沥青质的分子结构

二、沥青质的特性

沥青质是影响原油密度、黏度、极性的主要因素。目前人们对沥青质的认识还不够清晰，对沥青质的认识往往是通过宏观性质的体现。在 CO_2 驱过程中，由于 CO_2 的溶解改变了原油组成，很容易造成沥青质的析出，影响原油和储层的性质，堵塞生产管线，给油田开发带来不利影响。

由于沥青质是一种高碳原子的复杂有机物，对其化学结构的研究本身就是难点。虽然对沥青质的研究从 20 世纪就已经开始了，并利用多种检测方法进行了大量的研究，但目前为止沥青质分子结构依然难以确定，且大多数的结果都是推测性的。目前被普遍接受的沥青质物理模型是一种由胶质吸附而形成的稳定胶束聚集体。

通过长期以来的研究发现沥青质具有以下特性：（1）沥青质通常带正电；（2）胶质是沥青质的胶溶剂（胶质也是极性的，受到沥青质电荷的吸引聚集在沥青质的周围）；（3）沥青质流动过程中会产生电流，造成沥青质的絮凝；（4）沥青质胶束在原油中呈分散状态，可以通过平均分子量来描述；（5）沥青质和胶质都有一种相互聚集的趋势。

为了分析沥青质在原油中的相变，形成了两种分析模型：分子热力学模型和热力学胶束模型。Fussel 等最先提述了分子热力学模型，通过状态方程来描述沥青质的相变。该模型建立在 Redlick–Kwong（RK）状态方程的基础上，运用类似于气—液和液—液相平衡来计算沥青质相变。热力学胶束模型是 Leontaritis 等基于沥青质的胶束本质而提出的，其核心思想是胶溶剂在沥青质和原油之间的转移及其逆过程，这决定了沥青质胶束在原油的中分散、絮凝和沉积。

三、沥青质沉积模型及影响因素

目前对于沥青质沉积问题的机理研究众说纷纭，对于沥青质聚集体分子间的主要相互作用力没有形成统一的认识，学者们虽提出了很多沥青质沉积的模型，但都未能完美模拟沥青质沉积问题。通过对国内外沥青质沉积机理研究进行调研整理，为日后学者研究沥青质沉积机理具有重要的指导和借鉴意义。

大多数石油体系的研究认为，沥青质沉积机理可分成两个发展阶段：一是原油体系平衡的破坏和固体颗粒的形成；二是沥青质固体颗粒的聚集沉积。沥青质的沉积一般可分为几个过程：沉淀、聚集、表面接触和黏附（沉积）。一些大分子沥青质也可以直接吸附于接触表面。

1. 沥青质沉淀模型

1）溶液模型

该模型中认为原油和沥青质是一种均相二元的混合物，其中沥青质为固相溶质，原油为溶剂。原油中所能溶解沥青质的多少由沥青质在原油中的溶解度决定，沥青质是否在原油中产生沉淀是由原油中溶解的沥青质含量是否达到饱和状态所确定[6-7]。尽管该模型用于计算沥青质沉淀的开始和沉淀量方面效果很好，但该模型将流体看成是只由沥青质和原油构成的体系，假设过于简单，不适合直接推广到复杂流体的模拟过程中。

2）胶体模型

20 世纪 80 年代，晏德福以及 Peramanu 等[8-9]提出了一种胶体模型，该模型认为原油中的沥青质为核心部分，吸附在沥青质上的胶质和其他的组分构成了分散相。正常情况下动态平衡的胶体体系，会由于温度、压力、原油组分、沉淀剂等因素的变化而被打破，导致沥青质微粒碰撞并聚集起来，形成沉淀[10-13]。胶体模型中的待定参数、可调参数较多，如胶束的确定需要胶束尺寸、胶质和沥青质分子几何特性、胶束自由能等参数，导致其通用性与预测性受到影响。

3）状态方程模型

Godbole 等采用校正的 Peng-Robinson（PR）状态方程来计算气—液—固三相的相平衡[10]。状态方程模型根据实验数据回归状态方程的参数，用以模拟固相沥青质。Vafaie-Sefti 等[14]在 PR 状态方程的基础上深入研究了化学作用对沥青质行为的影响，但由于考虑化学作用的影响时并不能给出相应的关系式，模型只能采用经验关系式用以计算偏差系数项。

2. 沥青质沉积影响因素

1）压力

Jamialahmadi 结合沥青质实验研究相包线时发现，当压力从沥青质的上包线压力降低到泡点时，沥青质沉淀量增加。而当压力从泡点压力升高到上包线压力附近时，较小的沥青质微粒具有更高的沉淀倾向，但此时沉淀沥青质微粒浓度的减少也在沥青质沉积过程中发挥与之相反的作用。由此可见，压力的变化对沥青质沉积过程的影响十分复杂，通常无法确定哪种影响占主导作用。

2）流速

目前许多实验研究试图确定流速大小对于沥青质沉积过程的影响。部分学者发现流速增大时，沥青质的沉积量随之降低；另一些学者发现当流速增大时会出现沉积量增大的现象。还有部分学者在分析沥青质的沉积过程中发现，环境温度和流体温度不发生变化时，沥青质的沉积速率和流速无关。

3）沥青质沉淀量与大小

许多实验研究表明，沥青质聚集体的浓度是影响沥青质沉积的重要因素之一。假设不考虑剪切剥离影响，所有沥青质微粒运动到管壁时立即发生黏附，则沥青质的沉积速率可以由式（4-1）计算：

$$m_d = k\left(C_{As}\right)^n \tag{4-1}$$

式中　m_d——沥青质微粒沉积量，mol；

k——比例系数；

C_{As}——聚集的沥青质微粒的浓度，mol/L。

通过上式发现，沉积量与沥青质微粒浓度成正比关系，沥青质聚集物微粒的大小是影响沥青质沉积的重要因素，大的聚集物颗粒之间相互作用，进而更易形成沥青质沉积物。较小的沥青质沉淀物会悬浮于原油体系中，慢慢聚集成大固体颗粒并随着原油体系流动或沉积到油藏介质和管道等接触物。

4）流量

随着流量的增加，沥青质沉积量明显增大。流量增大的过程中，压降的增加引起沉淀量的增大，导致沉积量增加。虽然流速增大会造成剪切剥离效果增强，进而造成管道沉积量减少[4]，但压降的增加及沉淀量的增大起主导作用。

四、二氧化碳埋存过程沥青质沉积规律及机理

对四个典型区块（红 87-2、黑 59、黑 79 和乾安 I）进行了沥青质析出条件和趋势研究。通常情况下，温度、压力、地层原油组成、注入 CO_2 的组成及其注入量等因素是影响 CO_2 驱油过程中沥青沉淀的重要因素。对于具体油藏来讲，地层温度、地层原油组成、注入 CO_2 的组成是一定的，因此影响沥青质沉淀的主要因素就是 CO_2 的注入压力和注入量。

应用高温高压沥青沉淀激光测试装置，分别在红 87-2 和黑 59 井区的地层温度下，测试了不同注入压力和注入量下得到的 CO_2—地层油体系的沥青沉淀析出点，再结合相应条件下的加气膨胀实验数据，绘制出了 CO_2—地层油体系的沥青沉淀三相压力—浓度（p—X）相图，根据沥青沉淀 p—X 相图可以确定沥青沉淀条件和趋势。

1. 二氧化碳—红 87-2 地层油体系沥青出条件和趋势

实验测试的二氧化碳—红 87-2 地层油体系的三相 p—X 相图如图 4-8 所示，

图中有一个液相区、一个气—液两相区和一个气—液—固三相区。气—液—固三相区就是沥青沉淀区域，这个区域的边界就是沥青开始絮凝沉淀的起点。随着地层原油的热力学条件如压力、CO_2 含量等由边界移向气—液—固三相区的中心，沥青沉淀程度就会加剧。从 $p—X$ 相图中可以看到，对于红 87-2 地层原油，只有当体系压力高于 41MPa、同时注入的 CO_2 在原油中的溶解量大于约 75%（摩尔分数）时，才会产生沥青沉淀。因此对于红 87-2 井区 CO_2 驱来说，只要油气接触带的地层压力小于 41MPa，就不会在地层原油中产生沥青沉淀。

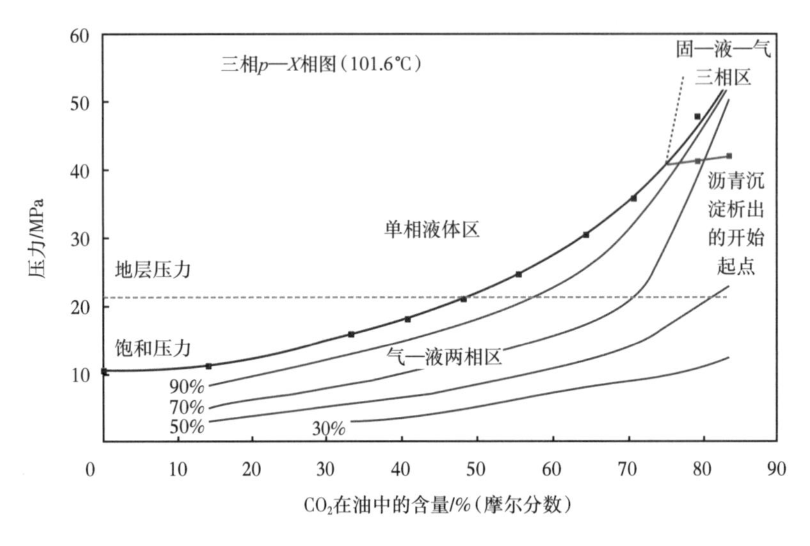

图 4-8　CO_2—红 87-2 地层油体系沥青沉淀三相 $p—X$ 相图

2. 二氧化碳—黑 59 地层油体系沥青出条件和趋势

实验测试的二氧化碳—黑 59 地层油体系的三相 $p—X$ 相图如图 4-9 所示，从相图中可以确定沥青沉淀条件。对于黑 59 地层原油，当体系压力高于 22MPa、同时注入的 CO_2 在原油中的溶解量大于约 60%（摩尔分数）时，就会在地层油中产生沥青絮凝沉淀。黑 59 井区原始地层压力 24.2MPa，略高于沥青絮凝的起始压力 22MPa，因此，在原始地层压力下进行 CO_2 驱，会在地层原油中产生少量沥青沉淀。实验测试中也确实观察到了很少量的沥青沉淀。如图 4-10 所示，CO_2—黑 59 地层油体系在 21.2MPa 时形成沥青絮凝。考虑到黑

59 井区原油中的沥青含量低（2.13%），因此 CO_2 驱油过程中可能产生的沥青沉淀量很少，因此对 CO_2 注入能力的影响不大。

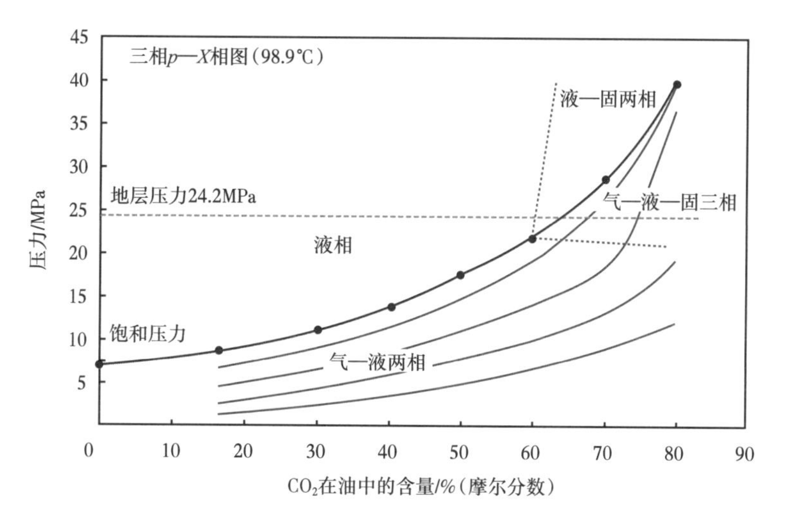

图 4-9　CO_2—黑 59 地层油体系沥青沉淀三相 p—X 相图

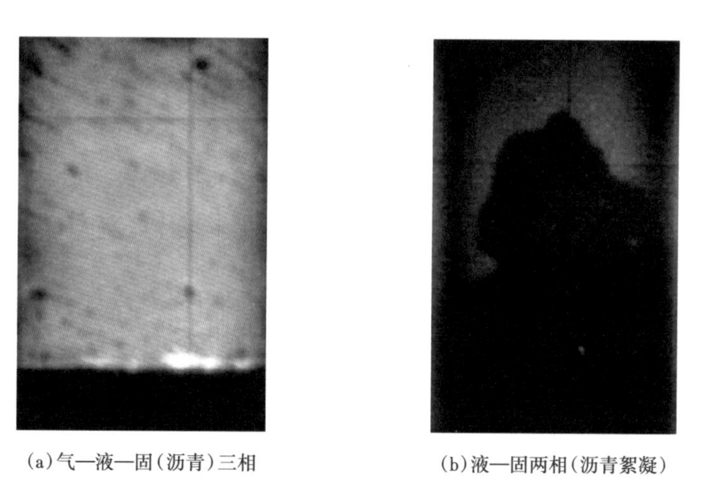

（a）气—液—固（沥青）三相　　（b）液—固两相（沥青絮凝）

图 4-10　CO_2—黑 59 地层油体系沥青絮凝照片（温度 98.9℃、压力 24.2MPa）

按照胶体理论，沥青质以分散胶体的形式存在于原油中，胶束的核心（胶核）是沥青分子团，胶质分子吸附于沥青分子团表面形成溶剂化层，由此造成胶束分散于原油体系中。胶质作为胶溶剂，是沥青质能够分散在原油体系中的关键介质。胶质分子吸附于沥青质分子团表面可以显著降低体系表面能，形成的溶剂化层阻止了沥青质分子团进一步缔合。但是由于胶质分子之间存在空间，不能够阻止体积足够小的分子靠近胶核。因此，当原油体系中轻质组分含量增加时，胶束溶剂化层中的小分子浓度升高，胶质分子浓度相对减少，导致溶剂化层厚度不够，体系表面能升高。为了降低表面能，胶束将进一步相互缔合，使胶粒增大。当胶粒持续增大并达到临界点时，就会形成沥青质沉淀。

在 CO_2 驱油过程中，随着注入的 CO_2 大量溶于地层原油，CO_2 小分子占据了沥青质分子团表面空间，致使胶质浓度相对减少，不能形成胶束或者胶束的溶剂化层厚度不够，导致沥青质分子进一步相互缔合形成更大的分子团，从而产生沥青的絮凝和沉积。注入压力越高，CO_2 在地层原油中的溶解能力越强，原油中 CO_2 小分子组分增加得越多，作为“沥青质稳定剂”的胶质浓度减少越多，越有利于沥青质相互缔合形成沉淀。

当 CO_2 在地层原油中的溶解达到饱和以后，形成气液两相，如果继续注入，这时 CO_2 对原油由溶解作用转为蒸发作用。CO_2 对原油中的轻质组分有很强的抽提蒸发能力，致使原油和胶束溶剂化层中的小分子烃类的浓度大大降低（小分子烃对沥青质的沉淀能力大于 CO_2），不利于沥青质沉淀。因此，向地层原油中注入 CO_2，一旦达到饱和形成气相后，沥青质的沉淀趋势就会减弱，沉淀量减小。

第三节　有机固相沉积状态方程

一、有机固相沉积热力学模型的基本假设

为了研究有机固相沉积，需要在拟合实验结果的基础上，采用数学模拟的方法对研究体系进行描述，依据流体力学理论，构建描述多相相平衡的热力学数学模型，对油气体系在热力学条件下的性质进行分析，预测其有机固相沉积行为。

油气体系中发生有机固相沉积行为本质是体系内部各个组分、各个相态之

间的相互转化伴随的复杂的物理化学过程，这个过程不仅相互关系十分复杂，而且影响因素多样。因此，要想获得成功的理论模型，需要抓住主要影响因素，简化次要影响因素，作出适当的物理简化。此外，需要选用准确的状态方程对相平衡状态计算中的气液非理想状态性质进行描述，选用准确的溶液理论对固相的非理想性进行描述，以便保证气、液、固三相处于热力学条件一致的状态。

二、多相相平衡的热力学判据

相平衡状态定义为：宏观上，当油气体系中的气、液、固三相之间的温度、压力相等，且三相之间不存在物质交换；微观上，将整个封闭系统中的每一个相看成是一个敞开系统，在不同条件下，分别从应用焓、热力学内能、吉布斯自由能以及亥姆霍兹能得角度建立三相相平衡的评判标准，以判断各敞开系统之间的热力学平衡状态。

根据热力学评判标准，当整个封闭体系的吉布斯自由能为最小值时，该系统处于热力学平衡状态。由此导出热力学判据条件：各相的温度、压力以及相同组分在不同相中的化学位全都相等，见式（4-2）至式（4-2c）。

$$T^1 = T^2 = \cdots = T^n \tag{4-2a}$$

$$p^1 = p^2 = \cdots = p^n \tag{4-2b}$$

$$\mu_i^1 = \mu_i^2 = \cdots = \mu_i^n \tag{4-2c}$$

式中　T_n——n 相的温度，K；

p_n——n 相的压力，MPa；

μ_i^n——n 相中 i 组分的化学位，kJ/mol。

可以用上述公式判断油气体系中各相是否达到相平衡状态。由于化学位不是一个绝对量，无法用某一绝对值进行量化，因此上述公式中化学位很难计算。研究人员采用计算相对容易的逸度来替换化学位，以解决化学位难以求解的问题。逸度在化学热力学中表示实际气体的有效压强，用 f 表示。温度一定时，混合物的组员逸度定义为：

$$\mathrm{d}\bar{G}_i = RT\mathrm{d}\ln\hat{f}_i \tag{4-3a}$$

$$\lim_{p\to 0}\frac{\hat{f}_i}{x_i p} = 1 \tag{4-3b}$$

式中 $\bar{G}_i$——i 组分的偏摩尔吉布斯自由能，kJ/mol；

R——通用气体常数，J/（mol·K）；

T——温度，K；

$\hat{f}_i$——组分 i 的逸度，MPa；

x_i——组分 i 的摩尔分数；

p——系统压力，MPa。

由此可以得到偏摩尔吉布斯自由能：

$$\mu_i = \theta_i(T) + RT\ln\hat{f}_i \tag{4-4}$$

式中 $\theta_i(T)$——与温度有关的积分常数。

结合式（4-4）和式（4-2），可得：

$$\hat{f}_i^1 = \hat{f}_i^2 = \cdots = \hat{f}_i^n\,(i = 1, 2, \cdots, n) \tag{4-5}$$

因此，处于相平衡的多相多组分体系在相同压力和温度下，每个组元在各相中的逸度需相等。式（4-5）是常用的相平衡判据。

三、状态方程

根据相平衡判据公式，准确的求解各相的逸度对于正确判断相平衡十分重要。当求解油气体系中蜡质或者沥青质沉积量时，需建立每一组分在气、液、固三相的平衡常数、逸度系数及逸度。采用状态方程来计算气相和液相中各组分的逸度及逸度系数，采用溶液理论来计算固相中各组分的逸度及逸度系数，根据每一组分在各相中的逸度相等作为判据，来计算各组分的气—液、固—液平衡常数。

迄今为止，没有一个状态方程可以同时适用于气、液、固三相的计算，目前的应用较多的状态方程可以分为两类。第一类是多参数状态方程，包括 BWR 方程和 BWRS 方程等，均是在维里方程的基础上发展起来的。这些方程的可调参数较多、灵活性大、计算精度高，缺点是需要根据大量的实验结果调整计算参数，因此计算量较大，难以得到适合所有体系的普遍形式。第二类方程是立方型状态方程，包括 RK 方程、Soave Redlich-Kwong（SRK）方程、PR 方程以及 Patel-Teja（PT）方程等，均是在范德华方程的基础上发展起来的。这类方程的优点是方程上可以写成体积的三次方形式，可以使用数学方法进行求解；缺点是计算精度略低。但是由于计算方便，此类方程在石油工业中得到广泛应用。

1）RK 状态方程

1949 年 Redlich 和 Kwong 在范德华方程中引入温度对引力项的修正，得到 RK 方程，该方程更适用于非极性和弱极性化合物的计算，不适用于强极性化合物状态方程的计算，具体方程式如下：

$$p = \frac{RT}{V-b} - \frac{a}{T^{0.5}V(V+b)} \tag{4-6a}$$

$$a = \frac{0.42748R^2T_c^{2.5}}{p_c} \tag{4-6b}$$

$$b = \frac{0.08664RT_c}{p_c} \tag{4-6c}$$

式中 V——摩尔体积，cm^3/mol；

T_c——临界温度，K；

p_c——临界压力，MPa。

此外，可以将 RK 方程写成关于压缩因子的立方形式：

$$Z^3 - Z^2 + Z(A-B-B^2) - AB = 0 \tag{4-7}$$

其中：

$$A=\frac{ap}{R^2T^{2.5}}, \quad B=\frac{bp}{RT} \tag{4-8}$$

2）SRK 状态方程

1961 年 Pitzert 提出了偏心因子计算公式：

$$\omega=-\lg\left(p_{rS}\right)_{T_r=0.7}-1 \tag{4-9}$$

式中 ω——偏心因子；

T_r——对比温度，K；

p_{rS}——不同分子体系在 T_r=0.7 时的对比蒸气压。

1972 年，Soave 将偏心因子引入 RK 状态方程中，得到了 SRK 状态方程：

$$p=\frac{RT}{V-b}-\frac{a(T)}{V(V+b)} \tag{4-10a}$$

$$a(T)=a_c\alpha(T_r)=0.42747\frac{R^2T_c^2}{p_c}\alpha(T_r) \tag{4-10b}$$

$$b=0.08664\frac{RT_c}{p_c} \tag{4-10c}$$

$$\alpha(T_r)=\left[1+m\left(1-T_r^{0.5}\right)\right]^2 \tag{4-10d}$$

$$m=0.480+1.574\omega-0.176\omega^2 \tag{4-10e}$$

SRK 状态方程可写成关于压缩因子的立方形式：

$$Z^3-Z^2+Z\left(A-B-B^2\right)-AB=0 \tag{4-11}$$

其中：

$$A=\frac{ap}{R^2T^2}, \quad B=\frac{bp}{RT} \tag{4-12}$$

SRK 状态方程可以用于计算烃类体系的气—液相平衡，该方程可以精确计算纯物质的饱和蒸气压，但是在计算容积性质时和 RK 方程差不多，而计算液相体积性质时，计算结果需要修正。

3）PR 状态方程

1976 年，Peng 和 Robinson 在 SRK 方程的基础上，提出 PR 状态方程，具体的方程式如下：

$$p=\frac{RT}{V-b}-\frac{a\alpha(T)}{V(V-b)+b(V-b)} \tag{4-13a}$$

针对油气体系多组分混合体系，PR 方程的形式为：

$$p=\frac{RT}{V-b_m}-\frac{a_m(T)}{V(V+b_m)+b_m(V-b_m)} \tag{4-13b}$$

式中 a_m、b_m 仍然使用 SRK 状态方程的混合规则求得：

$$a_m(T)=\sum_{i=1}^{n}\sum_{j=1}^{n}x_i x_j\left(a_i a_j \alpha_i \alpha_j\right)^{0.5}\left(1-k_{ij}\right) \tag{4-14}$$

$$b_m=\sum_{i-1}^{n}x_i b_i \tag{4-15}$$

式中 K_{ij}——PR 状态方程的二元交互作用系数。

用以下方式计算 PR 方程中 C_1 与其他组分的二元交互作用系数：

$$k_{C_1 j}=0.0289+1.633\times10^{-4}M_j \tag{4-16}$$

式中 M——摩尔质量，g/mol。

当 $M_i<255$ 且 $M_i<M_j$，采用以下公式计算正构烷烃间的二元交互作用系数：

$$k_{ij}=6.872\times10^{-2}+3.6\times10^{-6}M_i^2-8.1\times10^{-4}M_i-1.04\times10^{-4}M_j \tag{4-17}$$

当 $M_i\leqslant M_j$ 且 $M_i\geqslant 255$，正构烷烃间的二元交互作用系数取 0，此时，范德华方程的临界点条件对 PR 状态方程仍然使用，其中 a_i、b_i 分别为：

$$a_i=0.45724\times\frac{R^2T_{ci}^2}{p_{ci}} \tag{4-18a}$$

$$b_i = 0.07780 \times \frac{RT_{ci}}{p_{ci}} \tag{4-18b}$$

其中关于可调温度的函数关联式为：

$$\alpha_i = \left[1 + m_i\left(1 - T_{ri}^{0.5}\right)\right]^2 \tag{4-19a}$$

$$m_i = 0.37464 + 1.54226\omega_i - 0.26992\omega_i^2 \tag{4-19b}$$

PR 状态方程可写成关于压缩因子的形式，对混合物进行计算：

$$Z_m^3 - (1 - B_m)Z_m^2 + \left(A_m - 2B_m - 3B_m^2\right)Z_m - \left(A_m B_m - B_m^2 - B_m^2\right) = 0 \tag{4-20a}$$

$$A_m = \frac{a_m(T)p}{(RT)^2}, \quad B_m = \frac{b_m p}{RT} \tag{4-20b}$$

相对应的关于逸度的计算公式为：

$$\ln\left(\frac{f_i}{x_i p}\right) = \frac{b_i}{b_m}(Z_m - 1) - \ln(Z_m - B_m) - \frac{A_m}{2\sqrt{2}B_m}\left(\frac{2\psi_j}{a_m} - \frac{b_i}{b_m}\right)\ln\left(\frac{Z_m + 2.414B_m}{z_m - 0.414B_m}\right) \tag{4-21}$$

其中：

$$\psi_j = \sum_{j=1}^{n} x_j \left(a_i a_j \alpha_i \alpha_j\right)^{0.5}\left(1 - k_{ij}\right) \tag{4-22}$$

大量实验表明，相比于 SRK 状态方程，PR 状态方程对于体系中含有弱极性物质的气—液两相平衡的计算更加精确，同时使用 PR 方程计算油气体系中组分的临界参数也比其他方程更接近实际状况。

4）PT 状态方程

1980 年，Patel 和 Teja 对 PR 状态方程的引力项做出了修改得到 PT 状态方程：

$$p = \frac{RT}{V - b} - \frac{a(T)}{V(V + b) + c(V - b)} \tag{4-23a}$$

$$a(T)=\Omega_a\alpha(T)R^2T_c^2/p_c \tag{4-23b}$$

$$b=\Omega_b RT_c/p_c \tag{4-23c}$$

$$c=\Omega_c RT_c/p_c \tag{4-23d}$$

其中：

$$\Omega_c=1-3\zeta_c \tag{4-24a}$$

$$\Omega_a=3\zeta_c^2+3(1-2\zeta_c)\Omega_b+\Omega_b^2+1-3\zeta_c \tag{4-24b}$$

$$\Omega_b^3+(2-3\zeta_c)\Omega_b^2+3\zeta_c^2\Omega_b-\zeta_c^2=0 \tag{4-24c}$$

$$\alpha=\left[1+F\left(1-T_r^{0.5}\right)\right]^2 \tag{4-24d}$$

式中　F——经验常数。

PT 状态方程可写成关于压缩因子的形式：

$$Z^3+(C-1)Z^2+\left(A-2BC-B^2-B-C\right)Z+(BC+C-A)B=0 \tag{4-25}$$

其中：

$$A=\frac{ap}{R^2T^2},\quad B=\frac{bp}{RT},\quad C=\frac{cp}{RT} \tag{4-26}$$

四、重馏分特征化

一般来说，在油气体系的相平衡计算当中，认为油气体系主要是由烃类化合物构成的，因此在相平衡计算之前，务必要了解整个油气体系中每个组分的组成成分、摩尔分数以及与其相关的热力学性质。但是在现实中，实验技术条件有限，不可能对每一个组分的组成分布精确检测出来，在测量过程中，将不能精确测定的组成成分看作是一个拟组分，计算出拟组分的分子量和相对密度。C_{n+} 可以被看成一个组分，通过相关的经验公式可以计算出拟组分的物性参数和热力学性质。不可避免的是，这将引入一个较大的误差，这就导致相平衡的计算结果不够精确。可以通过对重馏分进行特征化处理来提高计算精度。通过前 n-1 个组分的分布规律，可以由此推测出所有油气体系组分的分布规律，然后再重馏分延伸为数目比较多的组分当中，并且由此计算出每一个组分的物理性质的参数。但是当油气体系的组分数目比较多，计算量也会随之加倍，并且因此误差过大导致计算不收敛。为了解决这一问题，可以将数量较多的窄组分来分成有限的拟组分，然后再计算拟组分中相关的热力学参数，对其进行相平衡计算。这就是重馏分的特征化过程。

重馏分特征化有以下重要意义：（1）将油气体系中的 n-1 个组分的分布规律延伸到重馏分过程中，有效地解决了实验中无法精确确定重馏分组成这一问题；（2）通过相关的经验计算公式能计算各个延伸组分的热力学参数，并通过这种方法来计算各个拟组分的热力学参数，为相态计算供了相关的计算数据；（3）重馏分特征化过程的最后结果是将某一个重馏分根据具体的某个规则分成了几个拟组分，这在一定程度上提高了计算过程中的准确度；（4）将每个延伸窄组分，这大幅度减少了计算工作量，让计算更早收敛。

总之，不管从实验的工作量还是在计算的工作量上，以及计算精度来说，重馏分特征化都是非常有必要的。

重馏分特征化的步骤如下：（1）用相关实验仪器测量出油气烃类体系中 C_6 及以下油气体系组分的组成分布，C_{7+} 组分可以被看作是一个拟组分（随着技术进步的推移，也会有相关的仪器能精确测量到 C_{10}，而 C_{11+} 组分也可以看作是一个拟组分），测量馏分的相对密度和分子量；（2）通过合适的拆分方法对 C_{7+} 组分延伸处理，并由此算出每个窄组分的分子量以及摩尔分数；（3）利用相关的计算经验公式，计算出每一个窄组分的热力学性质，例如相对密度、临界温度、临界压力、偏心因子等等；（4）为了最大程度的减少计算量，对每个延伸组分进行拟组分化处理，即将数目较多的窄组分拆分为有限的拟组分；（5）利用相关混合规则，使用窄组分的热力学参数计算各个拟组分的热力学参数。

重馏分延伸后的各个延伸组分应该要满足物理平衡，即延伸前后的摩尔分数守恒、分子量守恒、密度守恒。由于实验条件有限，在平时的测试中只能准确地给出 C_1、C_2、C_3、iC_4、nC_4、iC_5、nC_5 和 C_6 等烃类组分组成，称之为明确组成。每一个明确组成的热力学参数（沸点、T_c、p_c、ω 和相对密度等）可以在相关物理化工手册中查到。重馏分组成分布对相平衡的影响非常大，为了尽可能提高计算精度，需要对重馏分用某种方式来延伸为很多的 SCN 组成。比较常用的延伸方法有如下三种。

1）经验关联式法

对主要物质的热力学参数进行精确测量时，可以选择重馏分的相对密度、分子量、正常沸点和碳原子数等测量起来比较容易的热力学参数作为关联变量，对于临界压力、临界温度、偏心因子等测量比较容易的热力学参数来作为关联函数。利用数据拟合的方法来获得热力学参数之间的计算经验公式，然后将所得到的经验公式延伸到重馏分的特性计算中。这种方法计算起来比较简单，但在没有相关的实测数据时，这种方法无法使用。更重要的是，这种方法计算的精确度不高，没有办法满足相态计算要求。

2）基于联系热力学理论的等效碳数关联法

将 C_{n+} 重馏分的正常沸点、相对密度、分子量以及临近参数这些热力学参数与烃类同系物的相应参数进行对比，这样可以获得一个整数或非整数的烃类同系物与重馏分等效。所利用的烃类同系物的碳原子数就是重馏分的等效碳数。等效碳数这个方法比较简单，但由于重馏分的组分比较复杂，这当中不只有正构烃类，还有异构烃类，环烷烃以及芳香烃等组分，一旦其中的极性组分和异构烃类含量比较多时，这种方法与正构烷烃会产生较大的差距，计算的精度将无法满足相态计算要求。

3）连续热力学分布函数法

连续热力学分布函数法是对油气体系中每个组分组成的分布规律用精密的仪器分析出来，然后再利用统计学知识把分布规律总结成一般的分布模型，进而推广到各类油气体系。各种 SCN 组分或者分子量或者异构体的等效碳数 C_n

这些都可以成为分布函数变量。该方法适合把 C_{n+} 重馏分延伸为窄组分，这种方法在相态计算当中取得的效果很好，所得到的精度也比较高。

综上，重馏分比较适合连续热力学分布函数法。

连续热力学分布函数法主要包括：Katz法、Pedersen法、Whitson法、Ahmed法。这几种方法的各有优缺点。

Katz 认为在油气体系中 SCN 组分的碳原子分布以及摩尔分数分布为指数函数形态。这种方法只需要 C_{7+} 组分的摩尔分数，这样可以对重馏分来进行延伸处理，结构形式相对来说也比较简单。这个优点让该方法在使用起来也较为方便。但该方法的计算的精确度不高，适用范围比较狭窄。Katz 法是通过分析凝析气中的重馏分组分分布建立的，所以对于含蜡原油或重烃类含量较多并且成分复杂的体系不太适用。

Pedersen 等对于油气体系中各 SCN 组分的摩尔分数和碳原子分布用对数函数来表述。这种方法中有两个常数，这两个常数需要通过数据拟合得到组分的分子量或者常沸点温度。这种方法与 Katz 相比较而言计算的精确度有所提高，但是含蜡原油组分并不都满足指数分布的形态，所以 Pedersen 法只适合用于轻质原油体系。

Whitson 等研究认为油气体系服从于伽马分布，可以通过伽马分布函数来描述各延伸组分的分子量与延伸组分的分布规律。这种方法通过引入三个参数来调整伽马函数的形态，而其中有一个可调节参数，通过调节该可调参数可以将该重馏分延伸方法拓展到不同的油气体系中。Whitson 法的计算表达式比较复杂，应用起来会有些不便，但是计算的精确度比较高，对于含蜡原油体系也比较适用。

Ahmed[5] 法通过列出一个递归关系来估计每个延伸组分的分子量和摩尔分数。这种方法需要的输入参数很少，只需要知道重馏分的摩尔分数和分子量就可以。Ahmed 法形式比较简单，实现起来比较容易，但是当延伸组分比较多时，会出现摩尔分数为负值的情况，这就会导致相态的计算出现误差。

通过以上的几点分析可以总结出来，Whitson 法更加适用于对重馏分进行延伸处理。

要对重馏分进行延伸分析，先要将 C_{n+} 做一个“加和”组分，通过实验来测量 C_{n+} 的相对密度和平均分子量。进而利用连续分布函数对各 SCN 组分进行划分，各 SCN 组分务必要满足组成分布平衡方程、密度平衡方程和分子量平衡方程。

组成分布平衡方程定义为：“加和”组分的组成等于各延伸组分组成含量的总和。可用以下公式表达：

$$\frac{1}{M^+}\int_{M_{C_n}}^{M_C} x\mathrm{d}(M) = x^+ \tag{4-27}$$

式中 x^+——加和组成成分的摩尔组成；

M^+——加和组分中的平均分子量；

M_{C_n}——延伸组分中最小碳数组分的分子量；

M_C——延伸组分中最大碳数组分的分子量。

分子量平衡方程定义为：“加和”组分的平均分子量等于各延伸组分分子量的总和。可用以下公式表达：

$$\frac{1}{x^+}\int_{M_{C_n}}^{M_C} x\mathrm{d}(M) = M^+ \tag{4-28}$$

密度平衡方程定义为：“加和”组分的平均密度等于各延伸组分密度的总和。可用以下公式表达：

$$\frac{\int_{M_{C_n}}^{M_C} x\mathrm{d}(M)}{\int_{M_{C_n}}^{M_C} \frac{X}{P}\mathrm{d}(M)} = \rho_{C_{n+}} \tag{4-29}$$

式中 $\rho_{C_{n+}}$——加和组分的平均密度，g/cm^3。

对油藏流体的组成成分进行分析后发现，油气体系中的组分组成满足一种普遍使用的指数分布函数的形式，即：

$$P(I) = A \cdot e^{-B \cdot I} \tag{4-30}$$

式中 A——满足 C_{n+} 的摩尔组成；

B——满足 C_{n+} 的分子量；

I——特性参数，可以取分子量或者沸点温度。

Whitson 认为油气体系的各个组分一般来说服从伽马函数分布，认为分子量和概率分布密度之间满足以下等量关系：

$$P(M)=\frac{(M-\eta)^{\alpha-1}\exp[(M-\eta)/\beta]}{\beta\Gamma(\alpha)} \tag{4-31}$$

式中　α、β——定义分布函数的形态参数；

η——延伸组分中最小 SCN 组分的分子量。

可以通过调整 Whitson 模型中的可调参数 α 来调节伽马函数的形状，这样可以使得伽马函数能够适用于不同的油气体系中，并且扩大模型的使用范围，使得模型具有比较好的稳定性。三个参数具有以下等量关系：

$$\alpha\cdot\beta=M_{C_{n+}}-\eta\left(\text{其中 }\eta=14n-6\right) \tag{4-32}$$

式中　$M_{C_{n+}}$——重馏分的平均分子量。

累加的函数 $P(X\leqslant x)$ 是 $P(X)$ 从 η 至 x 的定积分：

$$P(X\leqslant x)=\int_{\eta}^{x}P(X)\mathrm{d}x \tag{4-33}$$

该累计概率分布函数的解析表达式为：

$$P(X\leqslant x)=\mathrm{e}^{-y}\sum_{j=0}^{\infty}\left[y^{\alpha+j}/\Gamma(\alpha+j+1)\right] \tag{4-34}$$

其中：

$$y=\frac{x-\eta}{\beta} \tag{4-35}$$

单个的碳原子的组成 Z_i 与“加和”的组分组成 $Z_{C_{n+}}$ 有以下等式关系：

$$Z_i=Z_{C_{n+}}\sum_{j=0}^{\infty}\frac{\mathrm{e}^{-y_{i+1}}y_{i+1}^{\alpha+j}-\mathrm{e}^{-y_i}y_i^{\alpha+j}}{\Gamma(\alpha+j+1)} \tag{4-36}$$

在上式中：

$$y_i = \frac{\bar{M}_i - \eta}{\beta} > 0 \tag{4-37}$$

在上式中 $\bar{M}_i$ 代表尤其体系中相邻的两个碳数组分分子量 M_i 和 M_{i+1} 的算数平均值：

$$\bar{M}_i = \frac{1}{2}(M_i + M_{i+1}) \tag{4-38}$$

而重馏分过程与延伸组分之间的关系应该满足物质守恒等式：

$$\sum_{i=n}^{N} Z_i M_i \gamma_i - Z_{C_{n+}} M_{C_{n+}} \gamma_{C_{n+}} = 0 \tag{4-39}$$

在实际的计算当中，对 M_i、T_{bi} 或者 γ_i 进行略微调整，当：

$$\sum_{i=n}^{N} Z_i M_i \gamma_i - Z_{C_{n+}} M_{C_{n+}} \gamma_{C_{n+}} < \xi \tag{4-40}$$

这样则满足所给出的计算精确度要求。经过以上的计算步骤后，便可得到重馏分各延伸组分的组成。

在以上的 α、β、η 三个参数当中，α 为可调节参数，对于大多数油气体系来说，α 大部分情况下都在 0.5~3 之间。对于不同的油气体系，α 值不同，β 是由 α 确定的。

根据 Watson 特征常数的定义式：

$$K = 1.21644 T_{b_i}^{1/3} / \gamma \tag{4-41}$$

一般来说，Watson 特征常数的变化范围一般在 10~13 之间，Watson 特征常数反映烃组分的链烷程度。Watson 常数的取值：有芳香性的组分 K 取 10；高链烷性的组分 K 取 13。由于该常数的变化范围小，一般来说常用 C_{n+} 馏分的平均参数来计算，即：

$$K_{C_{n+}} = 4.5579 M_{C_{n+}}^{0.15178} \gamma_{C_{n+}}^{-0.84573} \tag{4-42}$$

对于各个延伸组分的相对密度（290K 时）和实沸点的相关计算，通过

Riazi-Daubert 关联式来计算，即：

$$\gamma_i=\left(4.5579M_i^{0.15178}/K_{C_{n+}}\right)^{1.1825} \tag{4-43}$$

当 $M_i \leqslant 300$ 时，延伸组分的沸点按照以下式子来计算：

$$T_{bi}=9.76587e^{1.6514\times10^{-4}M_i+2.98404\gamma_i-4.25288\times10^{-3}M_i\gamma_i}M_i^{0.40167}\gamma_i^{-1.58262} \tag{4-44a}$$

$$M_i=1.6607\times10^{-4}T_{bi}^{2.1962}\gamma_i^{-1.0164} \tag{4-44b}$$

$$K_i=4.5579M_i^{0.15178}\gamma_i^{-0.84573} \tag{4-44c}$$

当使用以上公式时，可以求得各个延伸组分的相对密度、分子量、沸点温度和 Watson 特征常数。之后可以通过以下几个经验式来求出各个延伸组分的临界压力、临界体积、临界温度、临界压缩因子和偏心因子等热力学常数。

$$T_{ci}=19.0623T_{bi}^{0.58848}\gamma_i^{0.3596} \tag{4-45}$$

而当 $T_{bi} \leqslant 427$ 时，各个延伸组分的临界压力可以通过以下式子计算：

$$p_{ci}=5.53028\times10^{6}T_{bi}^{-2.3153}\gamma_i^{2.3201} \tag{4-46}$$

而当 $T_{bi} > 427$ 时，各个延伸组分的临界压力可以通过以下式子计算：

$$p_{ci}=1.71589\times10^{11}T_{bi}^{-3.86618}\gamma_i^{4.2448} \tag{4-47a}$$

$$V_{cmi}=1.7842\times10^{-4}T_{bi}^{2.3819}\gamma_i^{-1.683} \tag{4-47b}$$

$$Z_{ci}=V_{cmi}p_{ci}/\left(0.00831T_{ci}\right) \tag{4-47c}$$

$$\omega_i=\frac{3}{7}\left[\frac{\lg\left(p_{ci}/p_a\right)}{\frac{T_{ci}}{T_{bi}}-1}\right]-1 \tag{4-47d}$$

式中　γ_i——组分 i 的相对密度；

T_{bi}——组分 i 的实沸点，K；

T_{ci}——组分 i 的临界温度，K；

p_{ci}——组分 i 的临界压力，MPa；

V_{cmi}——组分 i 的临界体积，cm^3/mol；

Z_{ci}——组分 i 的临界压缩因子；

ω_i——组分 i 的偏心因子。

求得各个延伸组分的热力学性质的步骤如下：（1）输入实际测得的数据，实测的前 n-1 个延伸组分组成、C_{n+} 的分子质量、相对密度和组成等数据；（2）输入第一步中所得到的基础数据，前 n-1 个延伸组分的分子量（或者实沸点、相对密度）；（3）由各个 SCN 组分的摩尔组成分布计算公式可以得到各个延伸组分的组成分布；（4）通过公式计算组分是都满则精度要求，如果满足则可以进入到下一步；如果不满足，则对分子质量（或者实沸点、相对密度）进行略微调整，并且重新返回到第三步重新求延伸组分的组成分布；（5）通过经验公式计算延伸组分的热力学物性参数，例如临界温度、临界压力、临界压缩因子、偏心因子等。

根据上面所述的重馏分的延伸方法，将重馏分延伸为许多的窄组分。但是窄组分太多会导致计算量的倍增，同时这样也会导致计算的过程很难收敛。因此，在能够保障精度的前提下，有必要使用某一些组合的规则将大量的窄组分劈分成少一点的拟组分，并且对拟组分的相关热力学参数来进行计算。对重馏分劈分的方法有许多，不一样的劈分方法对于整个体系的计算精确度的影响也不相同。一般来说，采用 Sturge 规则来计算，基本公式为：

$$m = \mathrm{INT}\left[1 + 3.3\lg\left(N - n\right)\right] \tag{4-48a}$$

$$M_j = M_n\left\{\exp\left[\lg\left(M_N / M_n\right)/m\right]\right\}^j \quad \left(j = 1,2,\cdots,m\right) \tag{4-48b}$$

式中　m——劈分后的拟组分数；

INT（x）——向下取整函数；

M_j——各拟组分划分的分界分子量；

M_n——延伸组分中最小 SCN 组分的分子量；

M_N——延伸组分中最大 SCN 组分的分子量。

SCN 组分的分子量如果落在以上哪个区间，这个区间就作为相应拟组分的组成单元。

一般利用 Kay 规则来计算劈分以后各个拟组分的热力学参数，比如说相对密度、临界压力、临界温度等等。具体的计算公式如下式所示：

$$Z_j = \sum_{i=1}^{j} Z_i \tag{4-49a}$$

$$M_j = \frac{1}{Z_j}\sum_{i=1}^{j} Z_i M_i \tag{4-49b}$$

$$T_{cj} = \frac{1}{z_j}\sum_{i=1}^{j} Z_i T_{ci} \tag{4-49c}$$

$$p_{cj} = \frac{1}{Z_j}\sum_{i=1}^{j} Z_i p_{ci} \tag{4-49d}$$

$$\omega_j = \frac{1}{Z_j}\sum_{i=1}^{j} Z_i \omega_i \tag{4-49e}$$

$$\gamma_j = \frac{Z_j M_j}{\sum_{i=1}^{j}\left(Z_i M_i / \gamma_i\right)} \tag{4-49f}$$

式中　j——劈分之后的第 j 个拟组分；

Z_j——第 j 个拟组分中所包含的 SCN 组分摩尔组成之和。

第四节　超临界二氧化碳驱油过程中的水岩反应

国外众多学者对影响 CO_2 地下驱油能力的主要因素进行了大量的研究，CO_2—水相互作用是影响 CO_2 驱油效率和地下埋存能力的主要因素。CO_2 是一种活性气体，与油、气等地质流体相比，当其注入地下时极易与周围储层中的岩石和地层水发生反应，从而引起储层物性条件和化学性质的变化。例如，在 CO_2 驱过程中，碳酸流体会对储层岩石产生独特的影响，导致碳酸盐胶结物的溶蚀、溶解，进而增加储层的渗透率，从而提高碳酸盐储层的质量。但是在某些情况下，CO_2 的注入引起碳酸盐胶结物的溶解还会导致先期固结在胶结物中的黏土颗粒释放出来，堵塞孔喉，进而引起储层孔隙度、渗透率值的降低。因此，CO_2 驱过程中，注入的 CO_2 流体、地层水溶液和储层岩石之间的化学反应研究就显得尤其重要。

本节重点讨论在于 CO_2 注入地层中后，地层条件下的 CO_2—地层水—储层岩石相互之间的作用方式和规律。以期对 CO_2 驱过程中，CO_2 与储层岩石、地层水相互作用的作用机制有一个更加全面和深刻的认识。

一、二氧化碳驱油过程中地层水化学成分变化

典型 CO_2—地层水—储层岩石化学反应实验分析结果如图 4-11 所示。K^+、Mg^{2+} 和 pH 值表现出相似的变化规律：溶有 CO_2 的初始地层水溶液 pH 值为 6.42，表现出弱酸性，但是随着溶有 CO_2 的酸性地层水溶液与岩心的化学反应的进行，其 pH 值在反应开始后的 1.2h 内迅速升高至 6.91［图 4-11（a）］，此后，随着酸性地层水与岩心中长石和碳酸盐类矿物的不断反应，原来表现为弱酸性的地层水溶液的 pH 值逐渐增加，并且这种 pH 值升高的变化规律基本维持在 1PV（1 倍孔隙体积）范围［图 4-11（b）］，当注入量大于 1PV 时，溶液的 pH 值随反应的时间增加又开始逐渐降低，最低可降至 6.29，基本上维持在 6.4 左右，接近初始注入液的pH值[1]。由于配置地层水溶液时，没有确切的K^+含量值，故此次实验所用的地层水碱性离子都以 Na^+ 代替，所以初始溶液中几乎不含有 K^+，即实验后溶液的 K^+ 基本上都来自砂岩中含钾矿物的溶解。如图 4-11（c）和图 4-11（d）所示，

[1] 这里的 pH 值是溶液脱气后再进行测量的，故其实际 pH 肯定要低于测试值，但是对于溶液的 pH 值的变化规律仍有指示意义。

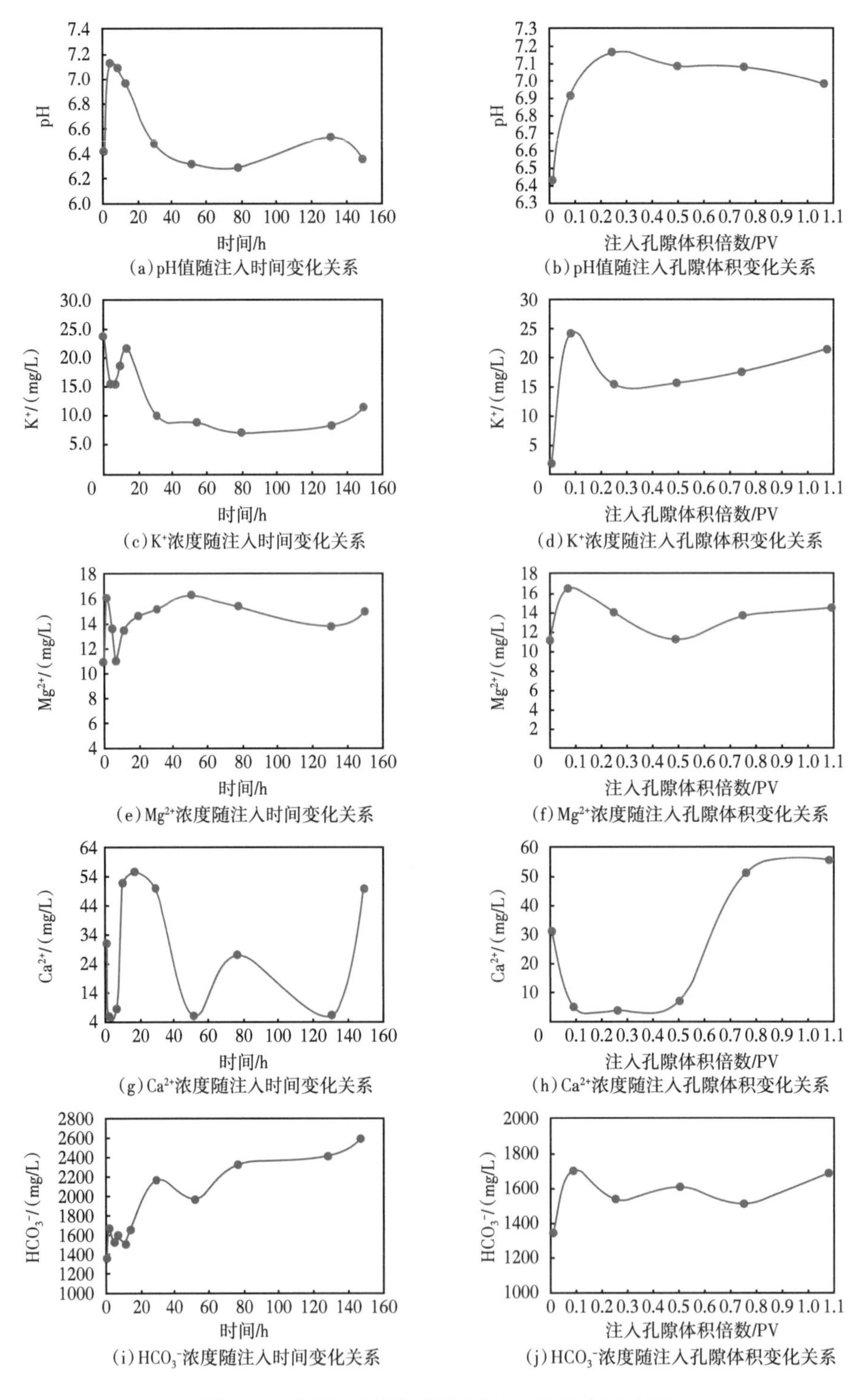

图4-11 不同反应时间下反应液中离子变化特征

注入量在 1PV 范围内，K^+ 含量的变化非常剧烈；当注入量为 0.1PV 时，反应液中 K^+ 浓度由 0mg/L 快速增加到 24.2mg/L，之后这种反应速率有所降低，维持在 15mg/L 左右。当注入量大于 1PV 时，随着反应时间的增加，反应液中 K^+ 浓度的变化持续降低，最后基本维持在 10mg/L 左右，说明此时，CO_2 酸性溶液与砂岩中含钾矿物的化学反应已经达到平衡状态。初始溶液中 Mg^{2+} 的浓度为 11.00mg/L，当注入量为 0.1PV 时，其浓度增加到 16.6mg/L，达到整个反应的最高值，此后则表现为持续下降的趋势，在注入量 1PV 内基本维持在 12mg/L 左右；当注入量大于 1PV 时，随着时间的推移，Mg^{2+} 的浓度又逐渐增加，并且随着反应的进行趋向于一个稳定的值（13~16mg/L）［图 4-11（e）和图 4-11（f）］。溶液初始 Ca^{2+} 离子浓度为 32.05mg/L，当注入量在 0.5PV 的范围内，反应时间在 10h 内时，其浓度值急速下降，约在 5~8mg/L 之间；之后随着注入时间和注入量的不断增加，这一值又重新增加，在 50mg/L 左右，但是有跳点变化［图 4-11（g）和图 4-11（h）］。HCO_3^- 初始含量为 1363.5mg/L，在注入量 1PV 范围内，注入量为 0.1PV，反应时间为 1.2h 时，HCO_3^- 的浓度达到最高值（1720mg/L），随后逐渐趋于平缓，浓度值稳定在 1600mg/L 左右；当注入量大于 1PV 时，随着反应时间的推移，HCO_3^- 的浓度值在缓慢地上升，最高可达 2574mg/L［图 4-11（i）和图 4-11（j）］。

二、岩心表面形貌和物性变化

CO_2 驱水岩实验前后的岩心扫描电镜照片（简称 SEM）如图 4-12 所示，图 4-12（a）和图 4-12（b）分别代表实验前后的铁白云石的形态。实验前，铁白云石呈非常规则的菱形四面体，表面光滑平整；实验后，菱形铁白云石发生了微弱的溶蚀，原来比较平整的四面体边部受 CO_2 酸性流体的溶蚀开始变得凹凸不平。如图 4-12（c）所示，实验前岩心孔隙中有发育比较多的片钠铝石矿物；实验后岩心孔隙中仅残留少量的片钠铝石矿物［图 4-12（d）］。如图 4-12（e）所示，实验前岩心孔隙中的片钠铝石矿物边部非常笔直；实验后由于受到 CO_2 酸性流体的溶蚀，出现了港湾状溶蚀现象［图 4-12（f）］。如图 4-12（g）和

图 4-12（h）所示，实验前后没有观察到明显的钠长石溶蚀现象。

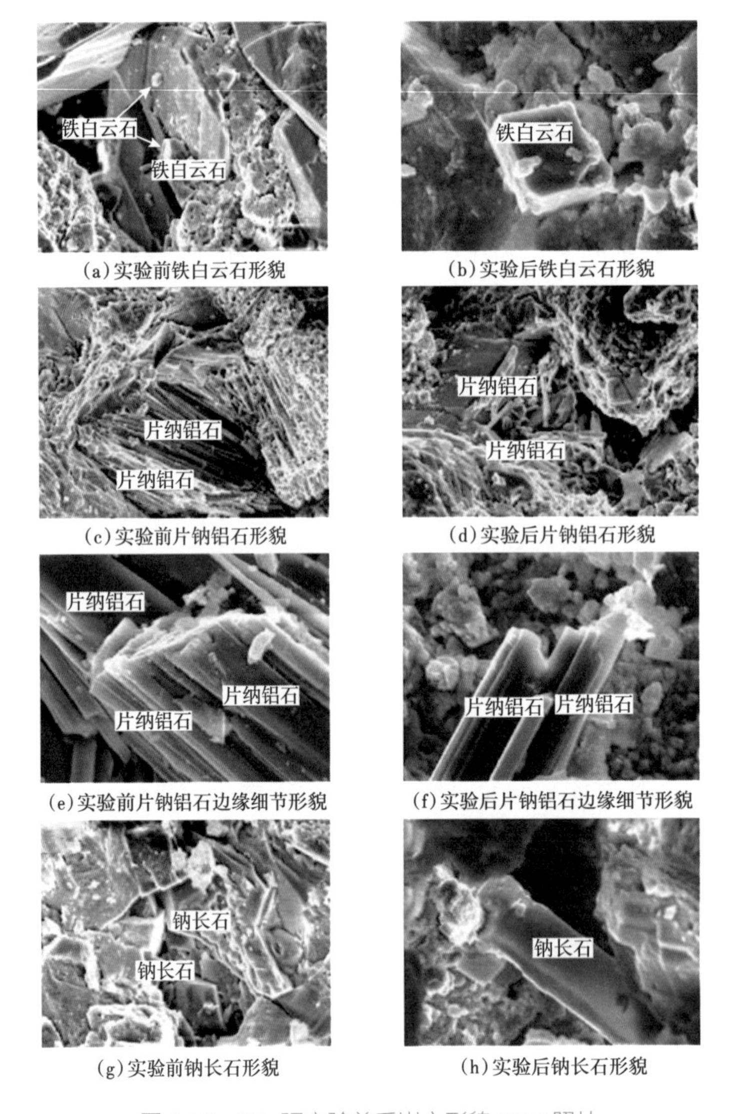

(a) 实验前铁白云石形貌　(b) 实验后铁白云石形貌
(c) 实验前片钠铝石形貌　(d) 实验后片钠铝石形貌
(e) 实验前片钠铝石边缘细节形貌　(f) 实验后片钠铝石边缘细节形貌
(g) 实验前钠长石形貌　(h) 实验后钠长石形貌

图 4-12　CO_2 驱实验前后岩心形貌 SEM 照片

与 CO_2 驱实验前的数据相比，实验后岩心的孔隙度、渗透率和孔隙体积都表现出减小的趋势，并且不同部位的岩心物性减小的程度也不同（表 4-4 和图 4-13）。三个参数中，岩心的渗透率变化最为明显，其中注入段和出口端渗透率降幅达 4.85% 和 4.12%。岩心中部的渗透率变化不大，与实验前相比，其渗透率略有升高，增幅为 0.59%。与渗透率变化规律不同，孔隙度和孔隙体积在岩心中部降幅最大，与实验前相比其孔隙度和孔隙体积分别下降 2.48% 和 3.42%。注入段和出口端的降幅较小，注入端孔隙度和孔隙体积分别下降 0.94% 和 1.39%，出口段下降 0.47% 和 1.07%。可以看出，渗透率在组合岩心的注入段和出口端变化最为明显，而孔隙度和孔隙体积在岩心中部变化最为明显。由于孔隙度是孔隙体积最主要决定因素，所以上述两者之间表现出相似的变化规律。

表 4-4　CO_2 驱实验前后岩心物性变化

岩心部位	孔隙度 /%		变化率 /%	气测渗透率 /mD		变化率 /%	孔隙体积 /cm³		变化率 /%
	b	*a*	(*a*−*b*) /*b*	*b*	*a*	(*a*−*b*) /*b*	*b*	*a*	(*a*−*b*) /*b*
注入端	21.3	21.1	−0.94	16.5	15.7	−4.85	5.76	5.68	−1.39
岩心中部	20.2	19.7	−2.48	16.9	17	0.59	4.39	4.24	−3.42
出口端	21.3	21.2	−0.47	17	16.3	−4.12	6.54	6.47	−1.07

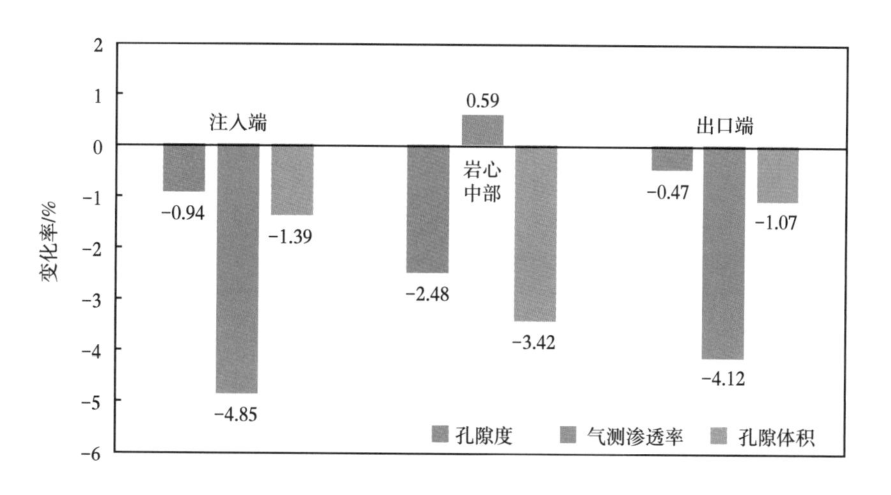

图 4-13　CO_2 驱实验前后岩心物性变化

三、二氧化碳—水—岩相互作用

1. 长石溶蚀

长石溶蚀是成岩过程中最为常见的现象，但是 Pearce、ShirakiandDunn 和 BainesandWorden 等的实验结果却表明在二氧化碳—水—岩石相互作用实验中，自生钠长石和钾长石不会发生明显的溶蚀作用。这与本次实验的研究成果一致。如图 4-14 所示，CO_2 驱实验前后岩心 X 射线衍射（X-ray diffraction，XRD）特征谱图显示自生钠长石没有见到明显的溶蚀和溶解现象。这可能是因为已经发生过部分溶蚀作用的碎屑长石在同等条件下更容易与酸性流体发生反应，从而滞后了自生长石溶蚀作用的发生。由于此次实验的初始溶液中不含有 K^+，所以实验后反应液中的 K^+ 主要是由砂岩中碎屑钾长石的溶蚀溶解作用产生的，反应方程式见下式：

$$2KAlSi_3O_8+2H^++9H_2O \longrightarrow Al_2Si_2O_5(OH)_4+2K^++4H_4SiO_4 \quad (4-50)$$

乾 5-11 岩心主要是长石砂岩，长石的含量较高，伊利石和伊蒙混层等黏土矿物含量较少，所以可以用溶液中钾离子的溶蚀程度来大体估算整个反应过程中长石类矿物的溶蚀溶解程度。具体计算步骤如下：首先，以每次取样溶液中

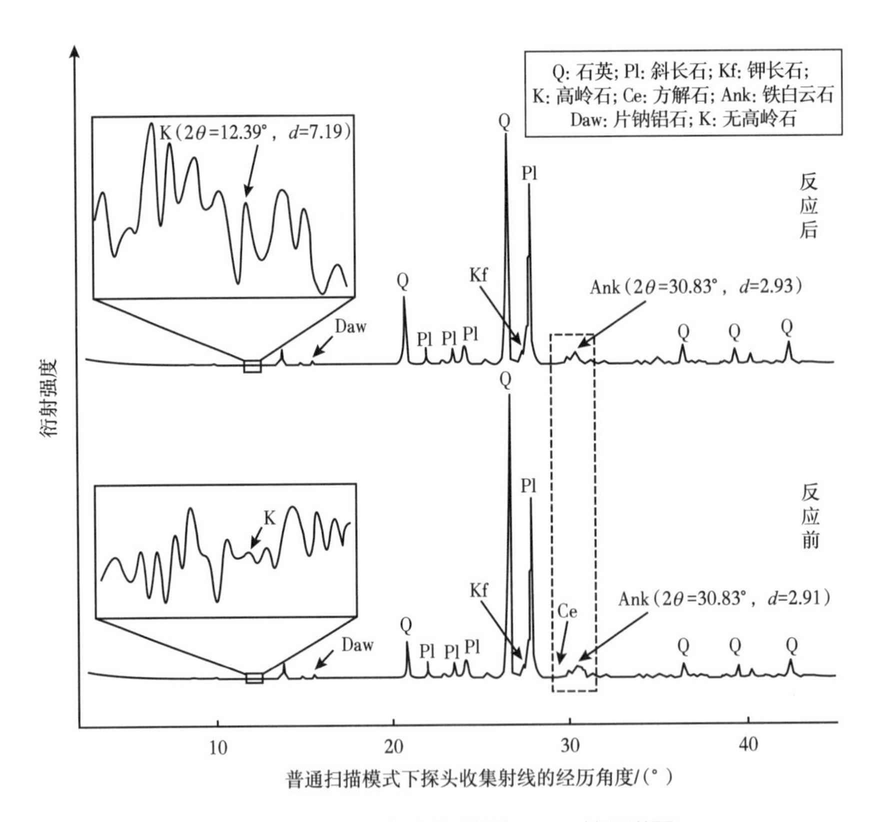

图 4-14　CO_2 驱实验前后岩心 XRD 特征谱图

K^+ 的浓度乘以相应的取样体积得出每一次取样液体中 K^+ 的质量；接着用所求得的 K^+ 质量除以 K 的摩尔质量得出相应取样溶液中 K^+ 的物质的量；最后用得到的 K^+ 的物质的量乘以相应的钾长石的摩尔体积（$109cm^3/mol$）从而得到最终长石溶蚀的体积。

如图 4-15 所示，当 CO_2 酸性地层水刚开始注入岩心时，岩心中的长石类矿物就已经开始发生溶蚀作用，溶蚀程度较强，但是随后这种溶蚀程度逐渐变弱。当注入液体积倍数达到 0.08PV 时，长石的溶蚀速率达到最高值为 $4.83\times10^{-6}cm^3/min$，之后随着反应的进行，长石的溶蚀速率逐渐降低；到注入液体积倍数达到 7.36PV 时，长石溶蚀达到平衡，其溶蚀速率为 $6.51\times10^{-7}cm^3/min$，此时长石的溶蚀体积也达到一个平衡值为 $9.83\times10^{-4}cm^3$。上述长石的溶蚀速率最

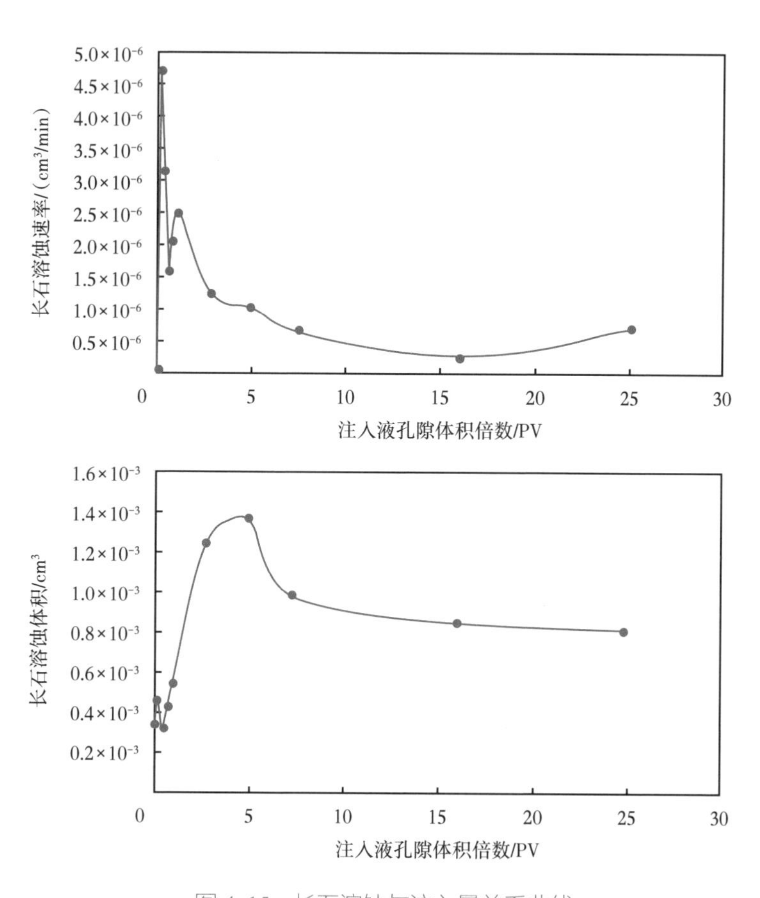

图 4-15　长石溶蚀与注入量关系曲线

大值为 $4.83\times10^{-6}cm^3/min$，而 Shiraki 等在 CO_2—水—岩石相互作用实验中所得到的长石的溶蚀速率则为 $17.5\times10^{-6}cm^3/min$ 大于本实验结果。这可能是由于两者巨大的渗透率差异造成的。Shiraki 等实验所用岩心的渗透率平均值为 68mD，而本次实验所用岩心的渗透率平均值仅为 17mD。

产生这样的反应趋势的原因如下：当 CO_2 酸性地层水刚开始注入岩心时，这些酸性流体优先沿着长石中先期存在的裂隙、晶体断裂面等能障较低的位置发生反应，但是这些能障面很快被消耗殆尽（注入量远大于需求量），之后反应趋于平缓，表现为下降趋势。最终反应趋于平衡，长石与酸性地层水溶液便以这一平衡速率持续地进行反应。如图 4-15 所示，随着反应的进行，长石的溶蚀体积和溶蚀速率始终维持在一固定值左右。

2. 碳酸盐矿物的溶蚀和沉淀

与长石类矿物相比，碳酸盐矿物更易发生溶蚀、溶解作用。如图 4-16 所

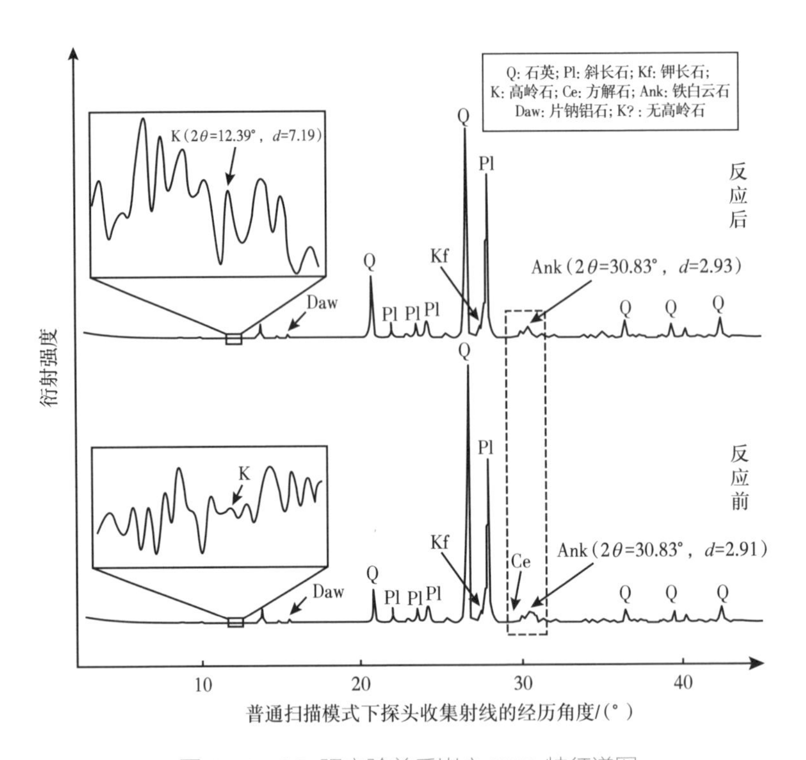

图 4-16　CO_2 驱实验前后岩心 XRD 特征谱图

示，其中方解石溶蚀程度最大，反应后在 XRD 谱图上已经见不到其峰值了；片钠铝石其次，对比反应前后的 SEM 照片可以清晰地发现片钠铝石的含量在反应后明显减少，与之对应的 XRD 衍射强度也相应地降低；最后是铁白云石，铁白云石在反应后有比较明显的溶蚀现象。

在注 CO_2 提高石油采收率过程中，方解石和白云石等碳酸盐矿物的溶解和沉淀是溶液中 Ca^{2+} 和 Mg^{2+} 的含量的变化的主要原因。当溶液 pH 值处于 6.01~9.62 的弱酸性至中性时，碳酸盐类矿物与溶有 CO_2 地层水溶液主要发生以下反应：

$$CaCO_3+H^+ \longrightarrow Ca^{2+}+HCO_3^- \tag{4-51}$$

$$CaMg(CO_3)_2(s)+2H^+ \longrightarrow Ca^{2+}+Mg^{2+}+2HCO_3^- \tag{4-52}$$

$$Ca(Fe_{0.7}Mg_{0.3}(CO_3)_2+2H^+ \longrightarrow Ca^{2+}+0.7Fe^{2+}+0.3Mg^{2+}+2HCO_3^- \tag{4-53}$$

$$CO_2(aq)+H_2O \longrightarrow H^++HCO_3^- \tag{4-54}$$

$$HCO_3^- \longrightarrow H^++CO_3^{2-} \tag{4-55}$$

$$HCO_3^- + Ca^{2+} \longrightarrow CaCO_3(s)+H^+ \tag{4-56}$$

$$HCO_3^- + Mg^{2+} \longrightarrow MgCO_3(s)+H^+ \tag{4-57}$$

在注入量 0.5PV 时，除了 Mg^{2+} 在刚注入 0.1PV 时略有升高外，溶液中 Ca^{2+} 和 Mg^{2+} 都表现为减少的趋势，其中 Ca^{2+} 减少的趋势非常明显。这是因为实验刚开始时，CO_2 酸性流体与砂岩岩心反应比较剧烈，导致溶液的 pH 值快速升高，溶液由弱酸性变为中性，从而促进了碳酸的二级离解，导致 HCO_3^- 的离解，产生 CO_3^{2-}。CO_3^{2-} 进而与溶液中 Ca^{2+} 和 Mg^{2+} 结合生成碳酸盐。由于 HCO_3^- 的含量始终处于过量状态（与 Ca^{2+} 和 Mg^{2+} 相比），从而导致溶液中 Ca^{2+} 和 Mg^{2+} 的含量不断减少。但是与 Ca^{2+} 相比，Mg^{2+} 则一直表现出减少的状态。主要表现在，当注入量大于 0.5PV 时，Ca^{2+} 突然升高，而 Mg^{2+} 相对于初始值仅略有升高，随着反应时间的持续基本在初始值上下波动，变化不大。这可能是由于此次实验中使用了含有 Fe 元素的合金材料（岩心夹持器，管线，假岩心）导致的。CO_2 酸性流体与其发生反应生成 Fe^{2+}，从而生成铁白云石，导致溶液中 Mg^{2+} 的减少。而且已有实验和地质实例证实，在不含 CO_2 的纯水中，天然白云石的溶解度在 320mg/L，而方解石则仅为 14mg/L。当在 25℃、一个大气压的条件下，在含 CO_2 的碳酸水中方解石的溶解度为 900mg/L；白云石仅为 599mg/L，在有 Mg^{2+} 存在的前提下，还会增加方解石的溶解度。所以当 CO_2 注入砂岩储层中，方解石更加容易溶蚀，而铁白云石则更容易沉淀。正是在上述两个反应的综合作用下导致了反应刚开始时 Ca^{2+} 和 Mg^{2+} 都在减少的现象的产生。

3. Ca^{2+} 浓度的波动变化

实验中，Ca^{2+} 的浓度表现出非常特殊的变化规律。在注入量小于 0.5PV 时，Ca^{2+} 的浓度相对于初始值一直在降低；当注入量位于 0.5~1PV 之间时，Ca^{2+} 则表现出增加的趋势，说明碳酸盐矿物的溶蚀、溶解速率开始大于其沉淀速率，从而导致反应液中 Ca^{2+} 浓度值的增加。但是这一变化规律仅维持在 1PV 的范围内，当注入量大于 1PV 时，反应液中 Ca^{2+} 的浓度变化则表现为上下波动，为了查明这一原因，对注入液体积倍数大于 1PV 时反应液中释出的 CO_2 气体含量变化规律与 Ca^{2+} 浓度的变化进行对比，发现反应液中 CO_2 脱气量与 Ca^{2+} 浓度的变化有着很好的对应性。当反应液中 CO_2 的脱气量增高时，对应的反应液中 Ca^{2+} 的浓度也增高；反之，当反应液中 CO_2 的脱气量降低时，对应的反应液中 Ca^{2+} 的浓度也降低（图 4-17），两者具有很好的相关性。

反应液中 Ca^{2+} 浓度的变化主要与方解石的溶解和沉淀密切相关，下面就从方解石的溶解—沉淀控制因素上详细阐述以上特殊现象（Ca^{2+} 的浓度变化与 CO_2 脱气量的关系）。在沉积岩的成岩环境中，方解石的溶解和沉淀与地下水化学特征、温度、p_{CO_2}（CO_2 分压）以及 pH 值有着即为密切的关系。与方解石（Cc）溶解—沉淀有关的化学反应式如下：

$$CO_2(aq)+H_2O = H^+ + HCO_3^-,\ K_1 = a(H^+)\,a(HCO_3^-)/[a(CO_2)\,a(H_2O)] \tag{4-58}$$

$$HCO_3^- = H^+ + CO_3^{2-},\ K_2 = a(CO_3^{2-})\,a(H^+)/a(HCO_3^-) \tag{4-59}$$

$$CaCO_3+2H^+ = Ca^{2+}+H_2O+CO_2(aq) \tag{4-60}$$

$$CaCO_3+H^+ = Ca^{2+}+HCO_3^- \tag{4-61}$$

$$CaCO_3 = Ca^{2+}+CO_3^{2-} \tag{4-62}$$

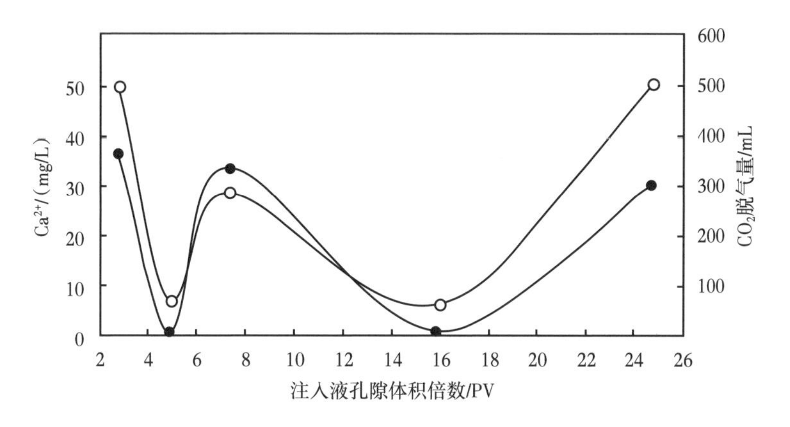

图 4-17 Ca^{2+} 浓度变化与 CO_2 脱气量对比

其中 K_1 和 K_2 为离解平衡常数，a 为离子活度，按照 Herry 定律，在稀溶液中离子活度近似于浓度（mol/L），K_1 大约为 K_2 的 1000 倍。在相同的碳酸总量的前提下，酸性溶液溶解方解石，碱性溶液沉淀方解石（图 4-18）。随着 pH 值的降低，方解石的溶解度呈现指数增加的现象。在 $pH < pK_1$ 的强酸性溶液中方解石的溶解，溶解物除了 Ca^{2+} 外，还增加了溶液中 CO_2 的含量。当 $pK_1 \leqslant pH \leqslant pK_2$ 的弱酸至中性溶液时，溶液中 HCO_3^- 的含量明显的增加，并且方解石的溶解度随着 pH 值的增加大幅度降低。当 $pH \geqslant pK_2$ 时溶解为碱性，此时方解石的溶解度极低，基本上为一恒定的值。本次实验的温度 100℃、压力 24MPa，其离解平衡常数应该小于如图 4-18 所示的碳酸离解平衡常数。所以其对应的 pH 值应该略大于 pK_1 和 pK_2，位于如图 4-18 所示的虚线所属区域内。如

图 4-18 所示的粗黑色线是本次实验初始 $[\sum CO_2]_0$—$[Ca^{2+}]_0$ 值示意曲线（按照如图 4-18 所示的方解石溶解度规律推断），根据实验结果可以看出，在 $[\sum CO_2]_0$—$[Ca^{2+}]_0$ 值一定的条件下，随着 pH 值的增加，方解石的溶解度快速下降。由于此次实验中所用的酸性地层水的 CO_2 含量始终处于过饱和状态的（容器顶部存在 CO_2 气顶），从而导致注入岩心中的 CO_2 可能存在两种形式：（1）溶解在地层水溶液中的碳酸组分（$\sum CO_2$）；（2）以超临界状态存在于岩心中的 CO_2 游离气。CO_2 脱气量越多，说明岩心中的 CO_2 游离气越多，而这部分 CO_2 在有水存在的前提下，也会与岩心中的矿物进行反应。所以，脱出 CO_2 气体量越多，以超临界游离气存在的 CO_2 也越多，间接地增加了反应液的酸度，降低了 pH 值，导致了更多的方解石溶蚀，进而也增加了反应液中 Ca^{2+} 的浓度。

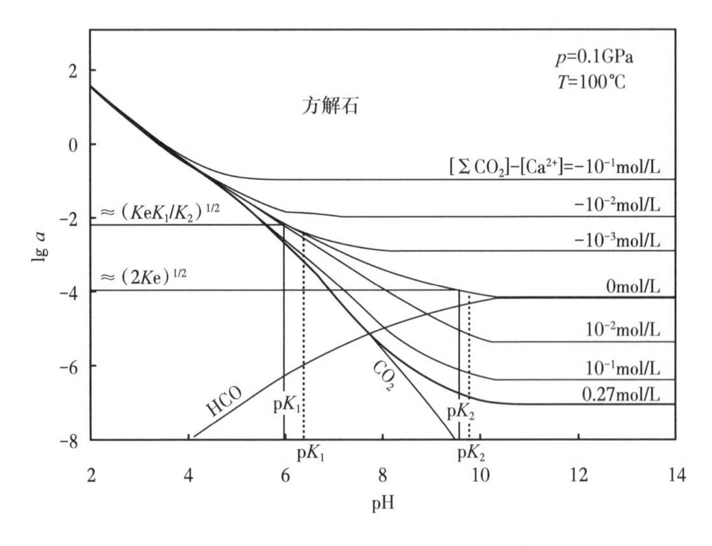

图 4-18 方解石溶解度与 pH 值相关图

同时，上述反应也遵循质量守恒定律：在 CO_2—H_2O—$CaCO_3$ 体系中，方解石的溶解可使其中的 CO_3^{2-} 进入溶液，引起体系中碳酸总量 $[\sum CO_2]$ 的增加；相反方解石的沉淀可使溶液中的 CO_3^{2-} 进入到固相方解石中，进而引起溶液中碳酸总量的降低。因此成岩流体中碳酸总量是随着方解石的溶解—沉淀平衡而变化的。但在整个固相—液相体系中物质的量是守恒的，即溶液中 Ca^{2+} 变化的数量应与碳酸总量的变化是相当的，所以其质量守恒方程为：

$$[\sum CO_2]—[Ca^{2+}]=[\sum CO_2]_0—[Ca^{2+}]_0 \tag{4-63}$$

$[\sum CO_2]_0$ 代表初始溶液中碳酸总量；$[Ca^{2+}]_0$ 代表初始溶液中总 Ca^{2+} 总量。所以当游离态的 CO_2 加入上述反应，相当于增加了反应液中 $[\sum CO_2]$ 的含量，而 $[\sum CO_2]_0—[Ca^{2+}]_0$ 的值是固定的，为了维持上述方程式的平衡，溶液中 $[Ca^{2+}]$ 总量也就会相应的增加。

综合上述两种原因，最终导致了本次反应中 Ca^{2+} 浓度变化规律与 CO_2 脱气量变化规律一致的现象。

4. 渗透率、孔隙度和孔隙体积变化

与实验前相比，实验后岩心除中间部分渗透率值有微弱的升高外，整体上，岩心的孔隙度、孔隙体积和渗透率值都表现为下降趋势，其中渗透率的降幅最为明显达到 4% 左右。可见在相同的条件下，CO_2 酸性流体注入储层中后，对储层岩石的渗透率影响程度更大，而对孔隙度和孔隙体积的影响程度相比渗透率要小很多。相同的结论在国外的同类型实验中也可见到：（1）Ross 等在对英国北海油田的钙质砂岩进行 CO_2 水岩实验研究后发现，实验后岩心的渗透率明显的低于实验前；（2）Sayegh 等对加拿大阿尔伯塔省的 Pembina 油田的储层砂岩进行了类似的 CO_2 水岩实验研究，发现实验后岩心的孔隙度、孔隙体积和渗透率值明显降低。其中，渗透率的变化最为突出，在实验开始的早期阶段，渗透率快速降低，大小只相当于初始值的 10%~60%，降幅很大。之后随着实验的进行，渗透率又会表现出缓慢的回升趋势，但是不会回升到初始值大小，即要比初始值小；（3）Shiraki 等对美国怀俄明州的 Tensleep 地层砂岩进行的 CO_2 水岩相互作用实验显示，实验后岩心的孔隙度和孔隙体积基本没有发生变化，但是渗透率却表现出明显的降低趋势，Shiraki 把引起渗透率降低的原因归结于实验过程中新矿物的生成。通过对比实验前后岩心的 SEM 照片，Shiraki 发现有少量高岭石的生成，认为正是这些高岭石阻塞了孔喉，导致了渗透率值的降低。但是 Ross 和 Sayegh 等则认为实验过程中钙质胶结物的溶蚀导致先期被钙质胶结的黏土颗粒（或者是分子重量级的颗粒）释放阻塞了孔喉，是导致渗透率降低的主要原因。

通过对比实验前后岩心的 SEM 照片和 XRD 谱图发现，导致本次实验孔隙度、孔隙体积和渗透率降低的原因是前述两种原因综合作用的结果。实验后有微量的高岭石生成，此外 SEM 配合能谱分析还发现在实验后还有一些中间矿物生成（图 4-19）。该中间矿物呈长柱状横卧在菱形矿物上，构成了一种特殊的复式结构。对长柱状的矿物成分分析显示（成分点 1~5）：中部（点 3）化学成分为纯的 NaCl；而往两边靠近中部的对称两点（点 2~4）的化学成分则较为复杂，主要成分为 O、Na、Cl、Al，以及少量的 Si，其中点 4 还含有一定量的 Ca 元素；最边上的点 1 和点 5 的化学成分则以 C、O、Na 和 Cl 为主，其中 C 元素占到 50% 以上。对菱形矿物的成分分析显示（成分点 6~10）：点 7 和点 10 化学成分以 C、O 和 Ca 为主，以及少量的 Al、Si、Na 和 Cl；点 8 和点 9 化学成分主要为 C、O、Na、Al 和 Si，含碳量有所降低；点 6 化学成分与点 3 接近，主要为 NaCl。

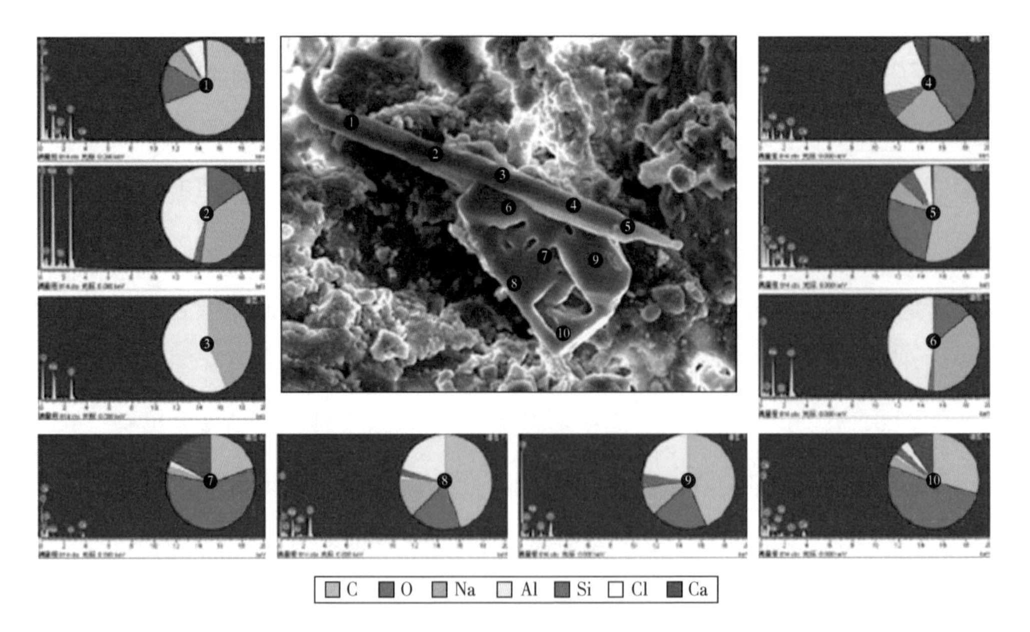

图 4-19　中间矿物 SEM 照片及能谱分析

上述研究表明，长柱状矿物由中心向两边其含 C 量逐渐增加，并且有 Ca 元素出现，有向碳酸盐矿物转变的趋势，且这种转变趋势的程度沿中部到边部逐渐增加。下部的菱形矿物也表现为相似的特征，不同的是靠近长方形溶蚀坑部位向方解石转变的程度较大，而其边部则表现为 C、O、Na、Al 和 Si 的混合物形式，转变程度较低。据此推测，当含 CO_2 酸性地层水溶液（成分以 NaCl 为主）进入到孔隙中后，与先前存在的自生钠长石（长柱状矿物或菱形矿物）发生反应，反应位置主要集中在这些矿物的低能障面处（长柱状矿物的边部和菱形矿物的长方形溶蚀坑），从而使得硅酸盐矿物向碳酸盐矿物转变。上述反应的 Ca^{2+} 主要来自碳酸盐矿物（方解石和铁白云石）的溶蚀。碳酸盐矿物溶蚀不仅可以产生上述反应所必需的 Ca^{2+}，而且在其溶蚀过程中还可以将先期被钙质胶结的黏土颗粒（或者是分子重量级的颗粒）释放出来，与上述新生成的矿物一起堵塞孔喉，从降低孔隙的可用空间，进而导致孔隙度、渗透率和孔隙体积的降低。因为黏土矿物具有极强的亲水性，所以当流体通过孔隙时，极易在这些颗粒的表面形成水膜，从而大幅度的降低储层岩石的渗透率，这也是渗透率相对于孔隙度和孔隙体积降幅最大的一个主要原因。

»» 参考文献 »»

[1] 古宾 B E. 高黏高凝原油和成品油管路输送［M］. 北京：石油工业出版社，1987.

[2] 弗罗因德 M，姚国欣，董福根 . 石蜡产品的性质，生产及应用［M］. 北京：石油工业出版社，1988.

[3] MISRA S，BARUAH S，SINGH K. Paraffin problems in crude oil production and transportation：a review[J]. SPE Production & facilities，1995，10（01）：50-54.

[4] 刘志泉，李剑新 . 中国原油性质及综合评价［M］. 北京：石油工业出版社，1996.

[5] GONZÁLEZ G，MOREIRA M B C. The adsorption of asphaltenes and resins on various minerals[M]//Developments in Petroleum Science. Elsevier，1994，40：207-231.

[6] 陈绍洲，王贵山，徐慧珍 . 两种工业用 Al_2O_3 吸附剂的结构和性质的研究［J］. 华东化工学院学报，1993，19（6）：686-690.

[7] SAMS W N，LYNCH J J，SMITH D H. The simulation of enhanced oil recovery processes using a

vapor/liquid equilibrium model based on critical scaling theory[C]//SPE Symposium on Reservoir Simulation. OnePetro, 1993.

[8] SOAVE G. Equilibrium constants from a modified Redlich-Kwong equation of state[J]. Chemical engineering science, 1972, 27 (6): 1197-1203.

[9] PENG D Y, ROBINSON D B. A new two-constant equation of state[J]. Industrial & Engineering Chemistry Fundamentals, 1976, 15 (1): 59-64.

[10] PAN H, FIROOZABADI A, FOTLAND P. Pressure and composition effect on wax precipitation: experimental data and model results[J]. SPE Production & Facilities, 1997, 12 (4): 250-258.

[11] PATEL N C, TEJA A S. A new cubic equation of state for fluids and fluid mixtures[J]. Chemical Engineering Science, 1982, 37 (3): 463-473.

[12] KATZ D L. Overview of phase behavior in oil and gas production[J]. Journal of Petroleum Technology, 1983, 35 (6): 1205-1214.

[13] PEDERSEN K, THOMASSEN P, FREDENSLUND A. Phase equilibria and separation processes[J]. Report SEP, 1982, 8207.

[14] WHITSON C H. Characterizing hydrocarbon plus fractions[J]. Society of Petroleum Engineers Journal, 1983, 23 (4): 683-694.

[15] AHMED T H, CADY G V, STORY A L. A generalized correlation for characterizing the hydrocarbon heavy fractions[C]//SPE Annual Technical Conference and Exhibition. OnePetro, 1985.

第五章　超临界二氧化碳混相驱油技术展望

CO_2 驱提高采收率技术，不仅可以提高油气采收率，而且可以实现 CO_2 的长期埋存，一举两得。虽然 CO_2 驱油可以实现提高油藏采收率和碳埋存的“双赢”，且该技术已经得到了广泛应用和发展，但其在中国的发展仍存在诸多制约因素，进一步发展 CO_2 驱油埋存技术可为 CO_2 驱提高采收率和长期埋存提供帮助。

第一节　面临的挑战

一、二氧化碳输送成本高

目前 CO_2 输送主要依靠管网、轮船、罐车或者槽船输送，这 3 种运输方式适合不同的运输场合与条件。管道运输适合大容量、长距离、负荷稳定的定向输送；轮船适合大容量、超远距离、靠近海洋或者江河的运输；罐车或者槽船运输适用于中短距离、小容量的运输，其运输相对灵活。目前国内 CO_2 驱油先导试验项目主要依靠罐车和小型槽船运输，但这种运输方式的缺点是费用高，特别是罐车输送成本过高，使得 CO_2 驱油项目经济可行性变差，不适合规模化推广。

二、二氧化碳与原油最低混相压力高

CO_2 与原油的最小混相压力（简称 MMP）不仅取决于 CO_2 的纯度和油藏的温度，还取决于原油组分。国内低渗透油藏多为陆相沉积，原油重质组分含量高、黏度较大、油藏温度高，导致 CO_2 与原油的 MMP 过高。例如，胜利油田原油在油藏条件下，CO_2 与原油的 MMP 在 26MPa 以上，混相难度大，影响 CO_2 驱开发效果。

三、二氧化碳驱油气窜问题

国外 CO_2 驱主要用于水驱效果较好的中低渗透油藏，MMP 低、油藏非均质性不强。CO_2 气窜的主要机理是黏性指进，水驱后转 CO_2 气水交替驱，可抑制气窜。中国油藏多为陆相沉积，层间、层内非均质性严重，CO_2 驱主要用于水驱无法正常开发的低渗透、特低渗透油藏，且多数采用压裂开发，储层非均质性更加严重，强非均质性和优势通道导致气窜严重。

四、腐蚀问题

CO_2 易溶于水生成碳酸，对注采管柱、集输管线、设备等具有很强的腐蚀性。与国外成熟的 CO_2 驱注采输工艺技术相比，目前国内 CO_2 驱注采输系统中，注入系统、采出系统、采出液集输处理系统和产出气循环利用系统以材质防腐为主，CO_2 驱注采输工艺流程不够优化，导致地面工程建设规模偏大、投资大、运行成本高。

五、固相沉积问题

中国多数油藏原油中蜡、沥青质和胶质含量较高。超临界二氧化碳不仅对原油中的轻烃（C_2—C_6）具有很强的抽提作用，而且还可以抽提原油中更高分子量的烃（C_7—C_{15}），影响原油体系的动态平衡，降低了地层油对石蜡、沥青质等的溶解能力和稳定性，导致石蜡、沥青质等有机固体从原油中沉积出来，对储层造成伤害。并且当 CO_2 含量高的原油从储层流入井筒时，压力大幅降低，大量 CO_2 从原油中析出，体积迅速膨胀、吸热，导致原油中石蜡大量沉积，堵塞油管，损伤采油设备。

六、环境的安全风险问题

安全风险主要体现在 CO_2 存在泄漏的隐患，如果 CO_2 泄漏就会增加大气中的温室气体浓度，加剧温室效应；同时对周边的土壤造成破坏，导致土壤的生态平衡出现问题；当 CO_2 扩散至水层，还可能对地下水产生一定的危害。此外，我国还需进一步完善对于 CO_2 驱油的全流程监管体系，积累运行经验的同时形成法律上的保障。

第二节 技术发展方向

一、分子模拟技术

随着实际油田的勘探难度加大，单井开采深度提高，用一般的研究方法很难观测到复杂的地下储层情况。而利用分子模拟工具，可以在分子水平上研究 CO_2 混相驱过程中一些微观现象的微观性质，从而进一步深化石油工作者对地下采油的认识，分子动力学模拟方法的推广与运用也因此受到越来越多石油行业科学研究者的重视。利用分子模拟的方法对分子尺度超临界二氧化碳混相驱以及原油开发中的微观问题展开的深入研究，有利于 CO_2 驱进一步提高采收率，对解决原油开发过程中的基本问题，以及有关科学技术的实践应用都具有重要意义。具体表现在分子模拟能够使微观过程可视化，并给出实践上难以获得或无法得到的在原子水平上的信息，为实际的原油开采研究提供启发或指导。随着分子模拟技术的不断发展以及石油工业研究的不断深入，两者的关系将更加紧密。在将来，分子模拟技术对石油开采过程中各分子间的作用机理、驱替等过程以及石油产品的结构特征等方面的研究将会有更为明显的和不可替代的作用。

二、低成本二氧化碳捕集技术

目前从各种混合气体中捕集 CO_2 的方法主要有化学吸收法、变压吸附法、膜处理法和低温分馏法，以化学吸收法应用最为普遍。由于 CO_2 捕集再生蒸气消耗量大、溶液腐蚀性强、溶液易降解、吸收能力低等问题，一般捕集成本较高。例如，燃煤电厂烟气 CO_2 捕集成本高达 300~500 元 /t。今后亟须研发新一代低成本 CO_2 捕集技术，开发高效低能耗 CO_2 捕集溶剂、优化捕集工艺和研制高效处理设备，突破低成本 CO_2 捕集关，为 CO_2 驱规模化应用提供廉价的气源。

三、二氧化碳管道输送技术

完善的 CO_2 输送管网及统一规划是 CO_2 驱油技术发展的必备条件。在 CO_2 驱油、驱气与埋存潜力评价的基础上，加强超临界二氧化碳管道输送相关基础研究，开展 CO_2 源汇匹配的管道 / 管网优化设计、规划与标准体系研究，突破大规模、远距离管道输送安全保障技术，形成完整的 CO_2 输送工艺、设备制造能力，建设统一的输送管网，降低输送成本。

四、降低 MMP 技术

降低 MMP 是提高混相能力的主要方法之一，也是 CO_2 混相驱油技术发展的重要关注点。与海外原油相比，我国原油中轻烃组分明显偏低，而 C_{15+} 和胶质、沥青质含量较高，CO_2 与原油的混相压力较高，较难形成混相驱，驱油效率明显降低。室内实验表明，驱油剂、表面活性剂、酰胺、低碳烷烃、石油醚等添加剂均可降低原油的 MMP，其中低碳烷烃正己烷降低幅度最大，但由于注入正己烷的成本过高，在目前油价下，较难获得较好的开发效益。下步应从分子间作用力和分子平衡角度研究 CO_2、原油和化学剂间的相互作用，利用分子动力学模型剖析 CO_2 与原油的混相机理及影响因素，研发低成本、绿色的降低混相压力的增溶体系，大幅度提高驱油效率。

五、高含水油藏二氧化碳分布规律评价技术

深化高含水条件下 CO_2 与水、原油传质机理和分布规律。CO_2 能够进入微小孔喉，提高波及体积，能够将“孤岛”“油膜”“盲端”等类型的剩余油驱替出来，但 CO_2 注入过程中与油水中的分布规律需进一步明确。加强 CO_2 在油水中的分布规律研究，分析 CO_2 在油水中的溶解能力和扩散能力，开展中高渗透油藏高含水期 CO_2 驱渗流规律研究，明确 CO_2 驱动用不同尺度剩余油机理。

六、二氧化碳驱油精细地质描述技术

发展 CO_2 驱精细地质描述技术可以进一步确定储层砂体的连通性、非均质性、裂缝网络及高渗透条带的分布，为准确刻画 CO_2 气体的超覆和指进现象提供基础。针对低渗透油藏的特点，形成以频谱成像预测储层、裂缝识别与表征、CO_2 驱流动单元精细划分技术为核心的精细油藏描述技术，可为选区评价和油藏工程方案编制提供依据。

七、二氧化碳驱油藏筛选评价方法

在 CO_2 驱油项目实施之前，对油藏进行筛选评价可提高 CO_2 驱项目的成功率和经济效益。从 CO_2 驱油机理出发，综合分析影响 CO_2 驱油效果的地质、工程、经济因素，建立综合考虑油藏特征、储层特征、原油特性、开发特征和经济因素的评价方法。可运用理论分析和概率统计相结合的方法，获取已实施的 CO_2 驱评价参数取值范围，确定评价参数密度分布规律，建立反映流体物性、油藏特征、储层特征的技术潜力评价指标体系及量化标准；运用改进的层次分析法和熵权法，确定评价参数的综合权重；采用模糊综合评判理论作为油藏 CO_2 驱适宜度的筛选评价方法。

八、二氧化碳驱油藏注采优化技术设计

以地层压力和注采比为主控参数，形成了早期注气提升地层压力增加混相能力、注采耦合控制气体窜流、气水交替注入扩大波及体积为特色的 CO_2 驱油藏方案设计技术。以保持油藏压力混相和注采平衡为主要内容，优化 CO_2 注入速度、生产井采油速度，同时，考虑注气、采油、地面系统产出气处理能力之间的关系；注采耦合、水气交替注入有效控制气驱流度；累计注气量需综合考虑采收率、封存量、CO_2 利用率及经济效益。

九、二氧化碳驱油注采工程技术

1. 免压井安全注气管柱

注气井更换管柱时，CO_2 的高膨胀性使得施工过程存在较大风险，需要形成免压井安全注气管柱。免压井安全注气管柱应有 4 个特点：(1) 采用锚定式管柱结构，可防止管柱蠕动，以确保注气作业正常进行，同时可保护丢手管柱上部套管；(2) 可实现反洗井更换环空保护液的功能，当油套环空注入含有缓蚀剂的环空保护液时，液体经反洗阀直接进入油管，后经油管返出井筒，从而达到保护油层的目的；(3) 采用分体式丢手结构，在更换上部注气管柱时，不需起出下部丢手管柱；(4) 多功能注气阀及蝶板单向阀的应用可以实现上部管柱不压井作业。

2. 多功能采用管柱

随着 CO_2 驱时间的延长，生产井会出现气窜和结垢等问题，根据油藏工程方法计算，不同生产井的见气时间是不同的。根据见气情况，考虑后期换泵换管方便，需设计具有高气油比举升、丢手、关闭等功能的采油管柱，实现高气油比深抽、腐蚀监测、实时测压、油层保护与安全作业等功能。

3. 地面压注工艺技术

根据 CO_2 来气特点需要形成不同注入工艺技术。对于大规模且连续供气采取压注站注入，包括增压、加热、分输至配注间的增压单元和配注间至单井注入单元，建成气水交替注入一体化双介质配注流程，研发 CO_2 储罐自增压的液态 CO_2 泵注技术。对不连续供气采用方便灵活的橇装注入方式，需集成注入系统、自控系统、加热系统，满足不同地质条件、不同规模、不同压力的注入需要。

利用室内实验和组分数值模拟技术，以累计产油量、换油率、采收率为主要评价指标，优化注采参数，包括注气方式、注气时机、压力保持水平、注入速度等。具体为:（1）注气方式。室内实验表明，水气交替效果最好，水驱效果最差，连续注气次之，周期注气介于连续注气与水气交替之间，最佳注入间歇比为 1∶1~1∶3。（2）注气时机。注气前含水率越低，转 CO_2 驱后，日产油量越高，累计产油量越高，开发效果越好。（3）压力保持水平。压力保持水平对最终采收率及气体突破时间有较大影响，为提高注气效果，应保持在较高压力下进行 CO_2 驱。（4）注气速度。较高的注气速度条件下 CO_2 易气窜，采收率较低；注气速度过低时，驱替过程中产生除黏滞阻力以外的附加阻力，不利于驱出微小孔隙中的原油，采收率较低。在一定雷诺数范围内，注气速度增加有利于提高采收率。

十、有效井网模式优化技术

CO_2 驱油过程复杂，驱油效率和波及体积受多重因素影响，合理的布井方案可以有效提高 CO_2 驱的开发效果。只有建立起有效的井网系统和压力系统，才能保证 CO_2 驱获得最优开发效果。CO_2 驱井网模式是否合理，主要从以下 3

个方面评价：（1）是能否延长无气采油期，提高开发初期的采油速度。（2）能否获得较高的最终采收率。（3）井网调整是否具有较大的灵活性。对于低渗透油藏 CO_2 驱，既要考虑单井控制储量及整个油田开发的经济合理性，井网不能太密；又要充分考虑注入井和采油井之间的压力传递关系，最大程度地延缓 CO_2 气窜。

合理井网形式的优选，应当综合考虑砂体分布形态、储量丰度、裂缝系统、剩余油分布、储量动用程度、井型、注采能力等，面积井网应当考虑井网系统调整的灵活性和多套井网衔接配合问题。以加拿大韦本油田为例，在进行井网优化设计时，综合考虑储层特征、历史最大垂直主裂缝方向、流速、地层系数比等。通过井网优化，注采井网以水平井 + 直井、水气分注的同步注入井网模式为主，方案实施后，试验区日增产原油 2.5×10^4bbl，累计增产原油超过 1.3×10^8bbl，采收率达到 46%，比水驱提高了 16 个百分点，油田寿命延长 20 年以上。

十一、全过程实时跟踪及调整技术

在室内 CO_2 混相驱油机理实验分析、数值模拟实时跟踪预测、矿场动态监测和开发效果综合评价的基础之上，掌握油藏中 CO_2 混相程度、前缘运移规律和动态变化特点及趋势，进行全过程跟踪调整，以抑制气体突破，扩大波及体积，促进见效增产，改善开发效果。例如，华东分公司在草舍油藏 CO_2 驱先导试验中形成了方案—实施—跟踪—调整方案—再实施—再跟踪全过程跟踪调整研究方法，经过 5 次调整优化，主体部位对应老采油井全部见效，日产油量增加了 2.83 倍，含水率下降了 35.6%，取得良好开发效果。

十二、二氧化碳驱油提高波及体积技术

注 CO_2 的最大问题是黏性指进和密度差引起的重力分异作用，克服这一问题目前需发展的方法是水气交替注入、注入泡沫剂和调剖等。对于地层斜度大、尖顶块状生物礁和盐丘侧翼遮挡油藏可利用重力控制注入速度来提高波及体积。

1. 通过水气交替来控制流体流动性

水气交替能有效改善注气驱流度比、防止黏性指进、提高波及效率。据 2010 年注气调查报告显示，国外共计 59 个水气交替项目，其中 CO_2 占 47%，

单个 CO_2 段塞体积约为 0.1~0.3PV，总 CO_2 段塞体积约为烃类孔隙体积的 35%~42%。注采参数对于水气交替的效果影响较大，如段塞大小、井网设置、注入速度、注入水气比、循环次数、注入水矿化度、润湿性等都会对水气交替工艺产生影响，应针对油田具体情况实行参数优化设计。水气交替过程中主要的问题有气体过早突破、注入损失、腐蚀、沥青质沉淀和水合物生成等。目前已形成了凝胶处理、添加聚合物辅助等解决方法，能一定程度上缓解不利因素。

2. 气体辅助重力驱提高二氧化碳驱采收率

气体辅助重力驱工艺利用重力分异来抑制注入气的黏性指进，形成稳定连续的驱替界面，进而大幅度提高采收率。与连续注气和水气交替相比，气体辅助重力驱解决了注入气体积波及系数低的问题，采收率甚至能达到水驱的两倍。由于油气藏中水、气和油三相流体在地层条件下具有不同的密度，受重力影响会形成气体在上、油在中间、水在底部的流体分布，气体辅助重力驱正是利用这一性质，在油藏顶部通过注入井形成气体聚集带，将地层原油向下驱替进入水平生产井。

在气体辅助重力驱过程中，流体重力分异和向有效层底部泄油，使得波及效率提高，采收率提升。由于 CO_2 具有较高的体积波及效率和微观驱替效率（特别是在混相驱替下），因此 CO_2 是气体辅助重力驱工艺的优良注入介质。实验结果显示 CO_2 辅助重力驱效果比水气交替更好，通过可视化物理模型验证，混相条件下 CO_2 辅助重力驱体积波及效率接近 100%。

美国得克萨斯州 Wolfcamp 油田的原油性质为轻油，进行水驱开采后残余油饱和度约 35%。随后采用了顶部注 CO_2 混相驱替进行三次采油，并在水层持续注水以保持地层压力，最终含油饱和度下降到 10.5%，气驱增加采出程度 27%。

3. 二氧化碳泡沫驱的应用也可有效提高体积波及效率

在 CO_2 驱替未达到混相条件时，由于气体黏度、密度较低，通过高渗流区容易产生黏性指进、窜流和重力超覆，影响驱替效果。可以利用泡沫技术，形成 CO_2 泡沫体系，增加流体表观黏度，增大高渗通道的渗流阻力，减小层间和层内干扰，形成较为稳定的驱替前缘，从而提高波及体积及效率。目前常用的起泡剂为表面活性剂，能够起到降低界面张力、改变岩石润湿性和乳化原油的效果。采用离子型表面活性剂的同时，在 CO_2 泡沫体系中加入适当的纳米颗粒材料或聚合物，能够起到提高泡沫阻力系数和稳定性、增大泡沫体系黏度的作用，使 CO_2 泡沫体系在原油、地层水和高温高压条件下也能稳定存在，扩大了 CO_2 泡沫驱技术的应用范围。

国内油田试验了 CO_2 泡沫驱，且见到一定的效果。加泡沫后注入压力升高，说明封堵性较好。初期针对小规模气窜采用阴离子表面活性剂开展泡沫调驱试验。现场试验累计注入泡沫液 $100m^3$，液态 $CO_2 240m^3$，注入过程中压力逐渐上升，注液压力上升 3.6MPa，注气压力上升 6.2MPa。

尽管实践证明泡沫在辅助 CO_2 驱油过程中具有较好的效果，但是由于 CO_2 泡沫体系在地层中存在不可避免的问题，例如泡沫稳定性差、作用距离有限，表面活性剂在地层岩石上的吸附严重，采出液乳化严重等，致使 CO_2 泡沫驱在矿场大规模推广能力有限，因此下一步还需加强现场试验应用研究。

4. 碳化水驱提高采收率

碳化水驱是在一定的温度和压力下，将溶有一定量 CO_2 的水注入地层进行驱油的方法。因 CO_2 在不同介质中化学势的差异，水中溶解的 CO_2 会通过传质作用逐步转移到地层原油中，引起原油膨胀，降低油水界面张力，改善地层流体流度比，从而提高波及效率。单纯注 CO_2 驱时因受到重力分异效果的影响，注入的 CO_2 会沿地层较高部位窜进。同时由于气体和原油黏度的差异，CO_2 会沿高渗带发生黏性指进导致气体的提前突破，地层较低部位波及效率很低。而注碳化水驱能够大幅度降低重力和黏度差异的影响，形成较为稳定连续的驱替界面，提高波及效率。美国俄克拉何马州 Dewey 油田在衰竭开采后实施了碳化水驱，最终采收率达到了 43%，比常规水驱的最终采收率提高了 10%。

十三、二氧化碳驱油腐蚀控制技术

根据前期特高含水油藏 CO_2 驱实践表明，高含水油藏 CO_2 腐蚀现象严重，特别是含水大于70%后，腐蚀速率大幅增加。由于国内大部分中高渗透油藏注采输系统老化严重，整体更换为防腐系统，投资规模大、建设效益较差。目前注采输系统以材质防腐为主，建议攻关低成本防腐工艺，降低开发成本。由于腐蚀速率与含水率密切相关，可采用智能控水技术从井底控制含水，避免油井高含水，从源头上控制腐蚀问题，提高管采的使用寿命。

当前我国的不少CO_2驱油试验设备上都出现了不同程度的套管脆断现象，这使得注气井的功能失效，无法完成整个驱油流程。经对套管脆断现象进行多种方法、多种角度的测试和分析之后发现，在CO_2低温注入的过程中，套管和油管因低温呈现出脆性。由于套管的内部应力较为集中，因此发生了脆裂的情况。通过对脆裂位置的金属分析可以发现，断裂是因为硫化氢引发的应力腐蚀造成的。但这只是一种研究结果，并没有形成定论，因此对于脆断形成的原因还有待进一步研究。

当前我国的CO_2驱油试验井多为在采油井或者注水井进行改造后的驱油系统。因原井没有考虑到CO_2带来的相关影响，因此导致了CO_2和原井中的化学元素产生了化学反应。这种反应破坏了原井的力学结构，导致井内的主要水泥结构的抗压性遭到了破坏，渗透率快速提升。结果就是CO_2不能够有效聚集，进入了其他层位。针对这种情况应当停止注入CO_2，检查水泥力学特性的失效情况，防止出现安全事故。

十四、二氧化碳驱油固相沉积控制技术

CO_2驱过程中的沥青质沉积量与注气压力、CO_2含量、温度等因素密切相关，现场实施时可以通过调整上述因素以平衡CO_2气体降低原油黏度时诱导沥青质沉淀的负面影响。沥青质表面的强极性是沥青质分子间发生自缔合甚至沉积的根本原因，在纳米颗粒的作用下，可利用沥青质的强极性来抑制沥青质的沉积，将沥青质稳定分散于原油体系中。通过对纳米颗粒进行改性处理，一方面可以改变颗粒表面的电荷分布情况，使颗粒进入储层后吸附沥青质，避免沥青质发生聚集和沉积；另一方面则可以对纳米颗粒进行表面接枝，使颗粒表面带有相

应的极性基团，从而在其进入储层后与沥青质分子产生相互作用力，促进沥青质稳定分散。

尽管当前对纳米颗粒抑制沥青质沉积的研究仍主要集中在室内研究阶段，但 Cupiagua Sur 油田的成功试验展示了这一技术的应用潜力。但在将该技术广泛应用于现场之前，需要解决以下几个挑战：(1)纳米颗粒的稳定性不高。由于强相互作用，纳米颗粒容易聚集，造成尺寸变大，会失去预期效果。因此，想要制备均匀的纳米颗粒悬浮液，对其进行表面功能化或利用稳定效果强而经济的表面活性剂来增强其稳定性是非常重要的。(2)一些室内研究通过表面改性在纳米颗粒上引进有机基团，这进一步增加了驱油成本，而将纳米材料成本进一步低价化是一个难题。(3)目前缺乏纳米颗粒和沥青质抑制剂复合作用的试验研究，对两者在抑制沥青质沉积过程中是否存在协同作用尚不清楚，还需进一步研究。(4)纳米驱油技术对于生态环境和人体健康具有不确定性。一方面，像其他化学物质一样，纳米颗粒在注入油藏后会带来一些环境危害；另一方面，由于纳米颗粒的尺寸极小且具有独特的性质，纳米材料和应用所涉及的健康风险还没有得到清楚的认识。

当前我国 CO_2 驱油注气井大多采用笼统注气的方式实现注气，为解决 CO_2 因为储层的不均匀出现无法聚集或窜气的问题，要在注气的过程中采用分层注气的方式。但由于 CO_2 的特殊性质，当前采用的流量计无法满足 CO_2 的测试环境，因此需要研发适合我国油田情况的流量计进行改善。

十五、超临界二氧化碳压裂开采技术

低渗透油藏超临界二氧化碳压裂开采技术内涵是前置 CO_2 压裂造大范围复杂缝、水力加砂扩展并支撑缝网、闷井、竞争吸附与置换解吸，从而大幅度提高油气采收率。在前置 CO_2 压裂阶段，将超临界二氧化碳注入目的层。由于超临界二氧化碳的低黏度、高扩散及高破岩性能，有效突破应力因素对裂缝形态的制约，在井筒四周形成大范围复杂缝网，并引导后期水力加砂压裂裂缝的扩展及延伸。后期水力压裂阶段，将驱动裂缝前端 CO_2 继续造缝，提高缝网延伸

范围与复杂程度，增加地层渗透性。与常规压裂相比，CO_2 压裂技术有以下优势：(1) 不会造成储层伤害，无须处理返排的大量废水。(2) 压裂过程会产生复杂缝网，提高单井产量。(3) 闷井阶段，利用 CO_2 具有较强的扩散和吸附能力特性，降低原油黏度，增加流体流动性，提高油气采收率。(4) 可置换油气，封存 CO_2。

目前，低渗透油藏超临界二氧化碳压裂开采技术在现场已得到较广泛的应用，但超临界二氧化碳致裂机理、二氧化碳压裂强化开采致效机理、储层多尺度多相耦合渗流理论等基础科学问题尚未得到解答。同时超临界二氧化碳压裂适应性评价技术、油藏工程方案优化、压裂工艺优化和跟踪调控、超临界二氧化碳压裂配套装备等关键技术也需要进一步研究和优化。

十六、驱油与埋存监测技术

驱油与埋存监测对于了解埋存的有效性及安全性至关重要，监测内容主要包括油藏监测和环境监测等，其中环境监测需要对大气、土壤气、地层水、地层变形等进行实时监测以及及时发现 CO_2 泄漏情况，判断泄漏原因，严控环境事故的发生。CO_2 驱油—埋存优化技术在将 CO_2 注入油层提高石油采收率的同时，可以将大部分 CO_2 留存在地下。在多轮次循环后，驱油用 CO_2 将永久封存。该技术可实现增加原油产量与 CO_2 埋存的“双赢”，是现阶段实现 CO_2 减排和资源化利用的最佳技术途径之一。埋存机理可分为物理埋存和化学埋存两大类，其中物理埋存主要包括地质构造埋存、油水中溶解埋存、水动力埋存等。化学埋存主要指 CO_2 与盐水反应埋存、CO_2 与盐矿反应埋存等。目前，我国要加强 CO_2 驱油与埋存基础理论研究，攻关驱油与封存效果评价、驱油与封存协同优化、CO_2 埋存的安全性评价等关键技术的攻关，建立驱油—埋存监测评估技术体系，提高长期监测的精确性和可靠性，确保实现 CO_2 长期安全埋存。